高职高专院校"十二五"精品示范系列教材（软件技术专业群）

办公信息化实例教程

主　编　王惠斌　马耀峰

副主编　孟晓峰　李　建　李红兰　贾　磊

中国水利水电出版社
www.waterpub.com.cn

内 容 提 要

　　本书基于实际办公需要，采用"实例驱动"＋"同步实训"的编写方式介绍了办公自动化的基本知识和实用操作技能，具有清晰易懂、系统全面、实用性强和突出技能培训等特点。全书共 10 章，内容包括：办公自动化与 Windows 操作基础、办公文档的基本操作、办公文档的高级应用、办公中表格的基本应用、办公中的数据处理、办公中演示文稿的制作、Office 办公组件的综合应用、Internet 网络资源的应用、常用办公软件的使用和常用办公设备的使用。为了便于学生学习和教师授课，每章前面都列出了教学目标和教学内容，后面给出了本章实训。

　　本书可以作为职业院校财经类、政法类、信息类、文秘类、管理类等专业办公自动化课程的教材、教学参考书或办公自动化的培训教材，也可作为从事办公自动化人员的参考资料。

　　本书配有电子教案，读者可以从中国水利水电出版社网站以及万水书苑免费下载，网址为：http://www.waterpub.com.cn/softdown/或 http://www.wsbookshow.com。

图书在版编目（CIP）数据

　　办公信息化实例教程 / 王惠斌，马耀峰主编. -- 北京：中国水利水电出版社，2014.8（2021.9 重印）
　　高职高专院校"十二五"精品示范系列教材. 软件技术专业群
　　ISBN 978-7-5170-2104-9

　　Ⅰ. ①办… Ⅱ. ①王… ②马… Ⅲ. ①办公自动化－应用软件－高等学校－教材 Ⅳ. ①TP317.1

　　中国版本图书馆CIP数据核字(2014)第118004号

策划编辑：祝智敏　　责任编辑：张玉玲　　加工编辑：夏雪丽　　封面设计：李　佳

书　名	高职高专院校"十二五"精品示范系列教材（软件技术专业群） 办公信息化实例教程
作　者	主编　王惠斌　马耀峰 副主编　孟晓峰　李　建　李红兰　贾　磊
出版发行	中国水利水电出版社 （北京市海淀区玉渊潭南路 1 号 D 座　100038） 网址：www.waterpub.com.cn E-mail：mchannel@263.net（万水） 　　　　sales@waterpub.com.cn 电话：(010) 68367658（营销中心）、82562819（万水）
经　售	全国各地新华书店和相关出版物销售网点
排　版	北京万水电子信息有限公司
印　刷	三河市鑫金马印装有限公司
规　格	184mm×240mm　16 开本　22.25 印张　493 千字
版　次	2014 年 8 月第 1 版　2021 年 9 月第 10 次印刷
印　数	16001—17000 册
定　价	39.80 元

　　凡购买我社图书，如有缺页、倒页、脱页的，本社营销中心负责调换

编审委员会

I

序

　　为贯彻落实全国教育工作会议精神和《国家中长期教育改革和发展规划纲要（2010—2020年）》以及《关于"十二五"职业教育教材建设的若干意见》（教职成〔2012〕9号）文件精神，充分发挥教材建设在提高人才培养质量中的基础性作用，促进现代职业教育体系建设，全面提高职业教育教学质量，中国水利水电出版社在集合大批专家团队、一线教师和技术人员的基础上，组织出版"高职高专院校'十二五'精品示范系列教材（软件技术专业群）"职业教育系列教材。

　　在高职示范院校建设初期，教育部就曾提出："形成500个以重点建设专业为龙头、相关专业为支撑的重点建设专业群，提高示范院校对经济社会发展的服务能力。"专业群建设一度成为示范性院校建设的重点，是学校整体水平和基本特色的集中体现，是学校发展的长期战略任务。专业群建设要以提高人才培养质量为目标，以一个或若干个重点建设专业为龙头，以人才培养模式构建、实训基地建设、教师团队建设、教学资源库建设为重点，积极探索工学结合教学模式。本系列教材正是配合专业群建设的开展推出，围绕软件技术这一核心专业，辐射学科基础相同的软件测试、移动互联应用和软件服务外包等专业，有利于学校创建共享型教学资源库、培养"双师型"教师团队、建设开放共享的实验实训环境。

　　此次精品示范系列教材的编写工作力求：集中整合专业群框架，优化体系结构；完善编者结构和组织方式，提升教材质量；项目任务驱动，内容结构创新；丰富配套资源，先进性、立体化和信息化并重。本系列教材的建设，有如下几个突出特点：

　　（1）集中整合专业群框架，优化体系结构。联合河南省高校计算机教育研究会高职教育专委会及二十余所高职院校专业教师共同研讨、制定专业群的体系框架。围绕软件技术专业，囊括具有相同的工程对象和相近的技术领域的软件测试、移动互联应用和软件服务外包等专业，采用"平台+模块"式的模式，构建专业群建设的课程体系。将各专业共性的专业基础课作为"平台"，各专业的核心专业技术课作为独立的"模块"。统一规划的优势在于，既能规避专业内多门课程中存在重复或遗漏知识点的问题，又能在同类专业间优化资源配置。

　　（2）专家名师带头，教产结合典范。课程教材研究专家和编者主要来自于软件技术教学领域的专家、教学名师、专业带头人，以最新的教学改革成果为基础，与企业技术人员合作共同设计课程，采用跨区域、跨学校联合的形式编写教材。编者队伍对教育部倡导的职业教育教学改革精神理解得透彻准确，并且具有多年的教育教学经验及教产结合经验，准确地对相关专业的知识点和技能点进行横向与纵向设计、把握创新型教材的定位。

（3）项目任务驱动，内容结构创新。软件技术专业群的课程设置以国家职业标准为基础，以软件技术行业工作岗位群中的典型事例提炼学习任务，体现重点突出、实用为主、够用为度的原则，采用项目驱动的教学方式。项目实例典型、应用范围较广，体现技能训练的针对性，突出实用性，体现"学中做"、"做中学"，加强理论与实践的有机融合；文字叙述浅显易懂，增强了教学过程的互动性与趣味性，相应的提升教学效果。

（4）资源优化配套，立体化信息化并重。每本教材编写出版的同时，都配套制作电子教案；大部分教材还相继推出补充性的教辅资料，包括专业设计、案例素材、项目仿真平台、模拟软件、拓展任务与习题集参考答案。这些动态、共享的教学资源都可以从中国水利水电出版社的网站上免费下载，为教师备课、教学以及学生自学提供更多更好的支持。

教材建设是提高职业教育人才培养质量的关键环节，本系列教材是近年来各位作者及所在学校、教学改革和科研成果的结晶，相信它的推出将对推动我国高职电子信息类软件技术专业群的课程改革和人才培养发挥积极的作用。我们感谢各位编者为教材的出版所作出的贡献，也感谢中国水利水电出版社为策划、编审所作出的努力！最后，由于该系列教材覆盖面广，在组织编写的过程中难免有不妥之处，恳请广大读者多提宝贵建议，使其不断完善。

教材编审委员会
2013 年 12 月

II

前　言

随着信息社会的来临，许多单位对工作人员的办公处理能力提出了越来越高的要求。学习办公自动化知识，适应信息化发展的需要，已经成为各类专业学生的共识。

本书从办公人员日常工作的实际出发，本着让更多的办公人员能快速、轻松、全面地掌握计算机基本操作的目的，介绍了办公自动化的相关知识，并通过丰富的实例讲解了办公自动化的实用操作。通过本书的学习，读者可以提高办公操作技能，并能熟练使用办公软件、办公设备、办公网络以及应用各种工具软件分析和解决办公业务中的实际问题。

本书共有 10 章，第 1 章概括性地介绍了办公自动化的基本知识和 Windows 的基本操作，主要是考虑读者的基础不一，便于一些没有计算机知识的人员学习。第 2 章是办公中文档的基本操作，主要包括办公中文档处理的基本流程、简单文档的处理、图文混排文档的处理和实训。第 3 章是办公中文档的高级应用，主要介绍了大纲视图的特点和域的概念，邮件合并的使用方法和文档审阅以及修订的方法，论文的编排、科研论文公式的制作方法、脚注和尾注的添加、样式的使用、论文目录的制作等。第 4 章是办公中表格的基本应用，主要介绍了常用电子表格的类型和 Excel 宏的概念、Excel 中公式和函数的使用方法、利用 Word 制作表格和利用 Excel 制作图表的方法、利用 Excel 创建表格和格式化工作表的方法等。第 5 章是办公中的数据处理，主要介绍了 Excel 中数据的输入方法、Excel 中图表、数据透视表的制作方法、工作表中数据的排序、筛选和分类汇总操作等。第 6 章是办公中的演示文稿制作，主要介绍了演示文稿的基础知识，PowerPoint 中建立演示文稿的方法，幻灯片的编辑与修饰的方法，演示文稿的放映设置方法等。第 7 章是 Office 办公组件的综合应用，主要介绍了 Office 各组件之间传输数据的方法和作用，Office 中几个常用组件之间资源共享方法，Office 各项工具的使用技巧及其在实际工作中的应用等。第 8 章是 Internet 网络资源的应用，主要介绍了 Internet 的基本知识，网络信息的搜索、保存，从 Internet 网络中下载资源，使用电子邮箱收发邮件等。第 9 章是办公中其他常用软件的使用，主要介绍了图像捕获工具 SnagIt 的操作方法，使用暴风影音连续播放视频的方法，使用阅览工具 Adobe Reader 阅读电子图书的方法，使用 WinRAR 压缩/解压缩文件的方法，使用迅雷下载各种网络资源的方法等。第 10 章是常用办公设备的使用与维护，主要介绍了打印机、扫描仪等常见办公设备的工作原理，常用办公设备的安装与设置，常用办公设备的使用方法和常见故障排除方法等。

为了便于教学，本书每章的前面都列出了学习目标，每章的最后都提供了上机实训。上机实训旨在提高读者的实际操作能力，通过亲手实践巩固所学知识的同时也在实践中不断地探索创新。

本书既可以作为各类大中专院校、电脑培训学校学生的教材，又可以作为办公人员和计算机爱好者的自学用书。

本书由王惠斌、马耀峰担任主编，孟晓峰、李建、李红兰和贾磊担任副主编，王成记、王秀玲、冯卫华、徐晴和廉明涛参加编写；王惠斌负责了本书的统稿和编写组织工作，黄贻彬对大纲修订和内容编写给出许多建议。在本书的编写和出版过程中，连卫民教授对本书的编写提出了许多宝贵意见，同时得到了河南省高校计算机教育研究会、中国水利水电出版社的大力支持和帮助，在此由衷地向他们表示感谢!

由于编者水平有限，书中不妥之处敬请广大读者批评指正。

编　者

2014 年 5 月

III

目　录

1

办公自动化与 Windows 操作基础

本章教学目标：

- 了解办公自动化的产生、发展过程和发展趋势
- 熟悉办公自动化的概念、办公自动化系统的功能和组成以及办公自动化采用的技术
- 掌握 Windows 操作系统的基本操作

本章教学内容：

- 办公自动化的基本概念
- 办公自动化的发展
- Windows 基本操作
- 实训

1.1 办公自动化的基本概念

为了提高工作效率，人们开始借助办公自动化技术来处理日益繁多的办公信息。办公自动化是一种技术，也是一个系统工程。它随技术的发展而发展，随人们办公方式、习惯和管理思想的变化而变化。本节主要介绍办公自动化的概念、办公自动化系统的功能和组成。

1.1.1 什么是办公自动化

1. 办公自动化的概念

1936 年，美国通用汽车公司的 D.S.Harte 首先提出了办公自动化（Office Automation，简

称 OA）的概念。20 世纪 70 年代，美国麻省理工学院的 M.C.Zisman 教授将其定义为：办公自动化就是将计算机技术、通信技术、系统科学及行为科学应用于传统的数据处理难以处理的数量庞大且结构不明确的、包括非数值型信息的办公事务处理的一项综合技术。

我国办公自动化是 20 世纪 80 年代中期发展起来的。1985 年召开了全国第一次办公自动化规划会议，对我国办公自动化建设进行了规划。与会的专家、学者们综合了国内外的各种意见，将办公自动化定义为：办公自动化是利用先进的科学技术，不断使人的一部分办公业务活动物化于人以外的各种设备中，并由这些设备与办公室人员构成服务于某种目标的人—机信息处理系统，其目的是尽可能充分地利用信息资源，提高生产率、工作效率和质量，辅助决策，求得更好的效果，以达到既定（即经济、政治、军事或其他方面）目标。办公自动化的核心任务是为各领域各层次的办公人员提供所需的信息。1986 年 5 月在国务院电子振兴领导小组办公自动化专家组第一次会议上，定义了办公自动化系统的功能层次和结构。随后国务院率先开发了"中南海办公自动化系统"。

近年来，随着网络技术的不断发展与普及，使跨时空的信息采集、信息处理与利用成为现实，为办公自动化提供了更大的应用空间，同时也提出了许多新的要求。

办公自动化是将现代化办公和计算机网络功能结合起来的一种新型的办公方式，是当前新技术革命中一个非常活跃、具有很强生命力的技术应用领域，是信息化社会的产物。通过网络，组织机构内部的人员可以跨越时间、地点协同工作。通过 OA 系统所实施的交换式网络应用，使信息的传递更加快捷和方便，从而极大地扩展了办公手段，实现了办公的高效率。

2000 年 11 月，在办公自动化国际学术研讨会上，专家们建议将办公自动化更名为办公信息系统（Office Information System，简称 OIS），认为：办公信息系统是以计算机科学、信息科学、地理空间科学、行为科学和网络通信技术等现代科学技术为支撑，以提高专项和综合业务管理水平和辅助决策效果为目的的综合性人机信息系统。

由上可知，办公自动化的概念随着外部环境的变化、支撑技术的改进，人们观念的不断发展而逐渐演变，并不断充实和完善。它可以称为计算机技术、通信技术与科学管理思想完美结合的一种境界和理想。

2．办公自动化的层次

办公自动化一般可分为三个层次：事务处理型、管理控制型、辅助决策型。面向不同层次的使用者，OA 会有不同的功能表现。

（1）事务处理型

事务处理型是最基本的应用，包括文字处理、行文管理、日程安排、电子邮件处理、工资管理、人事管理，以及其他事务处理。该层次的 OA 也就是业务处理系统，它为办公人员提供良好的办公手段与环境。

（2）管理控制型

管理控制型为中间层，它包含事务处理型，是各种办公事务处理活动的办公系统与管理控制活动的管理信息系统二者相结合的办公系统。该层次的 OA 主要是管理信息系统

（Management Information System，简称 MIS），它能够利用各业务管理环节提供的基础数据提炼出有用的管理信息，把握业务进程，降低经营风险，提高经营效率。如超市结算系统、书店销售系统等。

（3）辅助决策型

辅助决策型为最上层的应用，它以事务处理型和管理控制型办公系统的大量数据为基础，同时又以其自有的决策模型为支持。该层次的 OA 主要是决策支持系统（Decision Support System，简称 DSS），它运用科学的数学模型，以单位内部/外部的信息为条件，为单位领导提供决策参考和依据。如医院的专家诊断系统就是此类型的一个事例。

1.1.2　办公自动化系统的功能

办公自动化系统的功能包括基本功能和集成化功能两个方面。

1. 办公自动化系统的基本功能

从外在形式上看，办公自动化系统的基本功能包括 8 个方面，如表 1-1 所示。

表 1-1　办公自动化的基本功能

序号	功能	解释
1	公文管理	包括公文的收发、起草、传阅、批办、签批、会签、下发、催办、归档、查询、统计等基本功能，初步实现公文处理的网络化、自动化和无纸化
2	会议管理	包括会议计划、通知、组织、纪要、归档、查询、统计等功能和会议室管理功能，使会议通知、协调、安排都能在网络环境下实现
3	部门事务处理	包括部门值班、休假安排、工作计划、工作总结、部门活动等
4	个人办公管理	包括通讯录、日程、个人物品管理等
5	领导日程管理	包括为领导提供的日程、活动的设计、安排等
6	文档资料管理	包括文档资料的立卷、借阅、统计等
7	人员权限管理	包括人员的权限、角色、口令、授权等
8	业务信息管理	包括人事、财务、销售、库存、供应以及其他业务信息的管理等

2. 集成办公环境下办公自动化系统的功能

在集成的办公环境下，所有的办公人员都在同一个桌面环境下一起工作。具体来说，一个完整的办公自动化系统应该实现以下七个方面的功能。

（1）内部通信平台的建立

建立单位内部的邮件系统，使单位内部的通信和信息交流快捷通畅。

（2）信息发布平台的建立

在单位内部建立一个有效的信息发布和交流的场所，例如电子公告、电子论坛、电子刊物，使内部的规章制度、新闻简报、技术交流、公告事项等能够在单位内部员工之间得到广泛的传播，从而使员工能够了解单位的发展动态。

（3）工作流程的自动化

工作流程自动化包括流转过程的实时监控、跟踪，解决多岗位、多部门之间的协同工作问题，实现高效率的协作。例如公文的处理、收发，各种审批、请示、汇报等流程化的工作，通过实现工作流程的自动化，就可以规范各项工作，提高单位协同工作的效率。

（4）文档管理的自动化

文档管理的自动化可以使各类文档能够按权限进行保存、共享和使用，并有一个方便的查找手段。办公自动化使各种文档实现电子化，通过电子文件柜的形式实现文档的保管，按权限进行使用和共享。实现办公自动化以后，如果单位来了一个新员工，管理员只要分配给他一个用户名和口令，他就可以上网查看单位的各种规章制度和相关技术文件等。

（5）辅助办公

辅助办公牵涉到很多的内容，像会议管理、车辆管理、物品管理、图书管理等与日常事务性的工作相结合的各种辅助办公，都可以在 OA 中实现。

（6）信息集成

每一个单位都存在大量的业务系统，如购销存、ERP（Enterprise Resource Planning，企业资源计划）等各种业务系统，单位的信息源往往都在这个业务系统里，办公自动化系统能够和这些业务系统实现很好的集成，使相关人员能够获得全面的信息，提高整体的反应速度和决策能力。

（7）分布式办公的实现

分布式办公就是要支持多分支机构、跨地域的办公模式以及移动办公。就目前情况来看，随着单位规模越来越大，地域分布越来越广，对移动办公和跨地域办公的需求越来越多。

1.1.3　办公自动化系统的组成

1.　办公自动化系统的组成要素

一个完整的办公自动化系统涉及到四个要素：办公人员、办公信息、办公流程和办公设备。

（1）办公人员

办公人员包括高层领导、中层干部等管理决策人员，秘书、通信员等办公室工作人员，以及系统管理员、软硬件维护人员、录入员等。这些人应当掌握一定的现代科学技术知识、现代管理知识与业务技能。他们的自身素质、业务水平、敬业精神、对系统的使用水平和了解程度等，对系统的运行效率乃至成败至关重要。

（2）办公信息

办公信息是各类办公活动的处理对象和工作成果。办公在一定的意义上讲就是处理信息。办公信息覆盖面很广，按照其用途，可以分为经济信息、社会信息、历史信息等；按照其发生源，又可分为内部信息和外部信息；按照其形态，办公信息有各种文书、文件、报表等文字信息，电话和录音等语音信息，图表手迹等图像信息，统计结果等数据信息。各类信息对不同的办公活动提供不同的支持，它们可为事务工作提供基础，也可为研究工作提供素材，还能为管理工作提供服务，也能为决策工作提供依据。

OA 系统要辅助各种形态的办公信息的收集、输入、处理、存储、交换、输出乃至全部过程，因此，对于办公信息的外部特征、办公信息的存储与显示格式、不同办公层次需要与使用信息的特点等方面的研究，是组建 OA 系统的基础性工作。

（3）办公流程

办公流程是有关办公业务处理、办公过程和办公人员管理的规章制度、管理规则，它是设计 OA 系统的依据之一。办公流程的科学化、系统化和规范化，将使办公活动易于纳入自动化的轨道。应该注意的是，由于 OA 系统往往要模拟具体的办公过程，因此办公流程或者组织机构的某些变化必然会导致系统的变化，同时，在新系统运行之后，也会出现一些新要求、新规定和新的处理方法，这就要求办公自动化系统与现行办公流程之间有一个过渡和切换。

（4）办公设备

办公设备包括传统的办公用品和现代化的办公设备，它是决定办公质量的物质基础。传统的办公用品历来以笔、墨、纸、砚文房四宝，记事本、记录本、电话、钢笔、蜡板等为主；现代化的办公设备包括计算机、打印机、扫描仪、电话、传真机、复印机、微缩设备等。办公自动化的环境要求办公设备主要以现代化设备为主。办公设备的优劣直接影响 OA 系统的应用与普及。

2. 办公自动化系统的处理环节

一般来说，一个较完整的办公自动化系统，包括信息输入、信息处理、信息反馈、信息输出四个处理环节。这四个环节组成了一个有机的整体。无论是传统的办公系统还是自动化办公系统，整个办公活动的工作流程如图 1-1 所示。

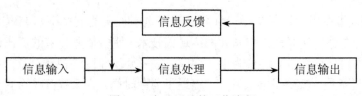

图 1-1　办公活动的工作流程

图中箭头的指向表示信息流的方向。输入的办公信息主要有文稿和报表等文字信息，电话和录音等语音信息，图表和批示手迹等图像信息，统计数字等数据信息。输出的是编辑排版好的文件、表格、报表、图表等有用信息。在办公自动化系统中，信息处理的工具主要是计算机、打印机、复印机、传真机等，信息的存储介质是磁盘、磁带、光盘、缩微胶片等。信息反馈是指处理过的信息需要再次处理。

办公自动化系统综合体现了人、机器、信息资源三者的关系。信息是被加工的对象，机器是加工信息的工具，人是加工过程中的设计者、指挥者和成果的享用者。

3. 办公自动化的主要技术

现代的办公自动化系统，是综合运用信息技术、通信技术和管理科学的系统，是向集成化、智能化方向不断发展的系统。从其处理技术来看，包括以下几个方面的内容：

（1）公文电子处理技术

公文电子处理是指使用计算机，借助文字处理软件和其他软件，自动地产生、编辑与存储文件，并实现各部门之间文件的传递。其核心部件是文字处理软件，文字处理技术包括文字的输入、编辑、排版以及存储、输出等基本功能。

（2）电子表格和数据处理技术

在一般办公室环境下，许多工作都可用二维表来做，如财务计算、统计计算、通讯录、日程表等。计算机电子表格处理软件提供了强大的表格处理功能。而数据处理是通过数据库软件建立的各类管理信息系统或其他应用程序来实现的。它们包括了对办公中所需大量数据信息的存储、计算、排序、查询、汇总、制表、编排等功能。

（3）电子报表技术

办公室离不开报表的处理。电子报表技术就是将手工报表的处理转化为计算机处理的技术。目前有许多电子报表软件（如本书后续章节介绍的 Excel），这些专业软件可以使复杂而繁琐的报表处理变得容易，并且由计算机处理的报表能生成各种图表，达到清晰、美观的效果。

（4）语音和图形图像处理技术

语音处理技术是指计算机对人的语言、声音或其他声音的处理；图形图像处理技术是指包括图形图像的生成（绘制）、编辑和修改，图形图像与文字的混合排版、定位与输出等技术。

（5）电子邮件技术

电子邮件技术是以计算机网络为基础的信件通信系统，它将声音、数据、文字、图形、图像及其组合，通过网络由一地快速地传递到另一地的技术。

（6）电子会议技术

电子会议技术指在现代化通信手段和各种现代电子设备的支持下，在本地或异地举行会议的技术。它使用先进的计算机工作站和网络通信技术，使多个办公室的工作台构成同步会议系统，代替一些面对面的会议。它分为电话会议、电视会议和网络视频会议三种。电子会议免除了不必要的交通费用，减少了会议开支，缩短了与会时间，大大提高了会议的质量，它是目前现代决策和信息交流必不可少的手段。特别是网络视频会议，随着网络速度的不断加快，已经在一些政府机关、大型集团公司、跨国企业广泛运用。

（7）信息检索与传输技术

利用计算机可以方便地进行信息检索和传输。在办公室，只要知道档案名，甚至只需要知道档案名中一个或几个关键字就可以顺利地找到资料，任何一台计算机都可以通过电话线、网线、通讯卫星等设施或者无线方式与世界各地的计算机相连，这使信息检索的应用扩展到全世界。

当然，办公自动化能完成的工作还远不只这些，更完备的办公自动化系统还应包括管理信息系统和决策支持系统的功能。

1.2　办公自动化的发展

办公自动化技术像其他技术一样，都有一个产生和发展的过程，其发展的核心动力是人们对办公效率提高的需要。本节主要介绍办公自动化的起源、现代办公技术设备的发展、办公自动化的发展趋势、我国办公自动化的发展过程与现状。

1.2.1　办公自动化的起源

美国最先将计算机系统引入办公室。20 世纪 60 年代初，美国 IBM 公司生产了一种半自动化的打字机，这种打字机具有编辑功能，它是现代文字处理机的早期产品。不久，IBM 公司就使用该文字处理机，实现了文书起草、编辑、修改、打印工作的处理，从而揭开了办公自动化的序幕。

到 20 世纪 80 年代初，由于微电子技术的迅速发展，并与光机技术结合，产生了适合办公需要的电子计算机、通信设备及各类办公设备，为办公自动化的实现提供了物质上的可能。许多体积小、功能全、操作方便的微机出现以后，使得小小的办公桌上就能放得下，计算机才真正成为办公工具。随着微型计算机的不断改进，办公自动化的进程大大加快，并且形成了新型综合学科——办公自动化。

80 年代到 90 年代，办公自动化系统开始在世界各国得到较快的发展。美、日、英、德等国都在很大程度上实现了办公自动化。目前，这些国家的办公自动化正向着更高的阶段迈进。

1.2.2　现代办公技术设备的发展

从世界范围来看，尽管各个国家情况有所不同，但办公自动化的发展过程在技术设备的使用上大都经历了单机、局部网络、一体化、全面实现办公自动化四个阶段。美国是推行办公自动化最早的国家，下面以其为例来说明该发展历程。

1. 单机设备阶段（1975 年以前）

办公自动化在该阶段主要是进行单项数据处理，如工资结算、统计报表、档案检索、档案管理、文书写作等，使用的设备有小型机、微型机、复印机、传真机等，用以完成单项办公室事务的自动化。在此阶段，计算机只是在局部代替办公人员的手工劳动，使部分办公工作效率有所提高，但并未引起工作性质的根本改变。这时的办公自动化可以称为"秘书级别"。

2. 局部网络阶段（1975 年～1982 年）

在该阶段，办公自动化主要设备的使用在单机应用的基础上，以单位为中心向单位内联机发展，建立了局部网络。局部网络的功能相当于一台小型机、中型机、甚至大型机。一个局部网络中可以连接几台、几十台甚至上千台微型机。网络里的计算机以双重身份工作，它既可以单独工作，又可以作为网络中的一部分参加网络的工作。应用局部网络，可以实现网络中的资源共享，使得办公中的关键办公业务实现了自动化。这时的办公自动化可以称为"主任级别"。

3. 一体化阶段（1983 年～1990 年）

在该阶段，办公自动化设备由局部网络向跨单位、跨地区联机系统发展。把一个地区、几十个地区、乃至全国的局部网络联结起来，形成了庞大的计算机网络。采用系统综合设备，如多功能工作站、电子邮政、综合数据通信网等，可以实现更大范围的资源共享，实现全面的办公业务综合管理的自动化。1984 年，美国康涅狄格州哈特福特市一幢旧金融大楼改建为"都市办公大楼（City Place Building）"，用计算机统一控制空调、电梯、供电配电、防火防盗系统，并为客户提供语音通信、文字处理、电子邮政、市场行情查询、情报资料检索、科学计算等多方面的服务，成为公认的世界上第一幢智能大厦。这一阶段已经是办公自动化的较高级阶段，办公自动化进入了"经理（决策）级别"。

4. 全面实现办公自动化阶段（1990 年～现在）

办公自动化在该阶段采用以数字、文字、声音、图像等多媒体信息传输、处理、存储的广域网为手段，信息资源在世界范围内共享，将世界变成地球村。比如，1993 年 9 月，克林顿政府正式宣布了"国家信息基础设施（NII）"计划，该计划以光纤网技术为先导，谋求实现政府机关、科研院所、学校、企业、商店乃至家庭之间的多媒体信息传输，使得办公系统与其他信息系统结合在一起，形成一个高度自动化、综合化、智能化的办公环境。内部网可以和其他局域或广域网相连，以获取外部信息源产生的各种信息，更有效地满足高层办公人员、专业人员的信息需求，达到辅助决策的目的。

在该阶段，人们在办公室中可以看到许多现代化的办公设备，如各类计算机、可视电子业务通信设备、综合信息数字网络系统、多功能自动复印机、传真机、电子会议室、缩微系统等。利用计算机以及由计算机控制的各类现代办公设备就可迅速处理大量的办公信息。

1.2.3　办公自动化的发展趋势

随着各种技术的不断进步，办公自动化的未来发展趋势将体现以下几个特点：

1. 办公环境网络化

完备的办公自动化系统能够把多种办公设备连接成局域网，进而通过公共通信网或专用网连接成广域网，通过广域网可联接到地球上任何角落，从而使办公人员真正做到"秀才不出门，尽知天下事"。

2. 办公操作无纸化

办公环境的网络化使得跨部门的连续作业免去了纸介质载体的传统传递方式。采用无纸办公，可以节省纸张，更重要的是速度快、准确度高，便于文档的编排和复用，非常适合电子商务和电子政务的办公需要。

3. 办公服务无人化

无人办公适于那些办公流程及作业内容相对稳定，工作比较枯燥，易疲劳，易出错，劳动量较重的一些工作场合。如自动存取款的银行业务、夜间传真及电子邮件自动收发。

4．办公业务集成化

许多单位的办公自动化系统最初往往是单机运行，至少是各个部门分别开发自己的应用系统。在这种情况下，由于所采用的软、硬件可能出自多家厂商，软件功能、数据结构、界面等也会因此不同。随着业务的发展、信息的交流，人们对办公业务集成性的要求将会越来越高。办公业务集成要求四个方面，一是网络的集成，即实现异构系统下的数据传输，这是整个系统集成的基础；二是应用程序的集成，以实现不同的应用程序在同一环境下运行和同一应用程序在不同节点下运行；三是数据的集成，不仅包括相互交换数据，而且要实现数据的相互操作和解决数据语义的异构问题，真正实现数据共享；四是界面的集成，就是要实现不同系统下操作环境和操作界面的一致，至少是相似。

5．办公设备移动化

人们可通过便携式办公自动化设备，如笔记本电脑通过电话线或无线接入网络轻而易举地与"总部"相连，完成信息交换，传达指令，汇报工作，利用移动存储设备可以将大量数据很容易、很轻便地从一处移动到别处。1995 年，IBM 开始了一项"移动办公计划"，亚洲地区如日本、韩国、新加坡、香港、台湾等地的 IBM 分公司都先后实现了这一计划。1997 年，IBM 中国公司广州分公司在中国大陆率先实现了"移动办公"。据 IBM 韩国分公司统计，推行移动办公后，员工与客户直接接触的时间增加了 40%，有 63.7%的客户对服务表示更加满意，而公司则节省了 43%的空间。

6．办公思想协同化

20 世纪 90 年代末期开始，协同办公管理思想开始兴起，旨在实现项目团队协同、部门之间协同、业务流程与办公流程协同、跨越时空协同，它主要侧重和关注知识、信息与资源的分享，是今后办公自动化的一大发展方向。

7．办公信息多媒体化

多媒体技术在办公自动化中的应用，使人们处理信息的手段和内容更加丰富，使数字、文字、图形图像、音频及视频等各种信息载体均能使用计算机处理，它更加适应并有力支持人们以视觉、听觉、感觉等多种方式获取及处理信息的方式。如：在人事档案库中增添个人照片、历史档案材料的光盘存储等就是其典型应用。

8．办公管理知识化

知识管理的优势在于，注重知识的收集、积累与继承，最终目标是要实现政府、机关、企业及员工的协同发展，而不是关注办公事务本身与单位本身的短期利益。只有实现单位的发展，员工的发展才有空间；只有实现员工的发展，单位的发展才有潜力。而"知识管理"正是实现两者协同发展的桥梁。

9．办公系统智能化

给机器赋予人的智能，这一直是人类的一种梦想。人工智能是当前计算机技术研究的前沿课题，也取得了一些成果。这些成果虽然还远未达到让机器像人一样思考、工作的程度，但已经可以在很多方面对办公活动给以辅助。办公系统智能化的广义理解可以包括：手写输入、语音识别、基于自然语言的人机界面、多语互译、基于自学习的专家系统以及各种类型的智能设备等。

综上所述，办公自动化技术发展前景是广阔美好的。办公自动化技术能让人从繁重、枯燥、重复性的劳动中解放出来，使他们有更多的精力和时间去研究思考更重要的问题，最终把办公活动变成一个思考型而不是业务型的活动。

1.2.4 我国办公自动化的发展过程与现状

1. 我国办公自动化的发展过程

我国办公自动化起源于 20 世纪 80 年代初政府的公文和档案管理，发展过程可以概括为以下三个阶段：

（1）启蒙动员阶段（1985 年前）

我国的办公自动化从 80 年代初进入启蒙阶段，1983 年国家开始大力推行计算机在办公中的应用，通过一个时期的积累，成立了我国的办公自动化专业领导组，它负责制定我国的办公自动化发展规划，并从硬件、软件建设上进行宏观指导。当时，计算机汉字信息处理技术突破性的进展，为 OA 系统在我国的实用化铺平了道路。该阶段我国通过试点，建立了一些有效的办公自动化系统。1985 年，我国制定了办公自动化的发展目标及远景规划，确定了有关政策，为全国 OA 系统的初创与发展奠定了基础。

（2）初见成效阶段（1986 年～1990 年）

20 世纪 80 年代末，我国开始大力发展办公自动化。建立了一批能体现国家实力的国家级办公自动化系统，在各个省市县区的领导部门，建立了一批有一定水平的办公自动化系统，同时做了一定的标准化工作，为建立自上而下的网络办公自动化系统打好了基础。1987 年 10 月，上海市政府办公信息自动化管理系统（SOIS）通过鉴定并取得了良好的效果，在全国具有一定的示范性。

在这一阶段，我国的单机应用水平与国外相近，并且基于此时国内通信设施落后、网络水平低的情况，国家已经开始对全国通信网络进行全面改造。

（3）快速发展阶段（1990 年以后）

进入 20 世纪 90 年代，随着网络技术、数据库技术的广泛应用，同时由于国内经济的飞速发展引发市场竞争的逐渐激烈，以及政府管理职能的扩大和优化，这一切导致政府和企业对办公自动化产品的需求快速增长。这时，办公自动化开始进入一个快速的发展阶段，我国 OA 系统发展也呈现网络化、综合化的趋势。该阶段我国 OA 发展有两大群体，一个是国家投资建设的经济、科技、银行、铁路、交通、气象、邮电、电力、能源、军事、公安及国家高层领导机关等 12 类大型信息管理系统，体系较为完整，具有相当的规模。其中，由国务院办公厅秘书局牵头的"全国行政首脑机关办公决策服务系统"于 1992 年启动，以国办的计算机主系统为核心节点，覆盖全国省级和国务院主要部门的办公机构，已经取得了很大的进展，到 1997 年底已初步实现全国行政首脑机关的办公自动化、信息资源化、传输网络化和管理科学化。另一个群体是各企业、各部门自行开发的或者是一些软件公司推出的商品化的 OA 软件。这些软件系统是根据用户的具体需求开发的，往往侧重于某几个主要功能，或者适合于某种规模，或者满足某些特殊需要，功能比较完善，并能较好的满足用户的实际需要，在一些中、小型单位具有较大的市场。

总之，办公自动化发展到今天，它的定义已由原来简单的公文处理扩展到整个企事业单位的信息交换平台，并实现了与系统支持平台的无关性，其功能已有极大的飞跃。然而随着计算机技术水平的不断提高和用户不断增长的需要，我国办公自动化的道路还很漫长。愿我们共同努力，为我国的计算机技术在办公自动化领域得到更好的应用作出我们应有的贡献。

2．我国办公自动化的现状

我国的办公自动化建设经历了一个较长的发展阶段，目前各单位的办公自动化程度相差较大，大致可以划分为以下四类：

（1）起步较慢，还停留在使用没有联网的计算机的阶段，使用 Microsoft Office 系列、WPS 系列应用软件以提高个人办公效率。

（2）已经建立了自己的 Intranet（单位内部局域网），但没有较好的应用系统支持协同工作，仍然是个人办公。网络处于闲置状态，单位的投资没有产生应有的效益。

（3）已经建立了自己的 Intranet，单位内部员工通过电子邮件交流信息，实现了有限的协同工作，但产生的效益不明显。

（4）已经建立了自己的 Intranet；使用经二次开发的通用办公自动化系统；能较好地支持信息共享和协同工作，与外界的联系畅通；通过 Internet 发布、宣传单位的有关情况；Intranet 网络已经对单位的管理产生明显效益。现在正着手开发或已经在使用针对业务定制的综合办公自动化系统，实现科学的管理和决策，增强单位的竞争能力。

目前，构筑单位内部 Intranet 平台、实现办公自动化，进而实现电子商务(e-business)或电子政务（e-government）已成为众多单位的当务之急；设计信息系统方案、添置硬件设备、建设网络平台、选择应用软件也成为每个企事业单位领导和信息主管日常工作的重要组成部分。

3．影响我国办公自动化发展的原因

纵观我国办公自动化系统的发展，经历了和发达国家类似的过程。目前影响系统发展的主要因素有以下几个方面：

（1）基础设施建设尚不完善

应用办公自动化产品的多数单位的计算机和网络基础设施建设尚不完善，仅仅依靠独立的个人计算机完成简单的文字处理和表格处理，或者利用网络进行简单的邮件交换，这并不能大幅度提高用户的工作效率。

（2）系统的安全难以令人满意

自从第一台计算机诞生以来，安全就成了阻碍计算机应用的一个重要因素，尤其是在网络时代，Internet 的深入同时也意味着外部窥探的到来。对于办公系统来说，由于传输、处理、存储的信息具有很高的价值和保密性，往往成为黑客和病毒攻击的目标，直接与 Internet 相连的办公系统的安全难以保障。

（3）与办公自动化相适应的规章制度不健全

办公自动化系统不同于一般的管理软件，它处理的电子化公文存在法律效力的问题，目前国内尚无这方面的立法规定。同时，单位内部也没有建立和完善相应的规章制度，保证办公系统的正确运行，使工作人员能接受和使用软件。在运用软件的管理过程中，必须有一种制度对人的行为进行管理，建立责任、诚信制度。

（4）落后的管理模式与先进的计算机网络化管理不相适应

单位投入大量资金实现办公自动化，但如果管理人员和办公人员的计算机水平跟不上，员工使用计算机的热情不高，网络管理混乱，基础数据不完整，则必然造成办公自动化效果不明显。办公过程中引入计算机管理系统，必然对现行的体制产生影响，一部分领导干部和工作人员产生疑问和抵触情绪，将会妨碍现代办公管理系统的应用。

（5）领导的重视和工作人员的支持不够

在目前形势下，应当对机关和企业办公自动化负全责的 CIO（Chief Information Official，首席信息官）或信息中心主任没有真正获得应有的权力和信任，既要面对单位领导的直接指导，又要面临基层部门来自传统的阻力。因此，办公自动化的实施必须取得领导的重视和业务人员的支持。

（6）软件应用相对滞后于硬件平台

过去，许多企业开发的办公软件功能过于单一，长期以来成熟的办公自动化软件产品还主要是以文字、表格处理为主，没有将用户其他方面，尤其是其业务处理的需求结合在办公自动化系统中。软件应用相对滞后于硬件平台，导致有路无车现象，很多单位只限于单机应用或简单的网络应用。

（7）不能慎重选择适合自身条件的设备、软件和服务厂商

不同的单位都有自己的特殊之处，适用于其他单位的软件不一定适合自己。然而，一些单位在实施办公自动化之初，没有事先对单位需求进行分析和设计，没有对各种系统进行咨询和考察，不能慎重选择与单位条件相适应的体系结构、设备、软件系统和能及时提供服务支持的厂商，结果造成对软件系统的期望值过高，软件应用过于庞大，软件功能与单位需求相差甚远，尽管硬件系统比较完善，仍导致"有路坏车"的现象。

近年来，计算机技术尤其是网络技术、通讯技术、数据库技术、多媒体技术、虚拟现实技术等的飞速发展和应用，使我国办公自动化的发展呈现出新的景象，为办公自动化的进一步发展提供了契机。

1.3　Windows 7 操作系统

Windows 操作系统是目前应用最为广泛的一种图形用户界面操作系统，它利用图像、图

标、菜单和其他可视化部件控制计算机。通过鼠标，可以方便地实现各种操作，而不必记忆和键入控制命令，非常容易掌握其使用方法。本节主要介绍 Windows 7 操作系统的基本知识和使用方法。

1.3.1　Windows 7 操作系统

Windows 操作系统是由美国微软公司（Microsoft）开发的视窗式操作系统，它采用了 GUI 图形化操作模式，使计算机操作更为简单化和人性化，得到了用户的普遍认可，成为目前世界上使用最广泛的计算机操作系统。

Windows 7 是微软公司于 2009 年 10 月发布的新一代视窗操作系统，与此前的其他 Windows 操作系统相比，无论是在操作界面的美观程度，还是在系统稳定性和计算机硬件性能发挥等方面都有了很大进步。Windows 7 具备了以下功能特点。

- Windows 7 提供了 Aero 玻璃效果，相对于以往 Windows 界面更加美观；
- 在多种版本系统的基础上，微软又分别提供了 32 位和 64 位两种版本，进一步提高了计算机运算速度，改进了工作效率；
- 进一步提高了计算机系统运行的可靠性、安全性和易维护性；
- 进一步加强了计算机的网络功能和多媒体功能。

1．Windows 7 版本介绍

微软在中国市场发布的 Windows 7 有家庭普通版、家庭高级版、专业版和旗舰版 4 种版本。同时，微软又在上述版本的基础上，根据 CPU 一次能够处理的最大位数，每个版本又分别设置了 32 位和 64 位两种类型。

其中，家庭普通版主要用于计算机硬件配置较低的计算机，如上网本；家庭高级版是在家庭普通版的基础上加强了数字媒体方面的功能，适用于家庭高级用户和游戏玩家；专业版突出强调了系统的稳定性和系统的可扩展等性能，适用于企业用户所使用；旗舰版拥有 Windows 7 的所有功能，适用于高端用户群使用。

2．Windows 7 的硬件要求

安装 Windows 7 的计算机硬件至少要达到以下要求：

- 主频至少达到 1 GHz 的 32 位或者 64 位处理器；
- 内存至少达到 1G（针对 32 位 Windows 7 系统）/2G（针对 64 位 Windows 7 系统）容量；
- 硬盘至少达到 16G（针对 32 位 Windows 7 系统）/20G（针对 64 位 Windows 7 系统）容量；
- 带有 WDDM 1.0 或者更高版本驱动程序的 DirectX 9 图形设备；
- 彩色显示器，以及键盘和鼠标等常用硬件设备。

3．Windows 7 的安装

在安装之前，用户需要确定计算机安装的是 32 位还是 64 位的 Windows 7 系统。安装时有升级安装、全新安装和多系统安装三种类型。

- 升级安装。在原有操作系统（Windows Vista、Windows XP 等低版本）的文件、设置和程序保留的基础上进行安装。需要说明的是，只有特定版本的 Windows 才能升级到 Windows 7。
- 全新安装。完全删除计算机原有的操作系统，重新安装 Windows 7。需要注意的是，全新安装将彻底删除计算机的全部数据，具体安装方法见下文。
- 多系统安装。在保留原有低版本系统的基础上，将 Windows 7 安装到另一个非系统分区中，此分区中的数据将被完全删除。安装完成后，两种系统之间相互独立，用户可以自由选择使用。

下面就 Windows 7 的全新安装进行介绍，具体安装步骤如下：

（1）将 Windows 7 系统安装光盘插入计算机光驱，并将计算机 BOIS 第一启动项设置为光驱启动。

（2）启动计算机，当屏幕出现 "press any key to boot from cd..." 时，按键盘上任意键即可开始 Windows 7 的安装。

（3）安装过程会出现安装语言、时间和货币格式，以及键盘和输入法选择窗口，如图 1-2 所示。在此，选择安装语言为"中文（简体）"，单击"下一步"按钮。

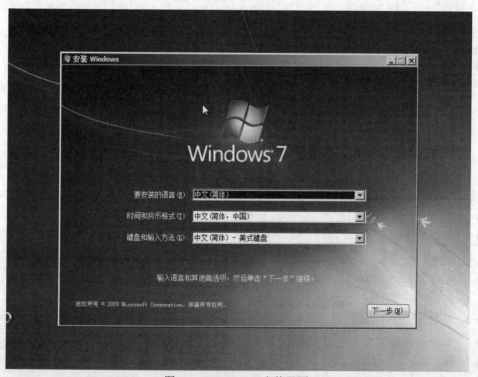

图 1-2　Windows 7 安装界面

（4）弹出"现在安装"界面，单击窗口中的"现在安装（I）"按钮，出现"请阅读许可条款"窗口，选择"我接受许可条款（A）"选项，单击"下一步"按钮。

（5）弹出"您想进行何种类型的安装？"窗口，单击选择"自定义（高级）（C）"选项。此时，系统弹出"您想将 Windows 安装在何处？"窗口。这里显示了计算机硬盘分区和分区使用情况等相关信息。用户选择安装 Windows 7 的磁盘分区，如"磁盘 0 分区 1"（见图 1-3）。

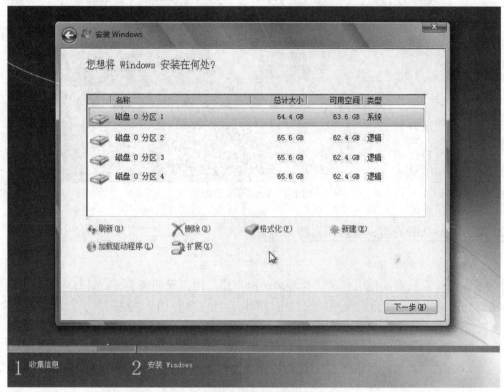

图 1-3　Windows 7 安装界面二

（6）单击窗口下方的"驱动器选项（高级）"按钮，窗口下方出现驱动器高级选项。单击"格式化"按钮，把该分区进行格式化处理（由于格式化操作会将此分区上的所有内容删除，请用户事先妥善保存文件），然后单击"下一步"按钮。

（7）接下来，计算机会自动复制文件并安装 Windows 7，安装过程中计算机会出现重新启动，用户只需要等待即可。

（8）当 Windows 7 系统安装完成后，计算机会依次出现用户名、登录密码、产品密钥等"设置 Windows"窗口，用户可以根据自己的情况进行填写。

（9）设置完成后，计算机会自动进入 Windows 7 桌面，此时安装正式完成，如图 1-4 所示。

图 1-4　Windows 7 桌面

1.3.2　Windows 7 的关机、重启和启动

1．Windows 7 的关机和重启

为了保证计算机正常使用和延长其寿命，用户要采用正确的关机方式进行关机，否则可能造成文件损坏或丢失，从而影响系统的稳定性和用户的正常使用。正确的关机方法有以下几种：

- 单击桌面左下方"开始"按钮，在弹出的"开始"菜单中，单击"关机"按钮。
- 按 Alt+F4 组合键（先按下 Alt 键不松，再按 F4 键），在弹出的"关闭 Windows"窗口中的"希望计算机做什么？"选择"关机"选项，单击"确定"，如图 1-5 所示。

图 1-5　Windows 7 关机

- 短按主机电源按钮。

重启操作与关机类似。用户可以通过单击"开始"按钮，执行"开始"菜单"关机"按

钮右侧扩展项中的"重新启动（R）"项完成。

提示：

● 利用短按主机电源按钮进行关机操作时，一定要注意是"短"按。因为长按主机电源属于强制关机，而强制关机仅在计算机出现死机的情况下适用，它可能造成系统文件损坏。

● Windows 7 的关机按钮允许用户订制。用户可以通过修改"开始菜单"属性中"电源按钮操作"进行设置，比如把"关机"按钮设置为"重启"按钮等。

2．Windows 7 的启动

成功安装 Windows 7 后，用户一旦打开计算机，Windows 7 就会自动启动。此时，如果用户设置了登录密码，或者系统中存在 2 个以上的用户时，用户需要单击相应用户并输入正确的密码才能显示桌面。如果系统只存在一个用户，且没有设置密码时，Windows 7 会自动显示桌面。如果存在多个用户时，登录界面会出现多个用户账户图标，单击相应的用户图标选择用户登录。

提示：Windows 7 是多用户、多任务的操作系统。也就是说多个用户可以共用一台计算机，而且各个用户可以拥有自己的工作界面，互不干扰。添加和管理用户账户将在后面章节进行介绍。

1.3.3　键盘与鼠标的使用

键盘和鼠标是计算机系统中最重要的输入设备。一般情况下，使用键盘输入字符、数字和文字等，使用鼠标进行窗口常用操作。

1．键盘的使用

按照键盘各键的功能，可以将键盘分成功能键区、主键盘区、编辑键区、小键盘区以及状态指示灯区 5 个键位区，如图 1-6 所示。

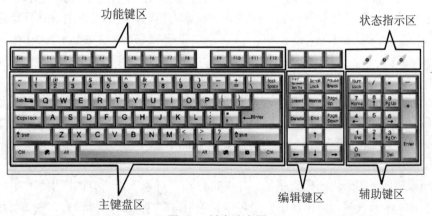

图 1-6　键盘分布图

- 功能键区：功能键区位于键盘的顶端。其中，Esc 键用于将已输入的命令或字符串取消，在一些应用软件中常起到退出的作用。F1～F12 键称为功能键，在不同的软件中，各个键的功能有所不同。一般在程序窗口中，F1 键可以获取该程序的帮助。
- 主键盘区：主键盘区的按键主要用于输入文字和符号，包括字母键、数字键、符号键、控制键和 Windows 功能键。
- 编辑键区：编辑键区的按钮主要用于编辑过程中光标的控制和定位。
- 辅助键区：辅助键区又称小键盘区，主要用于快速输入数字。当要使用小键盘区输入数字时，应先按 Num Lock 键，使小键盘右上角状态指示灯 Num Lock 亮，表示此时为数字状态。
- 状态指示灯区：主要用于提示小键盘工作状态、大小写状态及滚屏锁定键的状态，所以该区仅起提示作用，不作为键盘的按键使用。

2. 鼠标的使用

虽然鼠标的外形各不相同，但大体上都包含左键、右键和中间的滚轮三个部件。常用的鼠标操作包括指向、单击、右击、双击、拖动和滚轮滚动等，每种操作都有各自的特点和功能。

- 指向：将鼠标光标移动到某一对象上并稍作停留，就是指向操作。一般进行指向操作后，该定位对象上将出现相应的提示信息。
- 单击：单击操作常用于选定对象、打开菜单或启动程序。将鼠标光标定位到要选取的对象上，按下鼠标左键并立即松开即可完成单击操作,同时被选取的对象呈高亮显示。
- 右击：右击操作常用于打开相关的快捷菜单。将鼠标光标指向某对象，单击鼠标右键，此时会弹出该对象的快捷菜单。
- 双击：双击操作常用于打开对象。指向某对象后，连续快速地按两下鼠标左键，然后松开。
- 拖动：拖动操作常用于移动对象。将鼠标光标定位到对象上，按住鼠标左键不放，然后移动鼠标光标将对象从屏幕的一个位置拖动到另一个位置，最后松开鼠标左键即可。
- 滚轮滚动：当屏幕上下不能一次性完全显示内容时，用户可以通过鼠标滚轮上下滚动来使显示屏幕上下移动。

1.3.4　桌面

Windows 开机后出现的界面称为"桌面"，它是用户操作计算机使用最频繁的界面之一。Windows 7 桌面以其简洁、友好、靓丽的设计，赢得了广大用户的认可。Windows 7 的标准桌面由桌面图标、桌面背景和任务栏三部分组成，如图 1-7 所示。

1. 桌面图标

Windows 是一个图形化的操作系统，在 Windows 7 环境下，所有的应用程序、文件、文件夹等对象都用图标来表示。图标，由一个可以反映对象类型的图片和相关文字说明组成。鼠标双击这些图标，即可打开并运行相应的应用程序或者文件。Windows 7 桌面图标又分为系统图标和快捷方式图标两类。其中，系统图标是 Windows 7 操作系统为用户设置的图标，而快捷方式图标是用户自己创建的图标。两者主要的外观区别在于系统图标左下方没有快捷箭头标识。

图 1-7　Windows 7 标准桌面

2. 桌面背景

桌面背景，是指桌面的背景图案。Windows 7 安装完成后，默认的桌面背景是一样的，用户可以尝试把背景改成自己喜欢的图案。

3. 任务栏

任务栏一般情况下位于 Windows 7 桌面的底部，它由"开始"菜单、程序锁定区、应用程序区、通知区域和显示桌面按钮等几部分组成，如图 1-8 所示。

图 1-8　Windows 7 任务栏

● "开始"菜单

几乎所有的 Windows 7 操作，都是从"开始"菜单开始的。用户可以通过单击桌面左下方的 按钮打开"开始"菜单，如图 1-9 所示。"开始"菜单由固定程序列表、常用程序列表、所有程序列表、搜索框、启动菜单和关机选项等部分组成。

图 1-9　Windows 7 "开始" 菜单

● 程序锁定区

程序锁定区由用户常用的程序图标或快捷方式组成，单击其中的图标可以快速启动程序，与以往 Windows 版本中的快速启动栏作用类似。

● 应用程序区

应用程序区位于任务栏的中间部分，是当前正在运行的应用程序在任务栏的显示。在此区域内用户可以对相应的应用程序进行简单操作，如最大化、最小化、还原和关闭等。单击应用程序区中的某个应用程序图标，即可将其设置为当前活动窗口。

● 通知区域

通知区域位于任务栏的右端，通常由日期/时间、音量调节、网络状态和系统通知等程序组成。

● 显示桌面按钮

显示桌面按钮位于任务栏的最右端，单击该按钮可以快速显示桌面元素，再次单击还原窗口。

1.3.5　窗口

当用户打开一个文件或者应用程序时，都会出现一个窗口。窗口是用户进行操作时的重要区域。

1. 窗口的组成

在 Windows 7 中，每一个应用程序的基本操作界面都是窗口。以画图程序为例予以介绍，如图 1-10 所示。该窗口包含了以下几个部分：标题栏、工具栏、工作区、状态栏、水平和垂直滚动条等。

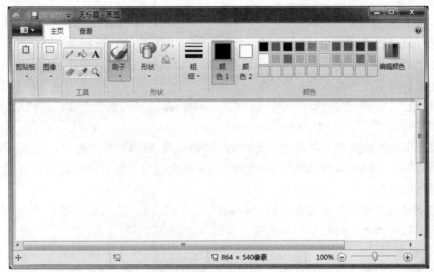

图 1-10　画图程序窗口

- 标题栏：位于窗口的上方，它给出了窗口中程序的名称。同时，它还包括保存、撤消、最大化、最小化和关闭等常用按钮。
- 工具栏：位于菜单栏的下面，它以按钮的形式列出了用户最经常使用的一些命令，比如字体加粗、字体颜色、段落对齐等。
- 工作区：窗口中间的区域，占据界面大部分空间，用于文档内容的输入与编辑等操作。不同的应用程序，工作区的操作也不尽相同。
- 状态栏：位于窗口底部，对程序的运行状态进行描述。通过它用户可以了解到程序的运行情况。
- 水平和垂直滚动条：当工作区域的内容太多而不能全部显示时，窗口将自动出现滚动条，拖动滚动条可以查看所有的内容。

2. 窗口的基本操作

既然 Windows 7 的应用程序都是以窗口形式展现的，而且应用程序的操作很大程度上要依赖于窗口，所以掌握窗口的基本操作也就成为了用户的必备技能。

（1）打开窗口

当执行一个应用程序或在这个应用程序中打开一个文档时，窗口会自动打开。如在桌面上双击"计算机"，可以打开"计算机"窗口。

（2）改变窗口的大小

将鼠标指针移到窗口的边框或角，鼠标指针自动变成双向箭头，这时按下左键拖动鼠标，就可以改变窗口的大小了。不过需要注意的是：在窗口四个角上拖动的效果，与在其他位置拖动是不一样的，请读者仔细体会其中的差别。

（3）最大化、最小化、复原和关闭窗口

在窗口的右上角有最小化 ▬ 、最大化 ▢ （或复原 ▢ ）和关闭 ✕ 三个按钮。

1）窗口最小化：单击标题栏右侧最小化按钮 ▬ ，窗口在桌面上消失，同时窗口图标将显示在任务栏上。需要注意的是，此时程序只是转为后台运行，并没有中止运行。若要恢复原来的窗口，用鼠标单击任务栏的图标即可。

2）窗口最大化：单击标题栏右侧最大化按钮 ▢ ，窗口扩大到整个桌面，同时最大化按钮变成复原按钮 ▢ 。

3）窗口复原：当窗口最大化时具有此按钮，单击还原按钮 ▢ 可以使窗口恢复原来的大小。

4）窗口关闭：单击关闭按钮 ✕ ，窗口在屏幕上消失，并且图标也从任务栏上消失。

（4）移动窗口

当窗口不是最大化或最小化状态时，将鼠标指针指向窗口的"标题栏"，按下鼠标左键，拖动鼠标到所需要的地方后释放鼠标按钮，窗口就被移动了。

（5）切换窗口

当打开的窗口数量在一个以上时，屏幕上始终只能有一个活动窗口。活动窗口和其他窗口相比有着突出的标题栏。下面是几种切换窗口的方法：

1）用鼠标单击任务栏上的窗口图标；

2）在所需要的窗口没有被其他窗口完全挡住时，单击所需要的窗口的任务部分；

3）使用快捷键 Alt + Tab 或者 Alt + Esc 切换。

（6）排列窗口

窗口排列有层叠、堆叠显示和并排显示三种方式。用鼠标右键单击"任务栏"空白处，弹出如图1-11 所示菜单，然后选择一种排列方式，即可按要求排列窗口。

1.3.6 对话框

对话框在 Windows 7 应用程序中大量用于系统设置、信息获取和交换等操作。下面以 Word 2010 中的"页面设置"对话框为例进行介绍，如图 1-12 所示。虽然不同的对话框外观和内容差别很大，但是对话框中所含元素基本相同。

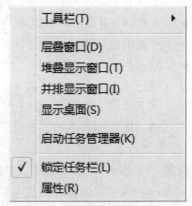

图 1-11　"任务栏"快捷菜单

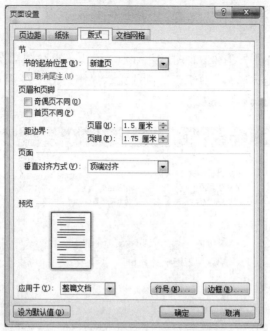

图 1-12　"页面设置"对话框

- 标题栏：列出对话框名字。
- 选项卡：又称标签，将对话框中的功能进一步的详细分类。
- 下拉列表框：它是一个单行列表框，右边有一个向下的箭头按钮。
- 复选框：一组选项，可以不选，也可以选择多个，选中的项以"√"表示。
- 数值框：又称微调按钮，用于输入数值信息，也可以单击该框右边的向上或向下箭头按钮来调整框中的数值。
- 命令按钮：单击可执行相应的命令。

此外，在某些对话框中可能还会遇到以下几种元素：

- 列表框：用户在它的选项列表中选择某个选项，从而达到设置项目的目的。
- 组合框：用户除了可以选择系统提供的选项外，还可以输入信息。
- 单选框：选中的项前面以"●"表示，用户必须选择并且只能选择其中的一个选项。
- 文本框：又称编辑文字，用于文本输入。

1.3.7　桌面图标显示与排序

1. 系统图标的显示

Windows 7 安装完成后，默认的桌面只显示了"回收站"一个系统图标，而像计算机、用户的文件夹、控制面板和网络等用户经常使用的图标并没有出现在桌面上，如图 2-7 所示。为了方便用户操作，可以把上述的几个系统图标也显示到桌面上，具体操作步骤如下：

（1）右击桌面空白处，执行快捷菜单中的"个性化（R）"命令，系统随之弹出"个性化"设置对话框。

（2）单击窗口左侧的"更改桌面图标"命令，弹出"桌面图标设置"对话框，用户根据需要选择相关选项。此处选择"计算机"、"回收站"、"用户的文件（U）"、"控制面板"和"网络（N）"复选项，如图 1-13 所示。

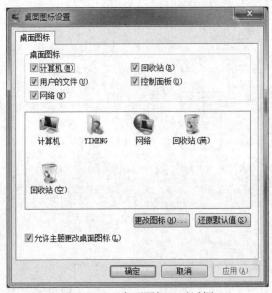

图 1-13　"桌面图标"对话框

（3）单击"确定"按钮，返回桌面。此时桌面出现了相应的系统图标，如图 1-14 所示。

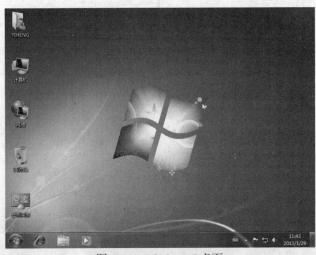

图 1-14　Windows 7 桌面

提示：对话框中的"应用"和"确定"按钮的作用都是使用户当前设置生效，但两者又存在区别。单击"确定"按钮时用户设置被保存，同时当前窗口被关闭，而"应用"按钮只保存用户设置，当前窗口未被关闭。

2. 快捷方式的创建

快捷方式是打开某个文件、文件夹，或者启动某个程序的快捷通道。合理地将常用文件、文件夹和程序创建快捷方式，可以加快查找文件的速度，提高工作效率。但由于桌面图标过多会影响计算机开机速度，所以对不经常用的快捷方式可进行删除。

创建快捷方式的方法很多，下面介绍如下 2 种方法：

- 右击需要创建快捷方式的对象（包括文件、文件夹和程序等），在弹出的快捷菜单中选择"发送到（N）"子菜单中的"桌面快捷方式"命令。
- 右击桌面空白处，选择快捷菜单中"新建"子菜单中的"快捷方式（S）"命令，打开"创建快捷方式"对话框，如图 1-15 所示。用户通过单击"浏览（R）…"按钮，选择需要创建快捷方式的对象。依次单击"下一步"和"完成"按钮。

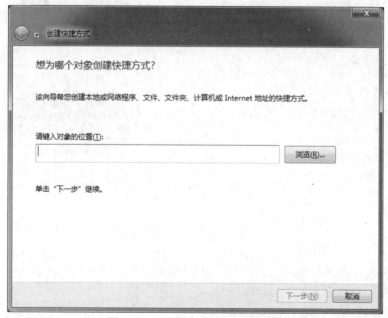

图 1-15　"创建快捷方式"对话框

3. 图标排序

Windows 7 桌面图标排序分为自动排序和非自动排序两种。同时，在自动排序的前提下，又可以按"名称"、"大小"、"项目类型"和"修改日期"等 4 种不同的排序方式进行排列。

用户可以通过右击桌面空白处，选择快捷菜单中"查看（V）"子菜单中的"自动排列图标（A）"命令，实现桌面图标自动排序，如图 1-16 所示。

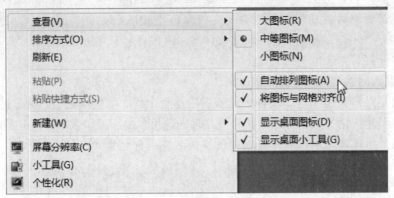

图 1-16　图标查看方式

通过选择快捷菜单中"排列方式（O）"子菜单中的"名称"、"大小"、"项目类型"或者"修改日期"命令，设置桌面图标排序依据，如图 1-17 所示。

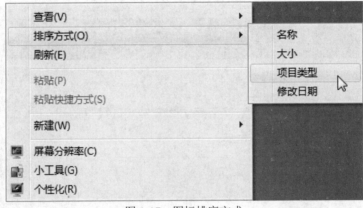

图 1-17　图标排序方式

1.3.8　任务栏设置

任务栏默认位于桌面的底端，用户可以在未锁定任务栏的前提下，用鼠标将其拖放到桌面，以及进行任务栏高度调整等操作。

1．锁定任务栏

右击任务栏空白处，在快捷菜单中选择"锁定任务栏（L）"项，当此选项前出现"√"，表示任务栏处于锁定状态，其高度、位置不能改变。再次执行此操作，去除此选项前的"√"，表示当前任务栏处于未锁定状态，用户可以使用鼠标拖动任务栏到桌面的左侧、右侧、顶部或底部任意位置进行任务栏位置调整。

2．自定义电源按钮操作

Windows 7 默认情况下，"开始"菜单右下方显示的"关机"按钮右侧的小三角标志打开可选择"注销"、"锁定"和"重新启动"等选项。Windows 7 允许用户自定义电源按钮操作，下面以将"睡眠"设置为默认按钮为例介绍操作步骤：

（1）右击任务栏空白处，选择快捷菜单中的"属性"选项，弹出"任务栏和开始菜单属性"窗口。

（2）单击选择"开始菜单"选项卡，在"电源按钮操作（B）"的下拉列表中选择"睡眠"选项，如图 1-18 所示。

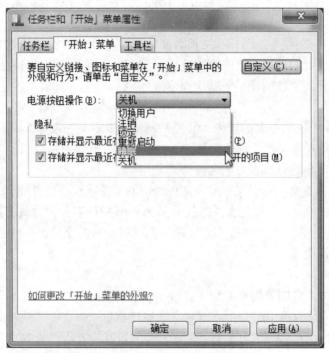

图 1-18　"开始菜单"选项卡

（3）单击"确定"按钮，完成设置。

3．程序锁定区管理

默认情况下，Windows 7 程序锁定区固定了 Internet Explorer、Windows 资源管理器和 Windows Media Player 三个程序。用户可以根据个人习惯将更多的程序锁定到程序锁定区，操作方法有多种，这里介绍以下两种常用方法：

● 拖动桌面快捷方式图标到程序锁定区，选择"附加到任务栏"命令。

● 将程序启动后，右击任务栏上的程序图标，从快捷菜单中选择"将此程序锁定到任务栏"命令。

当用户不需要程序锁定时，在程序锁定区相应的程序图标上右击，选择"将此程序从任务栏中解锁"命令，即可完成程序的解锁操作。

1.4 管理文件和文件夹

1.4.1 基本概念介绍

1. 文件

文件是计算机系统对数据进行管理的基本单位,是信息在计算机磁盘上存储的集合,它可以存放文本、图像、数值数据、音频、视频或程序等多种数据类型。

在 Windows 中,文件是以图标和文件名来标识的,而文件名又由文件名和扩展名两部分组成(如文本文件"我的日记.txt"的扩展名为".txt")。每一个文件都对应一个文件图标,图标的外形决定了打开此文件所使用的默认程序。

2. 文件夹

文件夹是 DOS 中目录概念的延伸,但在 Windows 7 中文件夹有了更广的含义,它不仅用于存放、组织和管理具有某种关系的文件和文件夹,还用于管理和组织计算机资源。如"计算机"就是一个代表用户计算机资源的文件夹。

文件夹中可以存放文件和子文件夹(文件夹中的文件夹称子文件夹),子文件夹中还可以继续存放文件和子文件夹,这种包含关系使得 Windows 中所有的文件夹形成了一种树形结构。在此树形结构中,"计算机"为树的"根",根下面是磁盘的各个分区,每个分区下面是第一级文件夹和文件,依次类推。

3. 磁盘驱动器

磁盘是计算机上重要的外部存储设置,用户大量数据都存放在磁盘上。通常,磁盘驱动器指的是磁盘分区,如计算机上的 C 盘,就是 C 分区的意思。磁盘驱动器通常由磁盘图标、磁盘名称和磁盘使用信息组成,用大写的英文字母后面加冒号来表示。从本质上来讲,磁盘驱动器就是一个大的文件夹,用户可以根据自己的习惯将文件和文件夹分类存放在计算机的各个分区上。

1.4.2 Windows 资源管理器

1. 启动资源管理器

Windows 是利用资源管理器实现对计算机软、硬件资源管理的,用户可以通过它方便地浏览、查看、移动和复制文件和文件夹等操作。资源管理器以分层方式显示计算机内所有文件和文件夹的详细图表,如图 1-19 所示。

启动资源管理器的方法很多,在此介绍如下 4 种常用方法。

- 双击桌面上的"计算机"图标,打开计算机资源管理器窗口。
- 通过执行"开始→所有程序→附件→Windows 资源管理器"命令。
- 右击"开始"按钮,在弹出的快捷菜单中选择"打开 Windows 资源管理器"选项。
- 执行快捷键 Windows+E。

图 1-19 "资源管理器"窗口

在 Windows 7 中,"计算机"和"资源管理器"合二为一。通过双击"计算机"和执行"Windows 资源管理器"命令作用几乎相同,只是"资源管理器"命令打开的默认位置是"库"而非"计算机"而已,但本质是相同的。

2. 资源管理器的窗口组成

资源管理器和前面介绍的 Windows 窗口组成基本一致,同时它更具代表性,更能体现出 Windows 的特点。下面就资源管理器与常见 Windows 窗口的不同之处进行介绍。

(1)收藏夹

收藏夹收录了用户经常需要访问的位置。默认情况下,收藏夹下建立了"下载"、"桌面"和"最近访问的位置"三个快捷方式。"下载"指向网络下载默认存储位置;"桌面"指向计算机桌面;"最近访问的位置"记录了用户最近访问的文件或文件夹所在的位置。

(2)库

资源管理器中的"库"是为用户快速访问资源而设置的,它类似于应用程序和文件夹的快捷方式。默认情况下,库中包含"视频"、"图片"、"文档"和"音乐"4 个库。当用户创建或者从网络下载上述 4 种文件时,会默认保存到相应的库中。

3. 资源管理器的常用操作

(1)展开和折叠文件夹

资源管理器中的操作都是针对选定的文件夹或文件进行的,因此在进行操作前,必须选择相应的对象。

在资源管理器左侧的导航栏中,文件夹左边有▷符号时,表示此文件夹有下一级子文件夹。单击▷符号,可以在导航窗口中展开其下一级子文件夹,此时▷变成◢。再次单击◢,又重新实现了文件夹的折叠。单击导航栏中的文件夹图标，使该文件夹成为当前文件夹，并在右侧窗口中显示该文件夹内的文件和文件夹信息，同时导航栏中该文件夹呈浅蓝色背景。

（2）选择文件

首先通过资源管理器左侧导航栏打开相应的文件夹，使其成为当前文件夹。然后单击右侧窗口中的文件，实现文件的选择；如果选择的文件是多个，且这些文件处于连续的位置，可以单击第一个文件，按下 Shift 键，再单击最后一个文件；如果要选择的多个文件，位置不连续，则可以单击选择完第一个文件后，按下 Ctrl 键，再依次单击其他文件，实现文件选择；如果要选择该窗口中全部文件和文件夹，可以使用快捷键 Ctrl+A，或者执行菜单命令"编辑（E）→全选（A）"。

1.4.3　文件和文件夹操作

1．创建文件夹

用户可以创建新的文件夹来存放自己的文件。下面以在"我的文档"中建立一个名叫"家庭照片"的文件夹为例进行介绍，具体操作步骤如下：

（1）双击"计算机"打开资源管理器。

（2）通过左侧导航窗口选定"库"中的"文档"为当前文件夹，此时右侧窗口将显示"我的文档"文件夹中的内容。

（3）在右侧窗口空白处右击鼠标，选择快捷菜单中的"新建→文件夹"命令，或者单击菜单中的"文件（F）→新建（W）→文件夹（F）"命令。

（4）此时窗口出现了以"新建文件夹"命名的文件夹，如图 1-20 所示，并且名字处于编辑状态。

图 1-20　新建文件夹操作

（5）通过键盘输入"家庭照片"，按 Enter 键，或者在窗口空白处单击鼠标左键，从而完成创建文件夹的操作。

2. 重命名文件和文件夹

重命名文件和文件夹的操作基本相同，下面以"我的文档"中的"家庭照片"文件夹重命名为"宝宝照片"为例进行讲解。具体操作步骤如下：

（1）选中要重命名的文件夹，然后执行菜单命令"文件（F）→重命名（M）"；或者用鼠标右击文件夹，选择快捷菜单中的"重命名"命令。

（2）单击"重命名"之后，文件夹的名称即处于编辑状态，用户直接通过键盘输入新的文件夹名"宝宝照片"后，按回车键确认即可。

提示：重命名文件和上述操作基本相同，用户需要注意的是重命名文件时，文件扩展名不应改变，否则可能更改默认打开程序，从而造成文件不能正常使用。为了方便操作，用户也可以将文件扩展名直接隐藏，具体操作步骤如下：

（1）在资源管理器窗口中，执行菜单命令"工具（T）→文件夹选项（O）..."，打开"文件夹选项"对话框。

（2）在对话框中，选择"查看"选项卡，将"高级设置"中的"隐藏已知文件类型的扩展名"项选中，如图 1-20 所示。

（3）点击"确定"按钮即可。

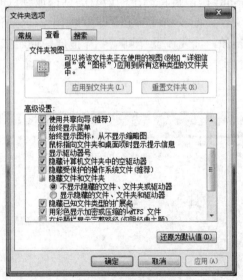

图 1-21 "文件夹选项"对话框

3. 移动和复制文件、文件夹

移动和复制文件是 Windows 的常用操作，可以通过以下三种方式来实现，这些方式各有特点，可应用于不同的场合。下面以把"我的文档"中的 "宝宝照片"文件夹移动到 D 盘根目录为例讲解。

（1）使用剪切板移动和复制文件、文件夹，具体操作步骤如下：

1）在资源管理器窗口中，选取要移动或复制的"宝宝照片"文件夹。

2）如果要移动文件夹，执行菜单命令"编辑（E）→剪切（T）"；如果要复制文件夹，则执行菜单命令"编辑（E）→复制（C）"。此步操作也可以通过右击文件夹，选择快捷菜单中的相应命令来完成。

3）打开要存放文件夹的驱动器或文件夹，如 D 盘。

4）执行菜单命令"编辑（E）→粘贴（P）"。同样，此操作也可以通过右击窗口空白处，选择快捷菜单中的"粘贴"命令完成。

提示： 由于移动和复制文件、文件夹是一项十分常用的操作，用户也可以通过掌握相应的快捷键提高工作效率，即"剪切"快捷键为"Ctrl+X"，"复制"快捷键为"Ctrl+C"，"粘贴"快捷键为"Ctrl+V"。

（2）使用鼠标拖放移动和复制文件、文件夹，具体操作步骤如下：

1）在资源管理器窗口中，设置源位置和目标位置可见。若两个位置不能同时可见的话，用户可以再打开一个资源管理器窗口。

2）在资源管理器中，选择要移动或复制的文件和文件夹。

3）如果源位置和目标位置不在同一驱动器上（即不在同一个磁盘分区），用户要移动文件和文件夹时，需要按下 Shift 键，再将选定的所有图标拖放到目的位置；而复制文件时，则可以直接将选定的文件或文件夹拖放到目标位置即可。如果源位置和目标位置位于同一个驱动器时，移动操作可以直接拖放，而复制操作则需要在拖放的同时按下 Ctrl 键。

4）拖放指针放置到目标文件夹，目标文件夹变成蓝色背景显示时，放开鼠标即可，如图1-22 所示。

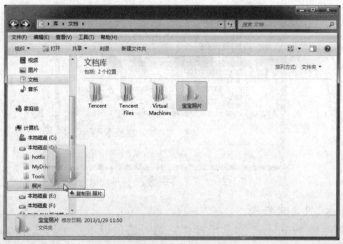

图 1-22　移动文件夹操作

（3）使用"移动到文件夹"/"复制到文件夹"命令移动和复制文件、文件夹，具体操作步骤如下：

1）首先选定欲移动的文件或文件夹，从菜单栏执行"编辑（E）"→"移动到文件夹（V）"命令，弹出"移动项目"对话框，如图 1-23 所示。

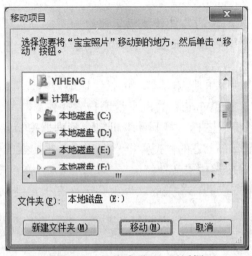

图 1-23   "移动项目"对话框

2）在"移动项目"对话框中选择文件移动的目标位置。单击对话框中的"移动（M）"按钮，即可完成文件或文件夹的移动。

利用"编辑"菜单中的"复制到文件夹（F）"命令可实现文件或文件夹的复制，操作与上述操作相同。

4．删除文件和文件夹

在删除文件或文件夹的操作过程中，首先要选择对象，然后按照下列 3 种方法中任意一种方法操作，并在随即弹出的确认删除对话框中选择"是（Y）"按钮，即可完成删除；选择"否（N）"按钮，取消删除操作。

● 在选择的对象图标上右击鼠标，选择快捷菜单中的"删除（D）"命令。

● 按键盘上的 Delete 键。

● 执行菜单栏上的"文件（F）"→"删除（D）"命令。

除了上述三种常用删除方法外，在"回收站"可见的情况下，用鼠标将要删除的对象拖动到"回收站"图标上，也可以实现文件或文件夹的删除。此方法与上述三种方法不同之处在于它不再出现确认删除对话框。

默认情况下，执行文件或文件夹删除操作后，并不是真正的从磁盘上删除，而是将删除对象移动到了系统"回收站"。用户可以在"回收站"中彻底删除文件，或者还原已删除文件。具体操作步骤如下：

（1）在桌面上双击"回收站"图标，打开"回收站"资源管理器窗口。

（2）右击要彻底删除或还原的已删除文件图标，选择快捷菜单中的"删除（D）"或者"还原（E）"命令，从而实现文件的彻底删除和文件还原到原始位置的还原操作。

如果要把"回收站"中的全部文件彻底删除，用户可以右击"回收站"图标，执行"清空回收站（B）"命令。

提示：在"回收站"中删除的文件将被彻底删除，不能再被还原。同时，删除外部移动存储设备上的文件是不经"回收站"而直接删除的，建议用户操作时要慎重。

5．搜索文件或文件夹

Windows 7 系统提供了强大的搜索功能，可以快速地搜索计算机上的文档、图片、音乐和视频文件等。下面以搜索"Big World"为例来说明搜索操作。

（1）双击桌面"计算机"图标，打开计算机资源管理器窗口。

（2）在资源管理器窗口右上方的"搜索框"中，输入要搜索的关键字"Big   World"，计算机在用户输入时即时开始搜索相关文件。

（3）等待搜索进度条完成后，相关的文件就会出现在搜索结果中，如图 1-24 所示。

图 1-24　在计算机中搜索文件结果

提示：如果用户记得文件所在分区，也可以直接通过"计算机"打开此分区再进行搜索，这样可以减小计算机搜索的范围。同时，Windows 7 文件搜索功能还支持搜索关键字中使用通配符，如"?"代表一个任意字符，"*"代表多个字符。

6．隐藏文件和文件夹

用户若不想让别人看见、修改、或者删除自己的某些文件。在 Windows 7 下，可以通过修改文件或文件夹的属性来实现文件的隐藏和只读。下面以隐藏文件夹为例进行讲解，具体操作步骤如下：

（1）单击要隐藏的文件夹对象，执行菜单中的"文件（F）"→"属性"命令（或者右击对象，选择快捷菜单中的"属性（R）"命令），弹出文件夹属性对话框，如图 1-25 所示。

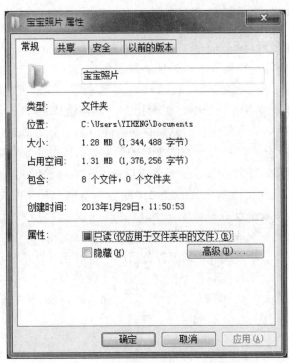

图 1-25　文件夹"属性"对话框

（2）在"常规"选项卡中，选中属性项中的"隐藏"复选框，单击"确定"按钮，弹出"确认属性更改"对话框。

（3）对话框中有"仅将更改应用于该文件夹"和"将更改应用于该文件夹、子文件夹和文件"两个单选项。前者表示只隐藏此文件而不隐藏该文件夹下的子文件夹和文件，后者表示对该文件夹，以及其下属的子文件夹和文件都进行隐藏（若隐藏的对象是文件的话，则不出现上述对话框）。

（4）单击"确定"按钮，完成文件夹隐藏设置。

提示：由于隐藏文件和文件夹在默认情况下是不可见的，如果用户需要重新看到它们，需要执行下列操作：

（1）打开资源管理器窗口，执行菜单中的"工具（T）"→"文件夹选项（O）..."命令，弹出"文件夹选项"对话框。

（2）选择"查看"选项卡，在文件夹"高级设置："中找到"隐藏文件和文件夹"项，选中"显示隐藏的文件、文件夹和驱动器"单选项。

（3）单击"确定"按钮，完成设置，此时隐藏的文件和文件夹将再次显示出来。如果想重新隐藏，则选中"不显示隐藏的文件、文件夹和驱动器"单选项。

本章小结

办公自动化是一种技术，是一个系统工程。办公自动化是指办公人员利用先进的科学技术，不断使人的办公业务活动物化于人以外的各种设备中，并由这些设备与办公室人员构成服务于某种目标的人－机信息处理系统，以达到提高工作质量、工作效率的目的。

办公自动化一般可分为事务处理型、管理控制型、辅助决策型三个层次。整个办公过程包括信息采集、信息加工、信息传输、信息保存四个环节。一个完整的办公自动化系统应该能够实现 7 个方面的功能，分别是：内部通信平台的建立、信息发布平台的建立、工作流程的自动化、文档管理的自动化、辅助办公、信息集成以及分布式办公的实现。

办公自动化的发展过程在技术设备的使用上经历了单机、局部网络、一体化、全面实现办公自动化四个阶段。其未来发展将体现以下几个特点：办公环境网络化、办公操作无纸化、办公服务无人化、办公业务集成化、办公设备移动化、办公思想协同化、办公信息多媒体化、办公管理知识化以及办公系统智能化。我国办公自动化发展已经经历了三个阶段，因种种原因的制约，各个单位办公自动化程度有所不同。

掌握办公自动化，需要学会 Word 高级排版、表格设计，Excel 表格处理、函数、图表，PowerPoint 幻灯片制作，商务办公基础等。

实　　训

实训一：Windows 基本操作

1．隐藏任务栏；把任务栏放在屏幕上端。
2．删除开始菜单文档中的历史记录。
3．设置回收站的属性：所有驱动器均使用同一设置（回收站最大空间为 5%）。
4．以"详细资料"的查看方式显示 C 盘下的文件，并将文件按从小到大的顺序进行排序。
5．设置屏幕保护程序为"三维管道"，等待时间为 1 分钟。

实训二：文件及文件夹操作

1．在 D 盘的根目录下建立一个新文件夹，以学员自己的姓名命名。
2．在该文件夹中建立名为 brow 的文件夹与 word 文件夹，并在 brow 文件夹下建立一个名为 bub.txt 空文本文件和 teap.bmp 图像文件。

3．将 bub.txt 文件移动到 word 文件夹下并重新命名为 best.txt。

4．查找 C 盘中所有以 exe 为扩展名的文件，并运行 wmplayer.exe 文件。

5．为 brow 文件夹下的 teap.bmp 文件建立一个快捷方式图标，并将该快捷方式图标移动到桌面上。

6．删除 brow 文件夹，并清空回收站。

7．在桌面上创建一个指向学员姓名的文件夹的快捷方式，命名为"校校通"。

8．在 E 盘的根目录下建立 Mysub 文件夹，访问类型为"只读"。

9．将 D 盘下所建的文件夹复制至 E 盘，改名为"校校通"。

10．桌面设置：

（1）使用"画图"程序制作一张图片并保存在你的文件夹中，取名为"背景.bmp"。

（2）将"背景.bmp"设置为桌面背景。

Chapter 1

2

办公文档的基本操作

本章教学目标：

- 了解办公文档处理的基本流程，掌握文档的创建、打开和保存以及文档保护等基本知识
- 熟练掌握在文档中基本的编辑、排版方法以及文档打印等操作，并且在进行这些操作时，可以使用多种不同的方法

本章教学内容：

- 办公中文档处理的基本流程
- 简单文档的处理
- 图文混排文档的处理
- 实训

2.1 办公中文档处理的基本流程

在办公业务实践中，文档处理有其规范的操作流程。一般来说，文档处理都要遵循如图 2-1 所示的操作流程。

图 2-1 文档操作流程

1. 文档录入

文档录入是文字处理工作的第一步，它包括文字录入、符号录入以及图片、声音等多媒

体对象的导入。文字录入包括中文和英文的录入，符号录入包括标点符号、特殊符号的录入，它们主要通过键盘、鼠标录入，而图片、声音等多媒体对象的获取需要依靠素材库或者通过专门的设备导入。

2. 文本编辑

文档内容录入完成后，出于排查错误、提高效率或者其他目的，必须对文档内容进行编辑。对于文字内容来说，主要包括选取、复制、移动、添加、修改、删除、查找、替换、定位、校对等。对于多媒体对象，还将有专门的编辑方法。

3. 格式排版

文档经编辑后，如果内容无误，下一步就是排版。包括：字体、段落格式设置，分页、分节、分栏排版，边框和底纹设置，文字方向，首字下沉，图文混排设置，多媒体对象排版等。

4. 页面设置

文档排版完成后，在正式打印之前必须根据打印需要进行页面设置，主要包括：纸张大小设置，页面边界设置，装订线位置以及宽度设置，每页行数、每行字数设置，页眉页脚设置等。

5. 打印预览

文档正式打印之前，最好先进行打印预览操作，即先在屏幕上模拟文档的显示效果。如果效果符合要求，就可以进行打印操作；如果感觉某些方面不合适，可以回到编辑状态重新进行编辑或者通过有关设置在预览状态下直接编辑。

6. 打印输出

利用文字处理软件制作的文档最终输出有两个方向：一个是打印到纸张上，形成纸质文档进行传递或存档；另一个是制作网页或电子文档用来通过网络发布。如果是前一目的，必须进行打印操作这一环节。主要包括：打印机选择、打印范围确定、打印份数设置以及文档的缩放打印设置等。

2.2 简单文档的处理

在工作和学习中，经常要用计算机处理一些基本的文档，如公文、海报、招聘启示、合同等。利用 Word 软件来制作和处理这些文档是最合适的。

2.2.1 简单文档制作实例

本节的实例是制作一份学校内部下发的通知。实例的效果图如图 2-2 所示。

在本例中，将主要解决如下问题：

● 如何录入文本内容
● 如何修改文本字体和段落格式
● 如何为文本添加编号

关于举办 XXXX 大学"友谊杯"篮球比赛的通知

各学院：

为了活跃和丰富学生的业余生活，增进各学院的友谊，构建和谐的校园文化氛围，经校团委和学生会研究决定举办比次男子篮球比赛，现将具体事项通知如下：

1、比赛时间：2013 年 11 月 20 日—11 月 27 日。

2、比赛地点：学 校 篮 球 场。

3、参加方式：采用自愿报名的方式，以学院为单位报到校学生部办公室（教学楼 205 室）。

4、组队要求：每院限报十人。

5、比赛形式：初赛以抽签方式分为两组用用循环积分制，分别取前两名。决赛以单场淘汰制进行。

6、主办团体：校学生会

请各学院将参赛队员名单于 11 月 18 日 11：00 之前交校学生部办公室，并于 11 月 18 日晚 19：00 在校会议室（教学楼 205 室）举行篮球比赛抽签会议（请各学院篮球队负责人准时到会）。望各学院认真组织选手报名参赛，在比赛中赛出好成绩。

特此通知。

XXXX 大学学生工作部

2012 年 11 月 13 日

图 2-2　比赛通知的效果图

2.2.2　操作步骤

1. 新建一个 Word 文档并保存

启动 Word 软件后，系统自动建立一个空白文档，为了方便文档打开和防止以后文档内容的丢失，先将文档进行更名保存。操作步骤如下：单击"常用"工具栏上的"保存"按钮，此时打开一个"另存为"对话框，如图 2-3 所示。在"文件名"文本框中输入"通知"，单击"保存"按钮即新建了一个文档名为"通知.doc"的文档。

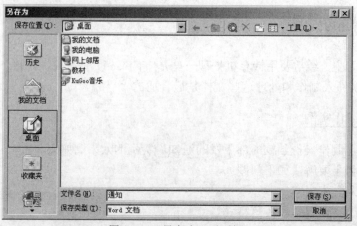

图 2-3　"另存为"对话框

提示：对于 Word 这样经常使用的程序，最好在桌面上建立它的快捷方式，这样以后启动时可节约很多时间。

2. 通知文本的录入与编辑

（1）设置输入法

在文本录入之前，最好先设置好使用的中文输入法，使用快捷键 Ctrl+Shift 来选择一种中文输入法，如文本中需要交替录入英文和中文，使用快捷键 Ctrl+Space 可以进行快速中英文输入法的切换。

提示：对于经常使用的中文输入法可以通过"控制面板"中的"输入法"来定义热键或者将其设置为第一种中文输入法，这样以后在切换输入法时就很方便。

（2）录入通知的文本内容

文件建立之后，文档上有一个闪动的光标，这就是"插入点"，也就是文本的输入位置。选择好输入法后，直接输入文字即可。

由于目前的办公软件都具有强大的排版功能，因此，在文字和符号录入过程中，原则上首先应进行单纯录入，然后运用排版功能进行有效排版。基本录入的原则是：不要随便按回车键和空格键。即：

- 不要用空格键进行字间距的调整以及标题居中、段落首行缩进的设置。
- 不要用回车键进行段落间距的排版，当一个段落结束时，才按回车键。
- 不要用连续按回车键产生空行的方法进行内容分页的设置。

如图 2-4 所示为通知内容单纯录入后的效果。

图 2-4　通知文本单纯录入后的效果

提示：录入文本时有"插入"和"改写"两种状态，状态栏上的"改写"两个字如果呈灰色，说明目前是比较常用的插入状态；如果字体颜色变黑，则表示为改写状态。此时，输入字符则将后面的字符覆盖。在"插入"和"改写"两种状态之间进行切换可以按 Insert 键，或者用鼠标双击状态栏上的改写标志。

（3）特殊符号的录入

文档中除了文字外，有时根据内容还会需要输入各种标点和特殊符号（例如：×、♂、※、◎、№、§ 等）。符号的输入方法有很多种，通常使用菜单 "插入"→"符号"（"特殊符号"）命令输入。如本例中需插入特殊符号"×"，如图 2-5 所示，选中需要的符号，单击"确定"按钮即可。

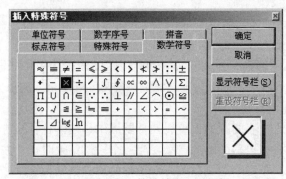

图 2-5　"插入特殊符号"对话框

（4）通知内容的编辑

如果在文档录入过程中需要进行编辑操作，具体方法可参见 2.2.3 本节知识点 3。

3．设置通知的字体和段落格式

文档中字体格式主要包括字体、字号、字型、文字效果、字间距等的设置；段落格式主要包括段落对齐、缩进、段间距、段前距、段后距等的设置。基本设置通过格式工具栏就可实现，复杂设置分别通过"格式"菜单下的"字体"、"段落"命令进行操作。如图 2-6 所示为字体格式的对话框，如图 2-7 所示是段落格式的对话框。可以通过对话框上的选项对字体和段落进行设置，最后单击"确定"按钮即可。

本例中按照下面的要求对文本进行字体和段落的格式设置：

● 标题为三号黑体字，居中，段后距为 1 行。正文为宋体小四号字。

● 第 3 段"比赛时间"后面的时间为红色、粗体、带底纹。第 4 段的"学校篮球场"字符缩放为 120％，字间距加宽为 1.5 磅。

● 第 9 段的时间部分加下划线。

● 第 2、9、10 段为首行缩进 2 个字符且段前距为 1 行，第 3～8 段段落左缩进 2 个字符。第 11、12 段设置为右对齐方式且段前距为 1 行。

按照以上要求的字体和段落格式设置之后，比赛通知文档的效果图就如图 2-8 所示。

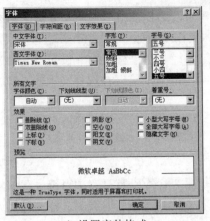

a）设置字体格式

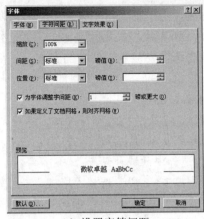

b）设置字符间距

图 2-6　"字体"对话框

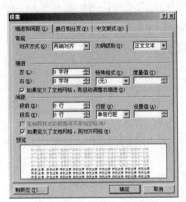

图 2-7　"段落"对话框

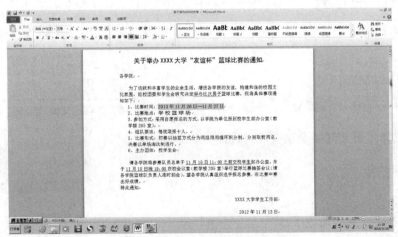

图 2-8　设置过字体和格式的效果图

　　另外，当一篇文章中某些字体和段落的格式相同时，为提高排版效率又能达到风格一致的效果，可使用"格式刷"按钮复制文本格式。具体操作步骤如下：

　　首先选择要被复制格式的文本，然后单击常用工具栏上的"格式刷"按钮，这时光标变成刷子形状，最后用刷子形状的光标选择需要复制格式的文本，这样被选择文本的格式就与原文本的格式相同。

　　提示：单击"格式刷"按钮，只能复制一次，双击"格式刷"按钮，可以多次复制格式，想结束格式复制时，再次单击"格式刷"按钮即可。

　　4．通知中的编号设置

　　选中第3～8段，选择"格式"→"项目符号和编号"命令，打开"项目符号和编号"对话框，如图2-9所示，在"编号"选项卡中发现没有符合要求的编号，此时选择一种接近目标的编号，进行自定义设置。

　　单击"自定义"按钮，在打开的"自定义编号列表"对话框中，把"编号格式"文本框中"1."后的"."删除，输入一个"、"即可。注意不要将带域的部分删除掉。此时在"预览"框中可以看到结果，如图2-10所示。单击"确定"按钮，回到"自定义编号列表"对话框中，确定即可。

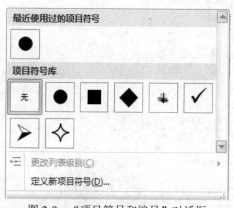

图2-9　"项目符号和编号"对话框

图2-10　"自定义编号列表"对话框

　　此时，文本编辑和排版全部完成，效果如图2-2所示。

2.2.3　主要知识点

　　1．自动保存文档

　　（1）单击"文件"选项卡。

　　（2）在打开的列表中单击"选项"命令。

（3）在弹出的"Word 选项"对话框中单击"保存"命令。

（4）选中"保存自动恢复信息时间间隔 x 分钟"复选框。

（5）在"分钟"字段中，指定希望程序保存数据和程序状态的频率。

还可以更改程序自动保存所处理的文件的位置（在"自动恢复文件位置"框中指定），如图 2-11 所示。

图 2-11　"保存"选项卡

2．文档保护

若某个文档不希望被别人看到或修改，就可以为该文档设置密码将其保护起来。操作步骤如下：

（1）在打开的文档中，单击"文件"选项卡。此时将打开 Backstage 视图。

（2）在 Backstage 视图中，单击"信息"。

（3）在"权限"中，单击"保护文档"。如图 2-12 是"保护文档"选项示例。

3．文档的基本编辑

文本的编辑是指文本字符的选定、修改、删除、复制、粘贴和移动等。

（1）选择文本

在所有的编辑操作之前，首先必须选择文本，也就是确定编辑的对象。选择文本有多种方法，常用有鼠标拖动法和选择栏法。

鼠标拖动法：对于连续的文本，将光标定位在起点，然后拖动鼠标到终点选中文本。对于不连续的文本，使用 Ctrl 键的同时用鼠标拖动即可。

选择栏法：选择栏的位置在文本左边的空白区域，单击选择栏选择一行；双击可选择一段；三击可选择全文。

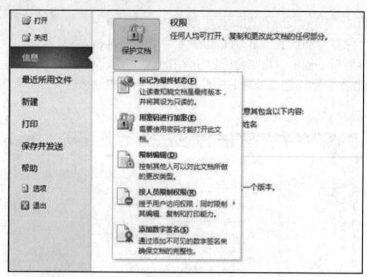

图 2-12　保护文档

（2）修改文本

一般来说，修改文本是先将光标定位到错误字符之后按退格键 BackSpace 或错误字符之前按删除键 Delete。也可以先选定出错内容的文本，然后直接输入新的文本，这样既可以删除所选文本，又在所选文本处插入新的内容。

（3）复制、移动、删除

首先必须选择所要操作的文本，然后才能进行复制、移动、删除操作。常用的操作方法有鼠标拖动法和快捷键法。

鼠标拖动方法：移动鼠标将所选内容拖动到新的位置，就移动了文本；如果按住 Ctrl 键不松手，然后移动鼠标将所选内容拖动到新位置，就复制了文本。

快捷键法：Ctrl+X 用来剪切，Ctrl+C 用来复制，Ctrl+V 用来粘贴，Delete 用来删除，复制与粘贴、剪切与粘贴组合分别实现复制、移动。

提示："粘贴"通常是将复制或剪切的内容原封不动地放置到目标位置，若只想要其中的文字，而不要其格式，这个时候就可以使用"选择性粘贴"。

复制文本内容后，选择"编辑"→"选择性粘贴"命令，在打开的"选择性粘贴"对话框中选择"无格式文本"就可以只保留文字而不带原来的格式。

（4）撤消和恢复

Word 提供了撤消和恢复操作，可以对错误操作予以反复纠正。

撤消操作的方法是：选择"编辑"→"撤消"命令，或者单击常用工具栏上的"撤消"按钮 。不过，最简单的方法还是使用快捷键 Ctrl+Z。

恢复操作的方法是：选择"编辑"→"恢复"命令，或者单击常用工具栏上的"恢复"按钮 。或者使用快捷键 Ctrl+Y 或者单独按 F4 键。

4. 拼写和语法

文本录入完成后，有时会出现一些不同颜色的波浪线，这是因为 Word 具有联机校对的功能。对英文来说，拼写和语法功能可以发现一些很明显的单词、短语或语法错误。如果出现单词拼写错误，则英文单词下面自动加上红色波浪线；如果有语法错误，则英文句子下面被自动加上绿色波浪线。但是对于中文来说，此项功能不太准确，所以用户可以选择忽略。

5. 查找和替换

查找和替换是一种常用的编辑方法，可以将需要查找或者要替换的文字进行快速而准确的操作，从而提高编辑的效率。

例如，实例中多次出现"学生"。下面介绍如何查找"学生"和把"学生"全部替换为"大学生"。

（1）查找文本

点击"开始"选项卡"编辑"工具组的"查找"命令，如图 2-13 所示。打开"查找和替换"对话框，在查找内容中输入"学生"，如图 2-14（a）所示，重复单击"查找下一处"按钮即可详细定位到每一处"学生"出现的地方。

（2）替换文本

对于一个比较长的文档来说，如果把文本用手动的方法一个一

图 2-13 查找命令

个地替换可能会有遗漏。但是利用替换功能就可以进行自动全部替换，选择"编辑"→"替换"命令，打开"查找和替换"对话框，如图 2-14（b）所示，在查找内容中输入"学生"，在替换内容中输入"大学生"，单击"全部替换"，就会对文档中所有出现的"学生"进行替换。

（a）查找文本

（b）替换文本

图 2-14 "查找和替换"对话框

6. 项目符号和编号

在文档中，相同级别的段落有时需加一些符号或者编号。项目符号是在每个条例项目前加上点或勾、三角形等特殊符号，主要用于罗列项目，各个项目之间没有先后顺序。而编号则是在项目前面加上 1，2，3……或者 A，B，C……等，一般在各个项目有一定的先后顺序时使用"编号"。适当地使用项目符号或编号可以增加文件的可读性。

添加项目符号和编号的操作步骤如下：

（1）选中所需添加项目符号的文本内容，选择"格式"→"项目符号和编号"命令，打

开"项目符号和编号"对话框，如图 2-15 所示，可以选择对话框中所示的某一种项目符号和编号，单击"确定"即可。

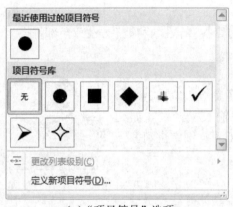

（a）"项目符号"选项　　　　　　　　　　（b）"编号"选项

图 2-15　"项目符号和编号"对话框

（2）使用编号或项目符号时，如果觉得对话框上面列出的样式都不理想，用户还可以选择自定义新的编号或项目符号。自定义过的新编号或项目符号，会成为格式工具栏上的默认形式，如图 2-16 所示，可以直接单击"格式"工具栏上的"编号"和"项目符号"按钮直接使用。

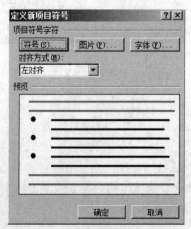

图 2-16　自定义的项目符号

添加过项目符号和编号的文本如图 2-17 所示。

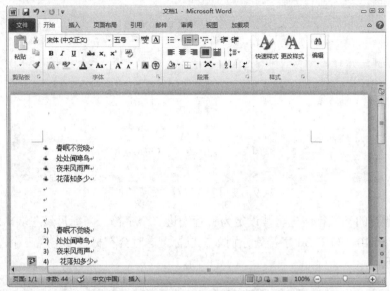

图 2-17　添加过项目符号和编号的文本效果

7. 使用制表位

通常情况下，用段落可以设置文本的对齐方式，但在某些特殊的文档中，有时候需要在一行中有多种对齐方式，Word 中的制表位就是可以在一行内实现多种对齐方式的工具。制表位的设置通常有标尺法和精确设置两种方法。

（1）标尺法

例如，试卷中有选择题和判断题，在制作试卷选择题答案选项时，往往需要对其多个答案选项进行纵向对齐，图 2-18 和图 2-19 为答案选项对齐前和对齐后的效果。具体操作步骤如下：

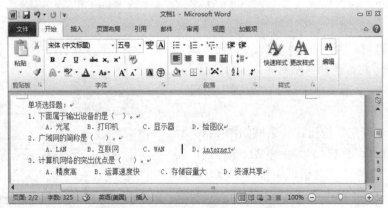

图 2-18　使用制表位对齐之前的试题

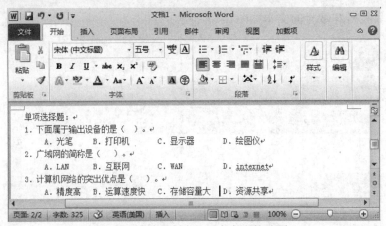

图 2-19　使用制表位对齐之后的试题

1）选中所有的答案行，先将其设定为首行缩进 2 个字符，当标尺最左端出现左对齐制作符 时，在标尺 10、20 和 30 字符处分别单击鼠标，这时会在标尺上出现三个左对齐的符号，如图 2-20 所示。

图 2-20　添加制表符后的标尺

2）在答案的 B、C 和 D 符号前面分别按 Tab 键就可以出现如图 2-19 所示的效果。

（2）精确设置法

在标尺上设置制表位有一定的缺点，就是不能精确的设置其制表位的位置，还有一种方法可以精确地设置制表位。如上例，选中所有的答案行，单击"开始"功能区→"段落"工具组的对话框启动器按钮，弹出"段落"对话框，如图 2-21 所示。单击左下角的"制表位"按钮，弹出"制表位"对话框，在"制表位位置"下分别输入 2、10、20、30 字符，对齐方式都选择"左对齐"，前导符都为"无"，每输入一个都要单击一下"设置"按钮，结果如图 2-22 所示。

最后单击"确定"按钮，结果就如图 2-20 所示，再重复上面标尺设置法的步骤 2）即可。

实际上，"制表位"对话框中包含了所有标尺上的对齐制表符，而且还可以设置前导符，如判断题中括号前面的省略号就可以用制表位中的前导

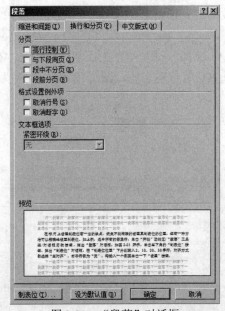

图 2-21　"段落"对话框

条符来制作。而且可以先调协后输入，操作步骤如下：

1）光标定位在需要输入判断题的行，选择"开始"选项卡→"段落"工具组的对话框启动器按钮，弹出"段落"对话框，单击"制表位"按钮，弹出"制表位"对话框，如图2-23 所示，在"制表位位置"下分别输入 2 字符和 38 字符，其对齐方式分别设置为"左对齐"和"右对齐"，其中 38 字符的制表符的前导符为"5…"，单击"设置"按钮后确定，结果如图 2-24 所示。

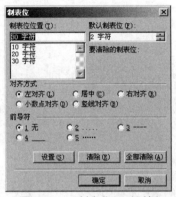

图 2-22 "制表位"对话框

图 2-23 在"制表位"对话框中设置前导符

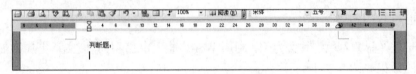

图 2-24 设置过制表符后的试题

2）直接输入判断题的内容，输入完后按 Tab 键，此时会出现"……"前导符，然后再输入"（ ）"，这样一道判断题就制作完毕了，如图 2-25 所示。回车后制作下一道题，后面的试题依次类推。

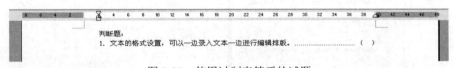

图 2-25 使用过制表符后的试题

（3）删除制表符

若想删除制表符，可以直接在标尺上把对齐符号拖曳下来，也可以打开"制表位"对话框，选择需要删除的制作符，单击"清除"按钮确定即可。

提示：制表位有好多种，有左对齐、右对齐、居中式、竖线式和小数点式等，在标尺的左端用鼠标单击就可以交替出现，大家可以在实训的时候多做几种来熟练掌握它。

8. 页面设置

在文档打印输出之前，必须进行页面设置，这样打印出来的文档才能正确美观。选择"页面布局"选项卡，在"页面设置"功能区可设置"页边距"、"纸张方向"、"纸张大小"等。如图 2-26 所示，分别设置能实现不同的效果。

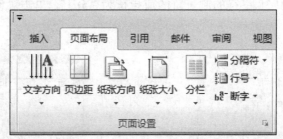

图 2-26 "页面设置"功能区

2.3 图文混排的文档制作

Word 还有一个强大的功能就是图文混排。可以在文档中插入图形、图片、艺术字、文本框、页面边框等，还可以为文档分栏排版，真正做到"图文并茂"。

2.3.1 图文混排文档实例

本节以一篇"荷塘月色"散文为例，利用 Word 进行图文混排，使文章更加彰显艺术效果。文档排版后的效果如图 2-27 所示。

图 2-27 "荷塘月色"散文图文混排后的效果

在本例中，将主要解决如下问题：

- 如何为段落设置首字下沉、分栏、边框和底纹
- 如何插入图片和艺术字，设置图片格式将图片衬于文字下方与本文混排，设置艺术字格式和为艺术字设置阴影等
- 如何插入文本框，并为文本框内的文字添加项目符号
- 如何设置页面边框
- 如何设置页眉页脚，修改页眉的下边线

2.3.2　操作步骤

1．录入文档并进行基本排版

根据上节介绍的知识把散文的原文录入文档，如图 2-28 所示。并为每段设置首行缩进两个字符，将正文的字体设置为楷体、字号为 4 号，将作者一行的字体设置为黑体、小四号字、居中对齐。

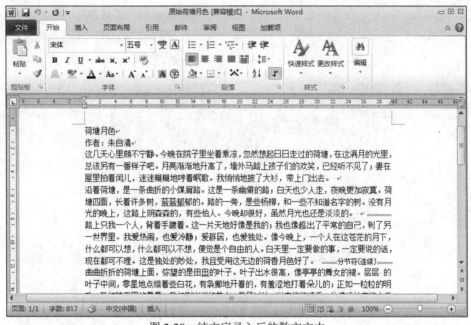

图 2-28　纯文字录入后的散文文本

2．设置首字下沉

为正文的第一段设置首字下沉，将光标定位在第一段中，选择"插入"选项卡→"文本"工具组→"首字下沉"下拉列表中的"首字下沉选项"，弹出"首字下沉"对话框，如图 2-29 所示，选择"下沉"选项，下沉的行数为"2 行"，单击"确定"按钮，并将下沉字选中，设置为蓝色字体、添加字符底纹，结果如图 2-30 所示。

图 2-29　"首字下沉"对话框

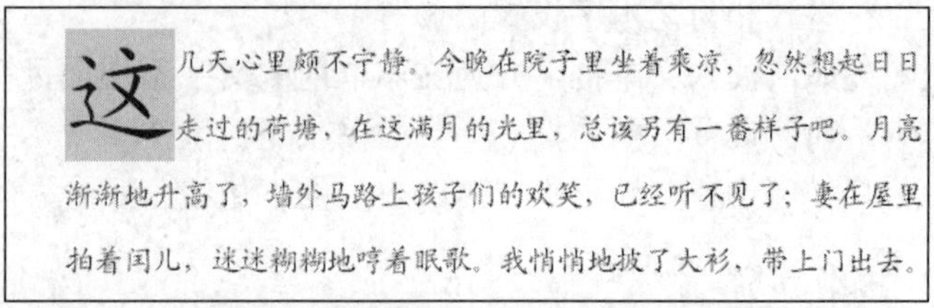

图 2-30　设置过首字下沉的文本效果

3. 设置边框和底纹

（1）为段落设置边框和底纹

为文章的第二段添加边框和底纹。方法如下：选中第二段，点击"页面布局"选项卡→"页面背景"工具组中的"页面边框"按钮，弹出"边框和底纹"对话框，如图 2-31 所示，在"边框"选项卡中，先在设置区选择"方框"，然后在颜色中选择"蓝色"，在线形中选择"波浪线"；在"底纹"选项卡中的"填充"区选择"线绿"，单击"确定"按钮，结果如图 2-32所示。

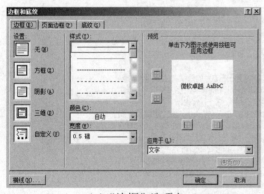

（a）"边框"选项卡

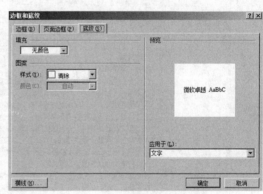

（b）"底纹"选项卡

图 2-31　"边框和底纹"对话框

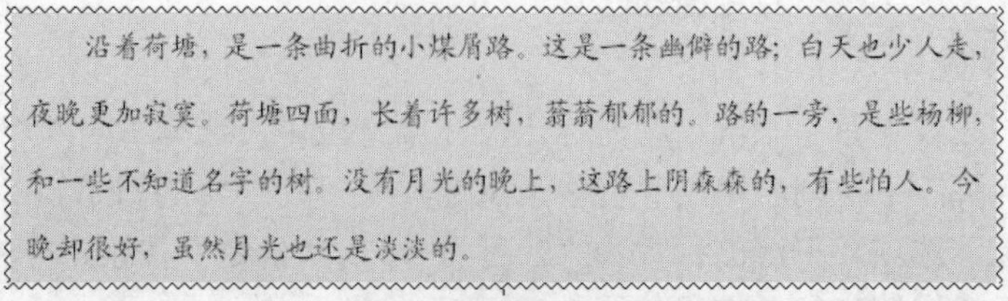

图 2-32　设置过边框和底纹的段落效果

（2）插入横线

在"作者"的下面插入一条横线的方法如下：将光标定位在文本"作者：朱自清"后，点击"页面布局"选项卡→"页面背景"工具组中的"页面边框"按钮，弹出"边框和底纹"对话框，单击对话框底部的"横线"按钮，弹出"横线"对话框，如图 2-33 所示，选择其中的一条横线，单击"确定"即可插入一条横线，结果如图 2-34 所示。

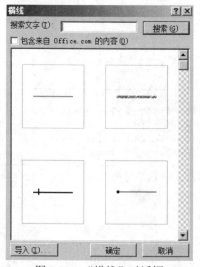

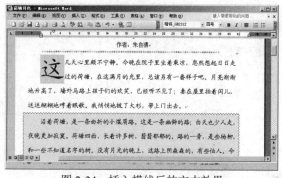

图 2-33　"横线"对话框　　　　　　　　　图 2-34　插入横线后的文本效果

（3）设置页面边框

为了使文章的艺术效果更加明显，可以为文章设置页面边框，方法如下：选中第二段，点击"页面布局"选项卡→"页面背景"工具组中的"页面边框"按钮，弹出"边框和底纹"对话框，选择"页面边框"选项卡，如图 2-35 所示，在"艺术型"下拉列表框中，选择某一种图形，此时效果会出现在预览框中，单击"确定"按钮，结果如图 2-36 所示。

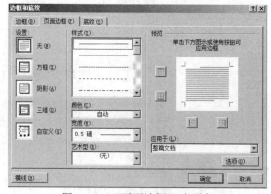

图 2-35　"页面边框"选项卡　　　　　　　　图 2-36　设置过页面边框的文本

4. 为段落分栏

为文章的第三段设置等宽两栏，方法如下：选中第三段文字，选择"页面布局"选项卡→"页面设置"工具组，点击"分栏"下拉列表，选择"更多分栏"，打开如图 2-37 所示的"分栏"对话框，选择"两栏"，将"分隔线"前面的复选框选中。单击"确定"按钮，结果如图 2-38 所示。

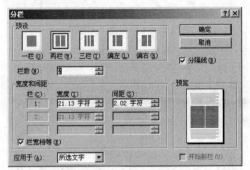

图 2-37　"分栏"对话框

图 2-38　段落分两栏后的效果

5. 插入图片和艺术字

（1）插入背景图片

在第三段和第四段的文字下方插入一个荷花图片，方法如下：将光标定位在第四段文本的前面，选择"插入"选项卡→"插图"工具组中的"图片"命令，弹出"插入图片"对话框，如图 2-39 所示，查找到需要的文件，单击"确定"按钮，图片将被插入到文章中。此时，图片是嵌入在文档里的，不能移动，而且也没有起到背景的作用。单击该图片，切换到"图片工具"栏，这时会增加"格式"选项卡，如图 2-40 所示，选择"排列"工具组中"自动换行"下拉列表中的"衬于文字下方"命令。再用鼠标拖动图片进行大小和位置的调整，结果如图 2-41 所示。

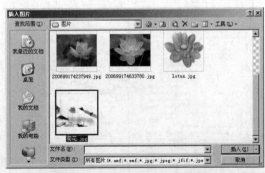

图 2-39　"插入图片"对话框

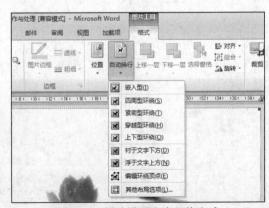

图 2-40　图片设置文字环绕方式

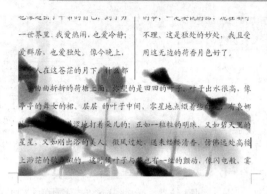

图 2-41   图片衬于文字下方后的效果

（2）插入艺术字

文章中出现了如图 2-42 所示的两处艺术字，下面对这两种艺术字的插入方法进行介绍。

（a）艺术字标题   （b）文本中出现的艺术字

图 2-42   文章中出现在两处艺术字

1）图（a）的操作步骤如下：

a. 首先将标题"荷塘月色"四个字删除，然后将光标定位在"作者"前面，选择"插入"选项卡→"文本"工具组中的"艺术字"命令，在下拉艺术字样式中选择一种艺术字样式，如图 2-43 所示。打开一个"编辑'艺术字'文字"对话框，如图 2-44 所示，在"文字"文本框中输入"荷塘月色"四个字，将字号设置为"44"，单击"确定"按钮即插入艺术字，结果如图 2-45 所示。

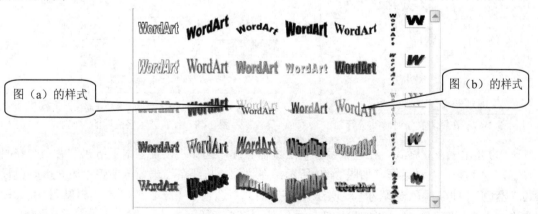

图 2-43   "艺术字库"对话框

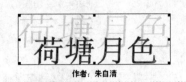

图 2-44　"编辑'艺术字'文字"对话框　　　　　图 2-45　初步生成的艺术字

b．设置艺术格式。选择"格式"选项卡→"排列"工具组中的"自动换行"命令，将艺术字的"文字环绕"设置为"上下型环绕"，此时艺术字周围的控制点变化为八个圆圈，用鼠标拖动下面的"扭曲"控制点，使艺术字倾斜，结果如图 2-46 所示。

图 2-46　设置过格式的艺术字

2）图（b）的操作步骤如下：

a．插入艺术字。首先将光标定位在第五段前面，插入如图 2-42（b）样式的艺术字。在弹出的对话框中的"文字"文本框中输入"月光如流水一般，静静地泻在这一片叶子和花上"并将其分为两行，将字号设置为"36"，如图 2-47 所示，单击"确定"按钮即插入艺术字，如图 2-48 所示。

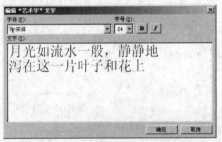

图 2-47　在编辑文字时将其分行　　　　　图 2-48　设置艺术字前后的对比

b．为艺术字设置格式。在艺术字上单击鼠标右键，选择"设置艺术字格式"命令，弹出"设置艺术字格式"对话框，如图 2-49 所示，在"颜色与线条"选项卡中将"填充"颜色设置为"橙色"、线条颜色设置为"玫瑰红"，在"版式"选项卡中单击"高级"按钮，将版式设置为"上下型环绕"单击"确定"按钮，结果如图 2-50 所示。

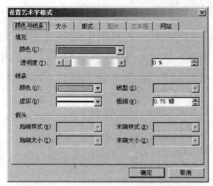

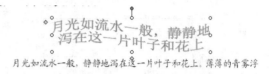

图 2-49 "设置艺术字格式"对话框　　　　　图 2-50 进行格式设置后的艺术字

　　c. 为艺术字设置阴影。选择"格式"选项卡→"阴影效果"工具组中的"阴影效果"命令，如图 2-51 所示，在下拉列表中选择"阴影 17"，最后调整一下艺术字的大小和位置，结果如图 2-52 所示。

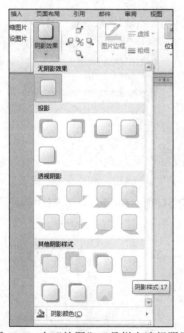

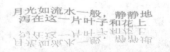

图 2-51 在"绘图"工具栏上选择阴影　　　图 2-52 设置过格式和阴影后的艺术字效果

　　提示：插入图片的时候，默认的版式是嵌入式，嵌入式是将图片插入在光标之后，不容易移动，所以如果想做到真正的"图文混排"，就要设置图片的版式。剪贴画、照片、艺术字、图形、组织结构图、图表等图片类型的对象在和文本混排的时候最好都要进行版式的设置。

　　6. 插入竖排文本框

　　文档中插入竖排文本框的具体操作步骤如下：

（1）插入文本框

把光标定位在文档结尾处，选择"插入"选项卡→"文本"工具组中的"文本框"命令，如图 2-53 所示，在其下拉列表中选择"绘制竖排文本框"命令，画一个文本框，向其中输入文字"采莲南塘秋，莲花过人头，低头弄莲子，莲子清如水"，设置字体为楷体、字号为小三、粗体、倾斜，如图 2-54 所示。

图 2-53　插入竖排文本框　　　　　　　　图 2-54　在文本框中输入文字

（2）为文字添加项目符号

选中文本框里的文字，选择"开始"选项卡→"段落"工具组中"项目符号"命令下拉列表中的"定义新的项目符号"，弹出"定义新项目符号"对话框，如图 2-55 所示。单击"图片"按钮，弹出"图片项目符号"对话框，选择如图 2-56 所示的符号，单击"确定"按钮，结果如图 2-57 所示。

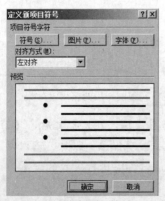

图 2-55　"定义新项目符号"对话框　　图 2-56　"图片项目符号"对话框　　图 2-57　添加过项目符号的文本框

（3）为文本框设置边框和底纹

单击该文本框，选择"格式"选项卡→"文本框样式"工具组，在"形状填充"中选择一种图案，如图 2-58 所示，在"形状轮廓"中将颜色和粗细分别设置为"天蓝色"、粗细为"3磅"，最后将文本框的阴影设置为"阴影样式 2"，结果如图 2-59 所示。

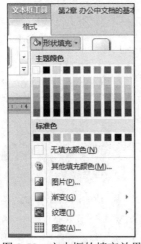

图 2-58　文本框的填充效果

图 2-59　文本框的最终效果

7. 设置页眉、页码

页眉和页脚是文档中每个页面的顶部和底部区域。可以在页眉和页脚中插入文本或图形，其中包括页码、日期、图标等。这些信息一般显示在文档每页的顶部或底部。

（1）设置页眉

选择"插入"选项卡→"页眉和页脚"工具组中的"页眉"命令，如图 2-60 所示，在下拉列表的"内置"中选择"空白"选项，当前光标处于页眉区，输入"美文欣赏：荷塘月色"几个字，并将其设置为隶书、四号字，效果如图 2-61 所示。

图 2-60　插入空白页眉

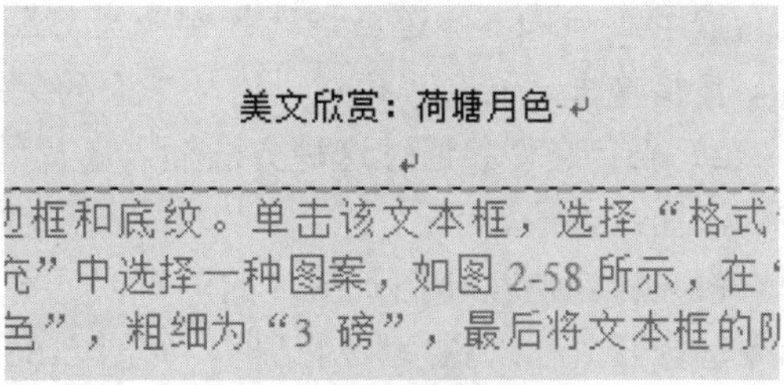

图 2-61　设置页眉后的效果

（2）设置页码

选择"插入"选项卡→"页眉和页脚"工具组中的"页眉"命令，如图 2-62 所示，在下拉列表中选择"页面底端"中的"普通数字 2"样式。此时自动在页面底部插入一个居中位置的数字页码，效果如图 2-63 所示。

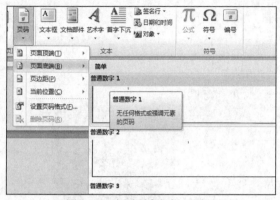

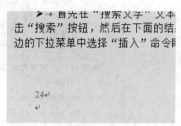

图 2-62　在页面底部插入页码　　　　　　图 2-63　插入页码的效果

2.3.3　主要知识点

1．图片

（1）在文档中插入图片

在文档中可以直接插入图片，一般情况下，图片的来源主要有两个方面，一是来自剪贴画，二是来自文件。

1）来自剪贴画。Word 本身有剪贴画库，使用的时候只需选择插入就行了，插入剪贴画的方法如下：

a．将光标定位在需要插入剪贴画的位置，选择"插入"选项卡→"插图"工具组中的"剪贴画"命令，打开"剪贴画"任务窗格。

b．首先在"搜索文字"文本框中输入要插入的图片类型名称，如不输入可直接单击"搜索"按钮，然后在下面的结果栏里选择需要的图片，如图 2-64 所示，在所选图片右边的下拉菜单中选择"插入"命令即可，结果如图 2-65 所示。

提示：如果不知道应该选择哪一类剪贴画而是想显示所有内容，则在文本框中不输入文字，直接单击"搜索"按钮，这样下面的结果栏里将会列出所有的剪贴画内容。

2）来自文件。通过这种方法插入图片的前提是计算机磁盘或移动存储设备上必须有图片文件，插入方法如下：

将光标定位在要插入图片的位置，选择"插入"选项卡→"插图"工具组中的"图片"命令，打开"插入图片"对话框。如图 2-66 所示，选择需要插入的图片，单击"插入"按钮即可，结果如图 2-67 所示。

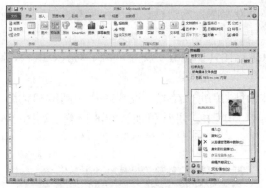

图 2-64　在剪贴画中选择要插入的图片

图 2-65　在文档中插入剪贴画的效果

图 2-66　"插入图片"对话框

图 2-67　文档中插入图片后的效果

（2）调整图片的格式

插入图片后，功能区会自动处于"图片工具"的"格式"选项卡，如图 2-68 所示。

图 2-68　"格式"选项卡

在该选项卡中可以详细地设置图片的类型、样式、排列位置、大小等。各工具组的作用如下：

- "调整"工具组：在此工具组中，可以调整图片的亮度、对比度、颜色饱和度及特定的艺术效果，也可以简单地设置图片不同色调的特殊效果，还可以压缩图片、更改图片和重设图片。

- "图片样式"工具组：在此工具组中可以设置图片的边框、形状和阴影、三维等特殊效果。
- "排列"工具组：在此工具组中，可以进行图片的位置、文字环绕、对齐、组合、旋转等设置。
- "大小"工具组：在此工具组中，可以对图片进行裁剪、设置图片的高度和宽度，也可以打开"布局"对话框中的"大小"选项卡，进行更加详细的设置，如图 2-69所示。

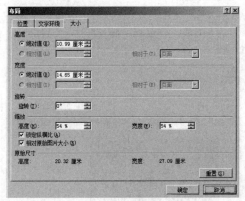

图 2-69　"大小"选项卡

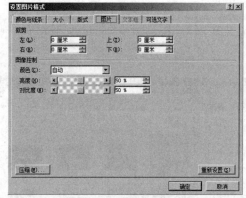

图 2-70　"设置图片格式"对话框

也可以通过右键单击图片，从弹出的"设置图片格式"对话框里对图片进行设置，如图 2-70 所示。

提示：如果需要对图片进行微调，在选择图片后，使用方向键移动的同时，按下 Alt 键即可。

2．插入艺术字

将光标定位在要插入艺术字的位置，选择"插入"选项卡→"文本"工具组中的"艺术字"命令，如图 2-71 所示，选择一种艺术字样式，弹出"编辑'艺术字'文字"对话框，在"文本"文本框中输入文字，如图 2-72 所示，确定即可插入艺术字。

图 2-71　"艺术字"字库

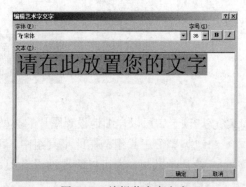

图 2-72　编辑艺术字文字

在插入艺术字的同时系统会自动显示出"艺术字工具"的"格式"选项卡，如图 2-73 所示。

图 2-73　"艺术字工具"中的"格式"选项卡

该"格式"选项卡包括"文字"、"艺术字样式"、"三维效果"、"排列"和"大小"等 6 个工具组。各工具组的作用如下：

- "文字"工具组：可以重新编辑文字、调整文字的间距，设置文字等高、将文字竖排和设置多行艺术字的对齐方式。
- "艺术字样式"工具组：可以重新设置艺术字的字库样式，设置艺术字的填充颜色、线条轮廓的线型和粗细，也可以调整艺术字的形状。
- "阴影效果"工具组：可以设置艺术字的阴影效果以及阴影的位置等。
- "三维效果"工具组：可以设置艺术字的三维效果及三维旋转角度等。
- "排列"工具组：可以设置艺术字的叠放次序、文字环绕的方式、多个艺术字的对齐方式和组合，以及艺术字的放置等。
- "大小"工具组：可以设置艺术字的高度和宽度，也可以打开"设置艺术字格式"对话框进行更详细的设置，如图 2-74 所示。

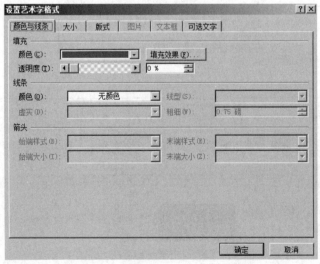

图 2-74　"设置艺术字格式"对话框

3. 插入形状图形

（1）绘制形状

在实际工作中，用户经常需要自己绘制各种图形。Word 为用户提供了 100 多种自选图形，如图 2-75 所示，用户可以通过"插入"选项卡→"插图"工具组中的"形状"命令选择所需的图形，拖动鼠标进行绘制即可画出所需的图形。此时会打开"绘图工具"的"格式"选项卡，如图 2-76 所示。该"格式"选项卡与"艺术字工具"的"格式"功能区类似，可以插入多个形状，也可以设置图形的样式、填充颜色和线条轮廓等格式以及阴影效果、三维效果和排列、大小的设置。

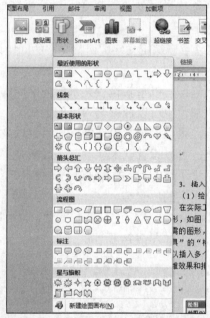

图 2-75　插入形状

图 2-76　"绘图工具"的"格式"选项卡

（2）设置形状图形的格式

常见的图形格式一般包括图形的填充格式和线条格式。Word 2010 提供了许多样式库，展开"格式"功能区中的样式库可以直接选择套用，如图 2-77 所示。

也可以单独设置形状填充和轮廓，形状填充一般包括纯色、渐变颜色、纹理、图案或者图片，填充方法如下：选中要填充颜色的图形，选择"格式"选项卡→"形状格式"工具组中的"形状填充"命令，在下拉列表中选择相应的颜色类型进行填充即可，如图 2-78 所示。

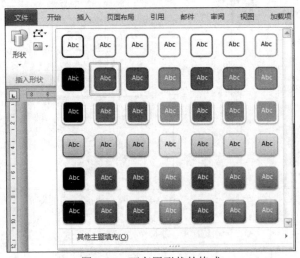

图 2-77　可套用形状的格式

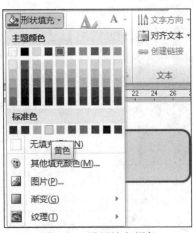

图 2-78　设置填充颜色

形状轮廓一般包括形状的线条颜色、粗细和类型。选择"格式"选项卡→"形状样式"工具组中的"形状轮廓"命令，在此可以设置形状外边框线的类型、粗细、颜色和图案，如图 2-79 所示。还可以为图形更改形状，选择"格式"选项卡→"插入形状"工具组中的"编辑形状"命令，在下拉列表中选择"更改形状"，如图 2-80 所示，选择某一种不同形状即可改变图形的形状。

（3）修改图形的叠放次序

当插入的图形叠放在一起时，后来绘制的图形可能会遮盖之前绘制的图形，如图 2-81 所示，如果想让被遮盖的图形显示出来，可以改变它们的叠放次序，操作方法如下：

选择想要看到的图形，右击，在弹出的快捷菜单中选择"置于顶层"命令，如图 2-82 所示，在下拉菜单中选择"上移一层"即可，如图 2-83 所示。

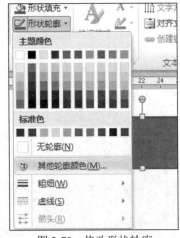

图 2-79　修改形状轮廓

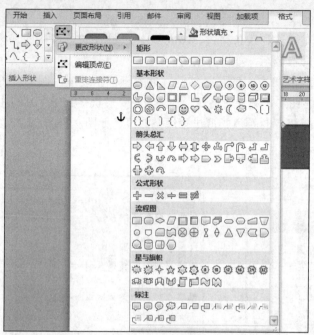

图 2-80　更改图形的形状

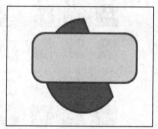

图 2-81　两个叠放一起的图形

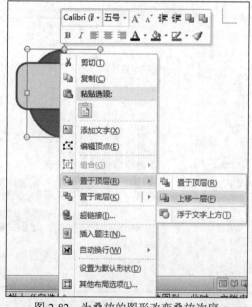

图 2-82　为叠放的图形改变叠放次序

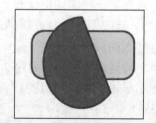

图 2-83　改变叠放次序的效果

　　提示：修改图形的叠放次序还可以选择"格式"选项卡→"排列"工具组中的"置于顶层"或"置于底层"命令设置图形的不同的叠放次序。

（4）为形状图形添加文字

形状图形里还可以添加文字，添加文字的方法如下：选中形状图形，单击鼠标右键，在弹出的快捷菜单中选择"添加文字"命令，此时光标会出现在图形中，直接输入文字即可。还可以通过选择"格式"选项卡→"插入形状"工具组中的"添加文字"命令来添加文字。如图 2-84 所示。

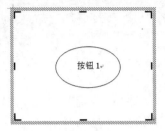

图 2-84　添加过文字的图形

（5）组合图形对象

当一个图形是由多个图形组合得到的时候，可以选中全部图形（借助于 Ctrl 键），然后右击，如图 2-85 所示，在弹出的快捷菜单中执行"组合"项中的"组合"命令，这样所有的图形都被组合成一个图形。如图 2-86 所示，组合过的图形可以做为一个整体进行缩放和移动，还可以复制到其他文档中。

图 2-85　快捷菜单命令

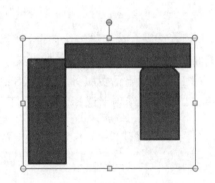

图 2-86　多个图形组合后的效果

提示：图形组合后还可以取消组合，步骤和组合时一样，如果遇到复杂的图形，还可以分批组合。

（6）制作流程图

在科技论文撰写中经常会使用一些流程图来简洁明了地说明完成某件事情的过程。在图形不是特别复杂的情况下，利用 Word 中的绘图功能就可以绘制这些流程图。

下面以绘制如图 2-87 效果所示的电话银行操作流程图的一部分为例，介绍如何利用 Word 制作流程图。

本流程图的制作主要运用了流程图基本图形使用、带箭头直线的绘制以及文本框设置等相关内容，这也是制作流程图所必须使用的基本工具。具体操作步骤如下：

1）绘制形状图形。选择"插入"选项卡→"插图"工具组中的"形状"命令，在下拉列表中选择"流程图"→"过程"按钮（矩形），待光标变成十字型，在编辑区按住鼠标左键，然后进行拖动，画出第一个图框，并复制四个。再次选择"流程图"→"决策"（菱形）按钮，拖动画出所需图框，最后效果如图 2-88 所示。

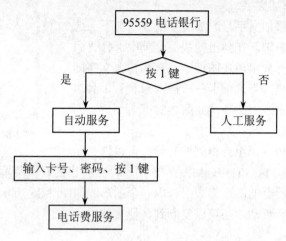

图 2-87　电话银行操作流程图的绘制效果

2）输入文字。选中第一个图框，单击右键选择"添加文字"，输入"95559 电话银行"。用同样的方法为其他图框分别添加上文字"按 1 键"、"自动服务"、"人工服务"、"输入卡号、密码，按 1 键"、"电话费服务"。按下 Shift 键连续选中多个图框，在所有图框都被选中的状态下，单击"开始"选项卡选择"字体"工具组，在其中将字体设为宋体、五号，结果如图 2-89 所示。

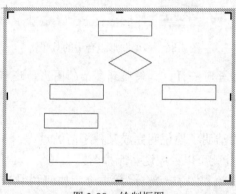

图 2-88　绘制框图

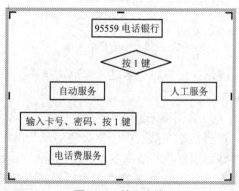

图 2-89　输入文字

3）对齐图形。选择第一个图框"95559 电话银行"和第二个图框"按 1 键"，选择"格式"选项卡→"排列"工具组中的"对齐"命令，选择"水平居中"。利用相同的方法让"自动服务"、"输入卡号、密码，按 1 键"和"电话费服务"三个形状水平居中。选中除"自动服务"外的所有图框，选择"对齐"中的"纵向分布"，这样选中的图框的纵向间隔就变均匀了。选中"自动服务"和"人工服务"两个图形，选择"对齐"选项中的"顶端对齐"，这样"自动服务"图框就会调整位置与"人工服务"图框顶端对齐。

4）绘制线条。选择"插入"选项卡→"插图"工具组中的"形状"命令，在下拉列表中选择"线条"→"带有箭头的线条"，用鼠标拖动它，从上面图框的下框线的中心位置到下面图框的上框线的中心位置，释放鼠标，带有箭头的线条连接起上下图框。再选择"线条"中的"直线"，与带箭头的线条垂直相交，画出带箭头的折线效果。

5）输入"是"、"否"分支文字。为决策框的两个分支分别输入文字"是"、"否"，方法是：分别在相应位置建立两个文本框，输入"是"和"否"，然后将文本框的线条颜色、填充颜色均设为"无色"。

6）组合形状对象。选择全部形状对象，对形状图形进行组合，这样所有的图形都被组合成一个图形，最终效果如图 2-87 所示。

4．分栏

在报刊和杂志上看到的文档正文，大都是以两栏甚至多栏的版式形式出现，使用 Word 的分栏功能可以达到这样的效果。

（1）设置分栏

首先选取需要分栏的文本；然后选择"页面布局"选项卡→"页面设置"工具组中的"分栏"→"更多分栏"命令，弹出"分栏"对话框，如图 2-90 所示；此时在"预设"中选择"分栏的方式"，可以是等栏宽地分为两栏、三栏或不等栏宽地分为两栏，如果不满意预设中的设置，可以通过自定义"栏数"以及"栏宽和间距"来确定分栏形式；选择是否带"分隔线"；可以从"预览"框中预览效果。最后，单击"确定"按钮回到文本编辑区，分栏设置完成。

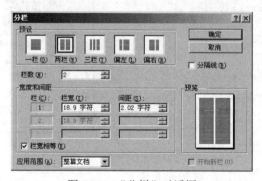

图 2-90　"分栏"对话框

提示：分栏操作只有在页面视图下才能看到效果，在普通视图下我们见到的仍然是一栏，只不过栏宽是分栏的栏宽。

（2）删除分栏

在"分栏"对话框中，将栏数重新设置为一栏即可。

（3）调整栏宽

在"分栏"对话框中输入栏宽数据，或者拖动分栏后标尺上显示的制表符标记。如果要精确地设置栏宽，可以在按住 Alt 键的同时拖动标尺上的制表符标记。

（4）单栏与多栏的混排

虽然多栏版面很好看，但是有时需要将文档的一部分设置为单栏，比如文章标题和某一些小标题往往是通栏的，这需要进行单栏、多栏的混排。设置方法有两种：第一种方法是分别选择所要分栏的文本，然后分别设置"栏数"和"栏宽"；第二种方法是将文档按分栏数目的不同分别分节，每节内部设置不同的分栏效果。

（5）强制分栏

分栏时，一般按栏长相等原则或自动设置多栏的长度。使用分栏符也可以对文档在指定位置强制分栏。操作时，将光标移动到需开始新一栏的位置，选择"页面布局"选项卡→"页面设置"工具组→"分隔符"→"分栏符"命令，如图 2-91 所示，则从光标处开始就另起一栏，如图 2-92 所示。

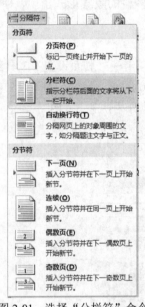

图 2-91　选择"分栏符"命令

图 2-92　强制分栏后的效果

5．插入 SmartArt 图形

SmartArt 图形工具有 100 多种图形模板，有列表、流程、循环、层次结构、关系、矩阵和棱锥图等七大类。利用这些图形模板可以设计出各种专业图形，并且能快速对幻灯片的特定对象或者所有对象设置多种动画效果，而且能够即时预览。

下面以插入组织结构图为例，介绍如何使用 SmartArt 图形工具，操作步骤如下：

（1）插入组织结构图

选择"插入"选项卡→"插图"工具组→"SmartArt"命令，弹出"选择 SmartArt 图形"对话框，如图 2-93 所示，选择"层次结构"中的组织结构图。确定后会出现如图 2-94 所示的 SmartArt 图形。

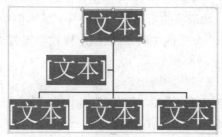

图 2-93 "选择 SmartArt 图形"对话框

图 2-94 组织结构图

（2）输入文本

可以在 SmartArt 图形中直接输入文本，也可以打开文本窗格输入。单击 SmartArt 图形左侧的按钮，可以打开文本窗格，输入相应的文本内容，如图 2-95 所示。左侧为文本窗格，右侧为 SmartArt 图形。

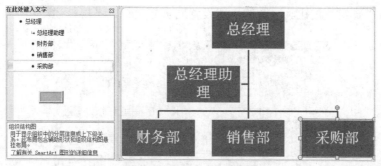

图 2-95 打开文本窗格

（3）添加形状

选择"采购部"，右击，选择"添加形状"→"在后方添加形状"命令，在添加的形状中输入"人事部"，如图 2-96 所示。

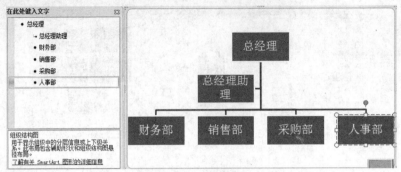

图 2-96　添加形状

（4）格式设置。在插入图形之后，"SmartArt 工具组"会自动出现"设计"和"格式"两个功能区。其中"设计"功能区中可以设置 SmartArt 图形的整体布局和样式，"格式"功能区中可以设置单独的形状格式。如形状的填充和轮廓等样式。本例中，将组织结构图的文字设置为 16 号字、粗体，在"设计"功能区中将 SmartArt 样式设置为"优雅"，将颜色更改为适当的颜色。

6. 页眉页脚的设置

在文档中，通常会使用页眉和页脚，页眉页脚的内容也可以设置字体、字号、对齐方式、边框和底纹等。以本节实例中的页眉格式设置为例，介绍页眉和页脚的格式设置方法：

（1）字体设置。选中需要设置的页眉内容，在"开始"选项卡→"字体"工具组中设置文本的格式字体为隶书，字号为三号，字体颜色为红色。

（2）设置页眉的边框和底纹。选中页眉中的文字，选择"开始"选项卡→"段落"工具组→"下框线"下拉列表中的"边框和底纹"，就会弹出"边框和底纹"对话框。如图 2-97 所示，在"边框"选项卡中，首先将线型设置为图中的样式、宽度为"3 磅"，应用于"段落"，然后单击预览框中的下边框进行修改；在"底纹"选项卡中，将填充色设置为浅橙色，应用于"段落"，单击"确定"按钮。页脚的格式设置同页眉类似，不再赘述。

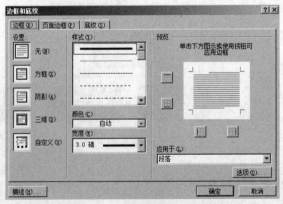

图 2-97　"边框和底纹"对话框

本章小结

　　本章主要介绍的是文字处理软件 Word 的基本编辑功能，介绍了编辑窗口和基本操作，使读者通过本章的学习能够独立完成普通文档的创建、编辑和打印。

　　基本文档处理操作有其一定的操作流程，制作办公文档时最好按照录入—编辑—排版—页面设置—打印预览—打印的流程来进行，其中：在进行录入时，要注意按照采用单纯文本录入原则，注意一些常用符号的录入方法，文字录入完成后，最好进行联机校对；编辑操作包括添加、删除、修改、移动、复制以及查找、替换等，进行编辑操作前首先需要选取操作对象，为此必须掌握一些快捷操作和选取技巧；基本的文档排版包括字体格式、段落格式排版等，排版时要掌握格式刷的使用以及单击与双击的不同效果；制表位的设置；页面设置主要是设置纸张、页边距大小以及其他内容，目的是保证文档的版芯效果合适；在进行正式打印前需要先进行打印预览，以便确定效果是否满意；开始打印前需要进行打印设置，包括选取打印机、设置打印范围、打印份数等。

　　办公公文是现代办公中用的较多的文档格式。对于办公公文，应该能够利用向导来快速建立。

　　通过本章的学习，读者应该能够熟练进行办公事务处理中的文字处理工作，对日常工作中的公告文件、工作计划、年度总结、调查报告等文档能够进行娴熟的输入、编辑、排版和打印等。

实　　训

实训一：制作一份招聘启事

　　1．实训目的

　　（1）了解简单文档处理的基本流程。

　　（2）熟练掌握文档中字体、段落格式的设置，项目符号和编号的添加等操作方法。

　　（3）掌握 Word 中页面设置的方法和打印预览的使用方法。

　　2．实训内容及效果

　　本次实训内容为一份简单的文档处理，即制作一份招聘启事。实训最终效果如图 2-98 所示。

　　3．实训要求

　　（1）标题为小初号、黑体、蓝色、居中对齐，段后距为 1.5 行。

　　（2）正文为宋体、小四号、黑色，首行缩进 2 个字符、行间距为 1.5 倍行距。

××大学招聘启事

　　××大学是一所××省属综合性大学，学校的发展得到国家、省、市各级领导的关怀和大力支持。学校于 1997 年通过"211 工程"立项论证，1998 年增列为博士学位授权单位，2001 年经国家人事部、全国博士后管委会批准设立××××博士后流动站。

　　学校设有文、理、工、法、商、医、艺术、高等职业技术、成人教育 9 个学院。为加快学院发展，现公开招聘文学院院长、工学院院长、工学院机械电子工程系主任。

◆ 文学院院长、工学院院长应聘条件。

1. 事业心、责任感强，有一定的行政管理经验和较强的组织协调能力，勇于开拓进取。

2. 有较高的学术水平和英语水平，相关学科博士生导师或正高职称者。

3. 身体健康，年龄在 48 周岁以下（条件特别突出者，可适当放宽。）。

◆ 工学院机械电子工程系主任应聘条件。

1. 事业心、责任感强，勇于开拓进取，具有奉献精神。

2. 有较高的学术水平和英语水平，博士学位或副高以上职称者。

3. 身体健康，年龄在 45 周岁以下。

　　有意应聘者请将个人简历、职称、学历证明及获奖证书复印件、受聘后的工作设想、配偶情况及本人要求等材料于 2013 年 6 月 30 日前通过信件、传真或电子邮件发至××省××大学组织部。

　　邮编：666666，电话及传真：0371-8888888。

　　电子信箱：ZhaoPing@×××.edu.cn。

　　详细情况请访问:http://www.×××.edu.cn/。

××大学组织部
2013 年 4 月 20 日。

图 2-98　"招聘启事"效果图

　　（3）将"文学院院长、工学院院长应聘条件"和"工学院机械电子工程系主任应聘条件"字体设置为红色、加粗，并添加效果图中的项目符号，设置段前距为 0.5 行。分别为下面的内容添加效果图中所示的编号，字体为楷体。

　　（4）最后落款为右对齐，并且"××大学组织部"的段前距为 2 行。

　　（5）页面设置：纸型为 A4，四个页边距都为 2.5 厘米。

实训二：利用制表位制作一份菜单

1. 实训目的

　　（1）掌握页面设置的方法。

　　（2）熟练掌握制表位中不同对齐方式的设置方法。

　　（3）熟练掌握制表位中前导符的设置方法。

2．实训内容及效果

本次实训内容是制作一份餐厅菜单，实训最终效果如图 2-99 所示。

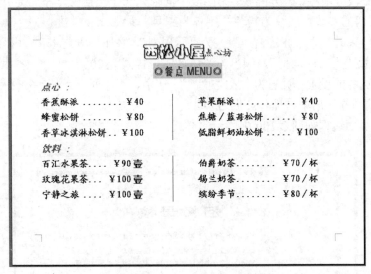

图 2-99　菜单文档的效果图

3．实训要求

（1）标题部分："西松小屋"字体为蓝色、华文彩云、小初号字。"点心坊"为粉红色、楷体、二号字。"餐点 menu"为紫色、姚体、小一号字，加灰色底纹。

（2）菜单部分为楷体、三号字。分别在 20 字符、26 字符、31 字符和 55 字符处添加右对齐制表符、竖线制表符、左对齐制表符和右对齐制表符。其中两个右对齐制表符前加效果图中所示的前导符。

（3）页面设置：方向为横向，纸型为 A4。

实训三：制作一个"回忆母校"散文的图文混排文档

1．实训目的

（1）熟练掌握 Word 中首字下沉和分栏的操作。

（2）熟练掌握 Word 中图片、艺术字和文本框的插入及其格式设置等操作。

（3）熟练掌握 Word 中边框和底纹、页眉和页脚的设置。

2．实训内容及效果

本次实训内容是制作一篇图文混排的文档，最终效果如图 2-100 所示。

3．实训要求

（1）文本部分：标题为隶书、小初号字、蓝色；正文部分为宋体、小四号字，首行缩进 2 个字符。

（2）第一段使用首字下沉，下沉 3 行、颜色为粉色。

（3）为第二段添加边框和底纹，边框为黑色、实线，底纹为淡蓝色、图案为黑色下斜线。

（4）为第三段分两栏，有分隔线。第四段中间插入一个竖排文本框，文字为"回忆母校"，边框为绿色、3 磅的实线，底纹为粉色，字体为三号、隶书。

（5）文本结束处插入一张图片，版式为"四周型"，添加一段艺术字，内容为"回望母校，不尽依依"，版式为"四周型"，颜色为蓝色，阴影样式为 20。

（6）页眉页脚的设置：页眉为"散文欣赏"，居中、下边框为" "，页脚为"母校——我永远的牵挂"居中、黑体、四号字。

（7）添加页面边框如图 2-100 中所示的样式。

图 2-100　图文混排的文档效果图

实训四：绘制一个组合图形

1．实训目的

（1）掌握 Word 中组合图形绘制的基本流程。

（2）熟练掌握 Word 中基本图形的绘制方法。

（3）熟练掌握 Word 中图形格式的设置方法，如大小、填充颜色、线条颜色等。

（4）熟练掌握图形组合的方法。

2．实训内容及效果

本次实训的内容为网络图的绘制，最终效果如图 2-101 所示。

图 2-101　单个计算机的绘制效果图

3．实训要求

（1）先绘制如图 2-101 所示的计算机图片，再绘制如图 2-102 所示的网络图。其中图 2-102 中用到的计算机图是图 2-101。

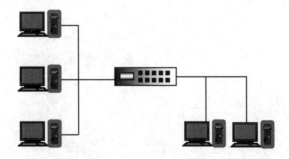

图 2-102　网络图的效果图

（2）绘制过程中需要用到多种图形和线型，图形的填充色也分为多种，一切以效果图为准，在此不再详细要求。

（3）图形绘制的过程中需要分批多次组合。

3

办公文档的高级应用

本章教学目标：

- 了解大纲视图的特点和域的概念
- 掌握邮件合并的使用方法和文档审阅以及修订的方法
- 熟练掌握论文的编排、科研论文公式的制作方法、脚注和尾注的添加、样式的使用、论文目录的制作等

本章教学内容：

- 长文档的编排
- 邮件合并及域的使用
- 文档审阅与修订
- 实训

3.1　长文档的制作

在高级办公应用中，往往会遇到一些论文、课题以及著作等都是长文档的编排，长文档编排的复杂之处在于它要求的格式比较统一，而且还可能包含一些目录、公式和科研图表的制作等。

3.1.1　实例

本实例为一篇论文的制作，从这篇论文的制作过程中我们可以学习长文档的编排特点和制作方法。实例效果如图 3-1 所示。

在本例中，将主要解决如下问题：

- 如何录入论文的标题、摘要和关键字。
- 如何设置标题的级别，并为其添加多级编号。
- 在标题下录入正文内容并设置其格式。
- 为文本插入脚注。

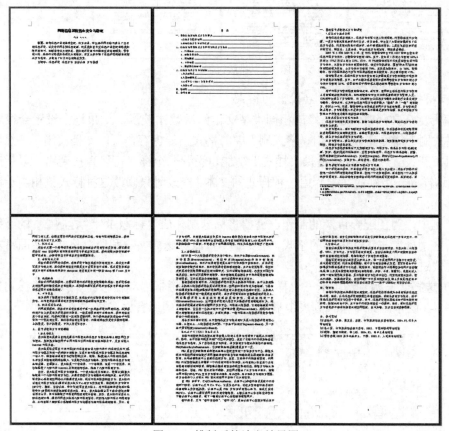

图 3-1　排版后的论文效果图

3.1.2　操作步骤

在编写论文的时候，通常是先写论文的题目、摘要、关键字，列出论文的各级标题，然后在各级标题下输入正文，最后再为论文做目录。

在本实例中，首先录入论文的题目、摘要、关键字和各级标题，方法如前章。如图 3-2 所示，这是一份完整内容的论文，且已经进行过基本排版，包括题目、摘要、关键字、正文和参考文献的字体格式和首行缩进等。为了区分不同级别的标题，在该文中一级标题内容为红色标识，二级标题内容为蓝色标识。

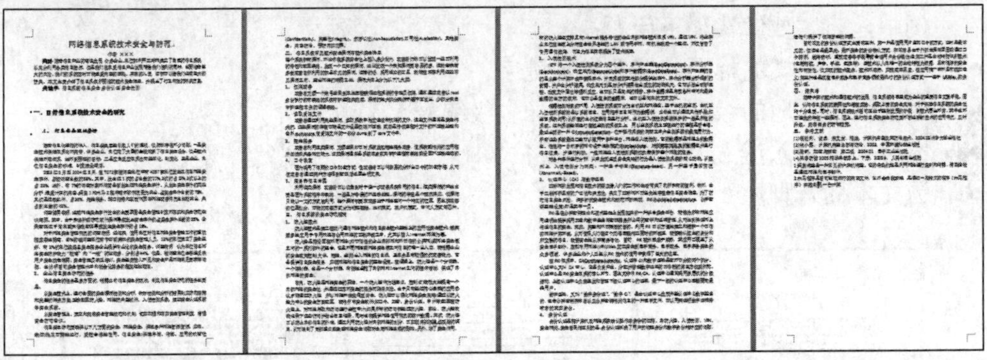

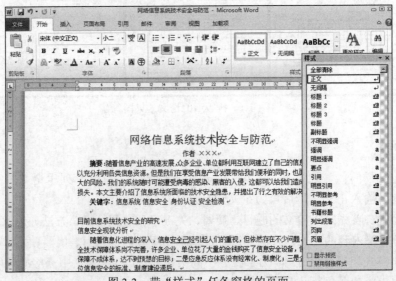

图 3-2　排版过的论文内容

1. 使用样式修改标题文本和段落的格式

在编辑复杂文档时，由于修改相同类型文本的次数比较多，如果逐个设置会很麻烦，虽然用"格式刷"能提高效率，但"格式刷"中的格式不能保存，所以文档关闭后，想增加标题仍需要再重新设置。Word 中提供"样式"功能，设置一个样式可以直接套用，以后还可以永久保存，这样同一级别的文本套用一种样式的文本，修改时只修改这种样式就相当于修改每一个文本格式。

在本例中，为了配合目录的制作，需要将标题制作成"标题 1"、"标题 2"的级别样式，并且为了区别标题与正文内容的格式，还要统一修改标题的文本和段落格式。下面将本论文中的标题样式进行修改，操作如下：

（1）选择"开始"选项卡→"样式"工具组→对话框启动器按钮，打开"样式"任务窗格，如图 3-3 所示。此时格式列表中显示了该文档使用的所有样式格式。

图 3-3　带"样式"任务窗格的页面

（2）为标题直接套用样式。为了以后能顺利地在目录中出现，现将论文中的两级标题设置为样式列表中的"标题1"和"标题2"，方法如下：将光标定位在需要套用"标题1"样式的段落上，直接单击"样式"任务窗格中的"标题1"，这样套用"标题1"的样式成功。将光标定位在需要套用"标题2"样式的段落上，直接单击"样式"任务窗格中的"标题2"，这样套用"标题2"的样式成功。用此方法，将论文中所有需要设置的标题设置为相对应的样式。如图3-4所示，为"目前信息系统技术安全的研究"套用"标题1"，为"信息安全现状分析"套用"标题2"。

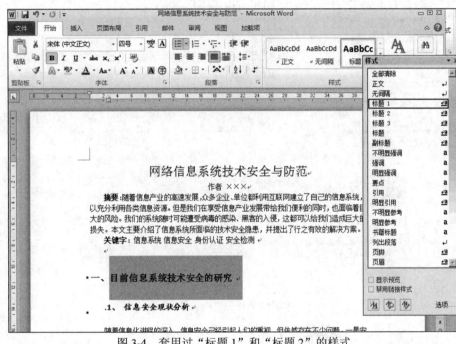

图3-4 套用过"标题1"和"标题2"的样式

（3）修改"标题1"和"标题2"的样式。从图3-4中不难看出，初步套用的样式段落的文本格式不太符合要求，字体过大或段前段后间距过大等，因此需要重新修改"标题1"和"标题2"样式的格式。方法如下：打开"样式"任务窗格中"标题1"右面的下拉菜单，如图3-5所示，选择"修改"，弹出"修改样式"对话框，将字体格式设置为宋体、四号字、粗体，段落格式设置为段前段后距为0，行距为单倍行距，修改完效果如图3-6所示。单击"确定"按钮，则所有的标题1级别的内容都按这个格式进行了修改。

（4）重复上面的操作，对"标题2"进行修改，修改格式如下：楷体、小四号字、粗体，段落格式同"标题1"。至此，所有的标题格式修改完毕，论文内容中所有套用"标题2"的文本均按照新修改的样式做了个性修改，设置完样式后论文正文和"样式"任务窗格中的效果如图3-7所示。

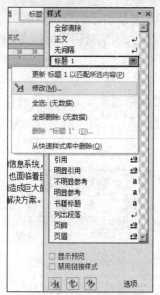
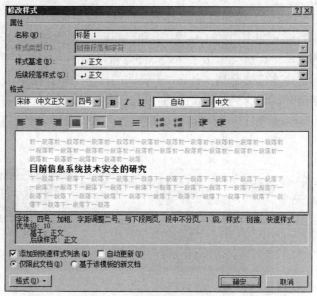

图 3-5 "标题 1"样式下拉菜单   图 3-6 "修改样式"对话框

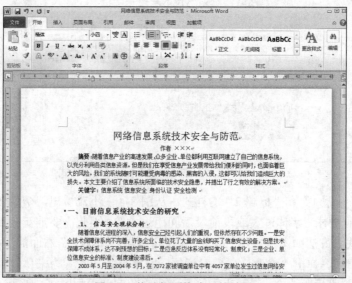

图 3-7 修改标题格式后的效果

2. 为标题添加编号

为了更好地区分标题的级别，要为所有标题添加多级别的编号，方法如下：同时选择论文中所有的标题，选择"开始"选项卡→"段落"工具组→"多级列表"右边的下拉按钮，打开多级符号的列表，这时可以在"列表库"中选择一种样式，但是如果都不符合要求，可以选择"定义新的多级列表"，如图 3-8 所示，本例中选择"定义新的多级列表"，此时弹出"定义新多级列表"对话框,在该对话框中可以修改各级标题的样式,在此将"1 级"修改为"一、","2 级"修改为"1、",同时预览框中会出现修改过的多级编号的样式,如图 3-9 所示。单击"确定"按钮后,论文中的标题就会应用多级编号的样式,此时,"样式"任务窗格中也会增加这两个级别的编号的样式,如图 3-10 所示。

图 3-8　添加多级编号

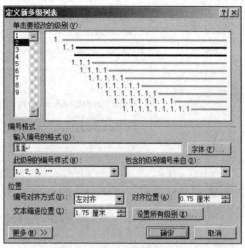

图 3-9　定义新的多级编号

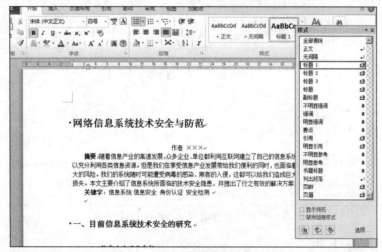

图 3-10　添加过多级编号的论文

3. 插入页码和脚注

为了方便论文内容的查阅和记录,一般的论文都要添加页码,插入页码的方法和第 2 章中介绍的方法一样,选择"插入"选项卡→"页眉和页脚"工具组→"页码"命令,在下拉列表中选择如图 3-11 所示的样式,切换到页脚区,插入页码即可。

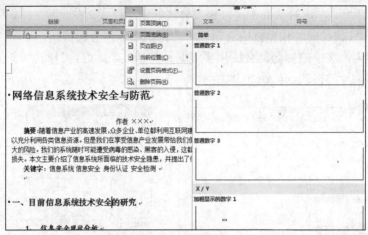

图 3-11 插入页码

　　该论文中还出现了两处脚注，分别是"蠕虫"和"木马"文本处，如"蠕虫"文本的脚注，先将光标定位在"蠕虫"的文本后面，单击"引用"选项卡→"脚注"→"插入脚注"命令，如图 3-12 所示，此时光标会定位在"蠕虫"文本所在的页面底部，前面还会有一个小"1"，表示这是本页第一个脚注，直接输入内容即可，同时，"蠕虫"文本右边也会有一个小"1"。使用同样的方法再为"木马"增加一个脚注，结果如图 3-13 所示。

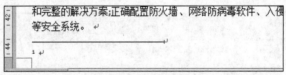

图 3-12 插入注脚

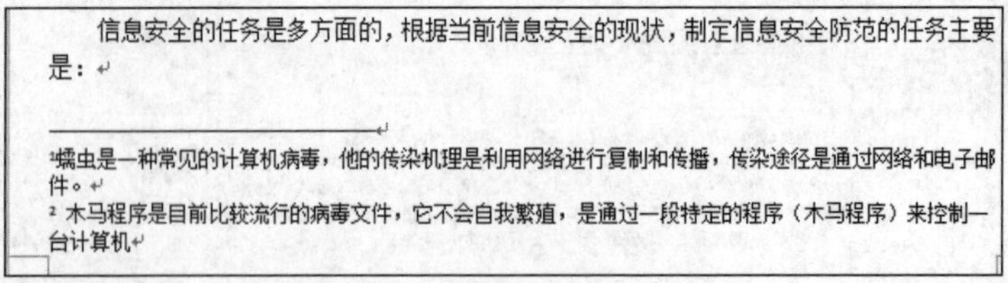

信息安全的任务是多方面的，根据当前信息安全的现状，制定信息安全防范的任务主要是：

¹蠕虫是一种常见的计算机病毒，他的传染机理是利用网络进行复制和传播，传染途径是通过网络和电子邮件。
² 木马程序是目前比较流行的病毒文件，它不会自我繁殖，是通过一段特定的程序（木马程序）来控制一台计算机

图 3-13 为论文插入两个脚注

4. 论文中目录的制作

　　有的论文写得比较长，为了方便查阅，在文章正文前面应该有一个目录。Word 可以自动搜索文档中的标题。建立一个非常规范的目录，操作时不仅快速方便，而且目录可以随着内容的变化自动更新。

　　目录的生成是建立在标题的文本样式上的，必须是标题级别才能够生成目录，也就是说，如果标题的样式是除"标题 1、标题 2……标题 9"之外的样式，则生成的目录里不会出现该标题。

（1）制作目录的方法

以本论文为例，制作目录的操作步骤如下：

1）将光标定位在文章正文的最前面，选择"页面布局"选项卡→"页面设置"工具组→"分隔符"命令，如图 3-14 所示，在下拉列表是选择"分节符"→"下一页"命令，这样就相当于插入一个连续的分节符和一个分页符。此时论文题目和正文之间就多出一页空白页。如图 3-15 所示。

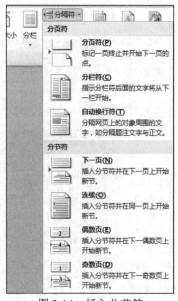

图 3-14　插入分节符

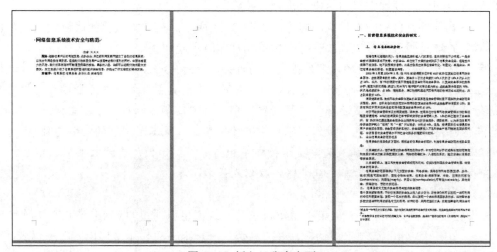

图 3-15　插入一张空白页

2）在空白页最上面输入"目录"两个字并另起一行，设置"目录"字体为四号字、居中对齐。选择"引用"选项卡"目录"工具组→"目录"命令，如图3-16所示，在下拉列表中选择"插入目录"，弹出"目录"对话框，选择"目录"选项卡，如图3-17所示。

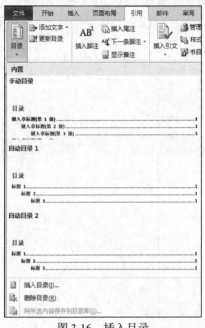

图3-16　插入目录

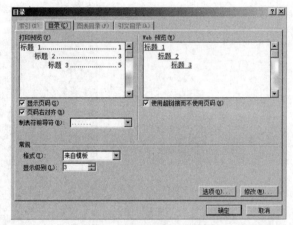

图3-17　"目录"对话框

3）根据需要可以选择是否显示页码、页码是否右对齐，并可以设置制表符前导符号、目录格式以及目录层次，通常情况下，论文要制作三级目录，因此没有特殊要求时，以上设置一般使用默认值即可，设置完毕后单击"确定"按钮。

此时，系统将会自动插入目录的内容。如图3-18所示。其中，灰色的底纹效果表示目录是以"域"的形式插入的，该底纹在打印预览和打印时不起作用。

提示：域是Word文档中的内容发生变化的部分，或者文档（模板）中的占位符。最简单的域如在文档中插入的页码，它可以显示文档共几页，当前为第几页，并且会根据文档的情况自动进行调整。其他常用的域还有：文档创建日期、打印日期、保存日期、文档作者与单位、文件名与保存路径等文档信息，段落、字数等统计信息，以及本节用到的索引与目录等。

利用域还可以在文档中插入某些提示行文字和图形，提示使用者键入相应的信息，比如有些信函模板中的提示文字"单击此处输入收信人姓名"等。

（2）目录的使用技巧

1）设置目录底纹不显示。如果不希望目录有底纹，可以通过"Word选项"进行设置，方法如下：打开"Word选项"对话框，在"高级"选项卡→"显示文档内容"→"域底纹"中选择"不显示"或"选取时显示"来设置目录底纹的显示情况，如图3-19所示。

目录

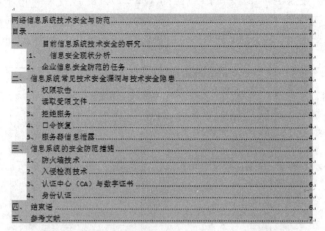

图 3-18　目录的制作效果

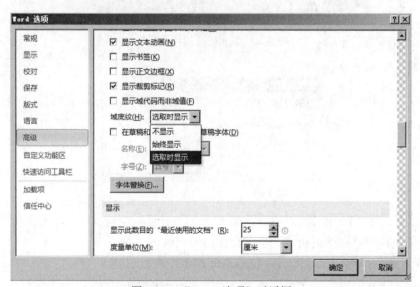

图 3-19　"Word 选项"对话框

2）目录的使用。目录不仅是一个检索工具，还具有超级链接的功能。当使用者按 Ctrl 键的同时将光标移动到需要查看的标题上，光标将会成为小手状，此时单击鼠标左键，系统会自动跳转到指定内容位置。从这个意义上来讲，目录也起到了导航条的作用。

3）目录格式的设置。目录插入以后，其格式是可以进行再次设置的。选中目录区的全部或部分行后，就可以对其进行字体和段落排版，排版方法和普通文本一样。

4）目录的更新。当文章增删或修改内容时，会造成页码或标题发生变化，更新目录的最大好处是，不必手动重新修改页码，只要在目录区单击鼠标右键，从弹出的如图 3-20 所示的环境菜单中，选择"更新域"命令，然后在如图 3-21 所示的"更新目录"对话框中，根据需要选择"只更新页码"或"更新整个目录"（选择此项，则当修改、删减标题时，不仅页码更新，目录内容也会随着文章的变化而变化），最后单击"确定"按钮即可。

图 3-20   目录对应的环境菜单

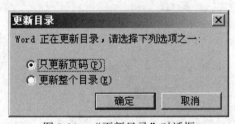

图 3-21   "更新目录"对话框

更方便的是，在"Word 选项"对话框的"显示"选项卡中勾选"打印前更新域"复选框，则系统会在每次打印时自动更新域，以保证输出的正确。

5）目录的删除。选中目录区后，按 Delete 键即可将目录删除。

至此，论文排版的操作就全部完成了，效果如图 3-1 所示。

3.1.3 主要知识点

1. 导航窗格的使用

导航窗格是 Office 2010 新增的一项功能，它是默认显示在文档编辑区左边的一个独立的窗格，它的功能融合了低版本中的文档结构图、文本查找、缩览图等功能。能够分级显示文档的标题列表并对整个文档快速浏览，同时还能在文档中进行高级查找。

选择"视图"选项卡→"显示"工具组→"导航窗口"命令，打开"导航"任务窗格，如图 3-22 所示。"导航"任务窗格分为三部分：浏览文档标题、浏览页面和浏览当前搜索的结果。

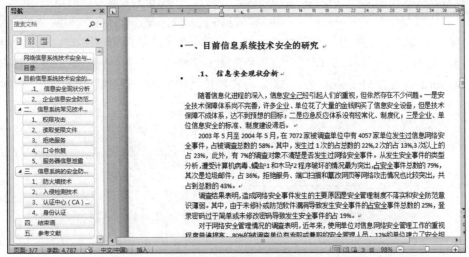

图 3-22　"导航"任务窗格

当处于浏览文档标题的状态时，可以单击标题左边的收缩/展开按钮进行展开和折叠标题的列表，在文档标题列表中单击任一标题，右边的编辑区就会显示相应的文档内容。

若在文档中查找某一文本对象，则在"搜索文档"文本框中输入内容，按回车键，搜索后的内容即可在文档中以彩色底纹显示，如图 3-23 所示。另外还可以在文档中搜索图片、公式、脚注/尾注、表格和批注等。

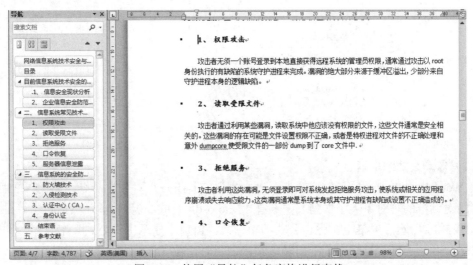

图 3-23　使用"导航"任务窗格进行查找

2. 公式的制作

在论文中，经常会出现各种数学、化学公式或表达式。公式常常会含有一些特殊符号，如积分符号、根式符号等，有些符号不但键盘上没有，在 Word 的符号集中也找不到，并且公式中符号的位置变化也很复杂，仅用一般的字符和字符格式设置无法录入和编排复杂公式。在 Word 2010 中，制作公式的方法有两种，一种是选择"插入"选项卡→"符号"工具组→"公式"命令，如图 3-24 所示，选择其中的某个公式或选择"插入新公式"命令进行制作；另一种是利用 Word 提供的 Microsoft 公式 3.0，可实现论文中各类复杂公式的编排。

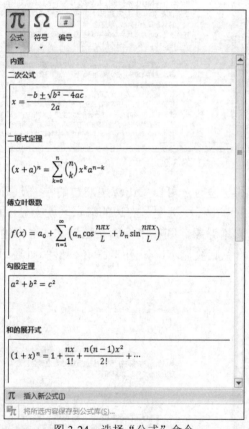

图 3-24 选择"公式"命令

（1）启动公式编辑器

在 Word 中，单击"插入"选项卡→"文本"工具组→"对象"命令，如图 3-25 所示，在弹出的对话框的"对象类型"列表中选择"Microsoft 公式 3.0"选项，然后单击"确定"按钮。如图 3-26 所示，屏幕上会弹出公式编辑窗口，窗口中显示出"公式"工具栏，同时在文档中出现一个输入框，光标在其中闪动，输入公式时，输入框随着输入公式长短而发生变化，整个表达式都被放置在公式编辑框中。此时窗口处于公式编辑状态时，菜单栏也跟着发生改变。

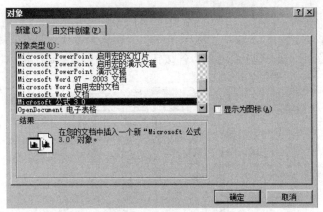

图 3-25 "对象"对话框

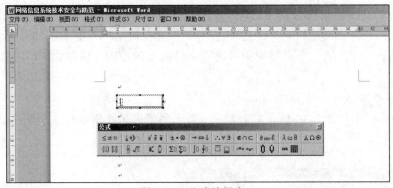

图 3-26 公式编辑窗口

公式编辑器启动后，Word 窗口将变为公式编辑器窗口，菜单项也相应发生变化。同时，窗口中将显示出"公式"工具栏，它可以细分为"符号"和"模板"两个工具栏。

1）"符号"工具栏。"符号"工具栏位于"公式"工具栏的上方，它为用户提供了各种数学符号。"符号"工具栏包含 10 个功能按钮，每一个按钮都可以提供一组同类型的符号。各按钮的名称如图 3-27 所示。

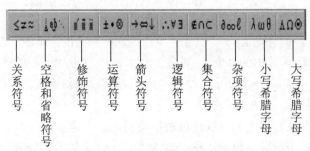

图 3-27 "符号"工具栏

2）"模板"工具栏。"模板"工具栏是制作数学公式的工具栏，提供了百余种基本的数学公式模板，如开方、求和、积分等，分别保存在九个模板子集中。如果单击某个子集按钮，各种模板就会以微缩图标的形式显示出来。各按钮的名称如图 3-28 所示。

图 3-28   "模板"工具栏

由于输入默认的公式符号尺寸比较小，所以，通常情况下要先对公式的尺寸进行设置，设置方法如下：选择"尺寸"→"定义"，打开"尺寸"对话框，如图 3-29 所示。在这个对话框里，可以对公式的任何一个类型的符号进行字号大小的设置。设置完毕后，单击"确定"按钮即可。

（2）公式编辑实例

例如，制作一个如图 3-30 所示的数学公式，下面通过本实例操作来说明公式的编辑过程。操作步骤如下：

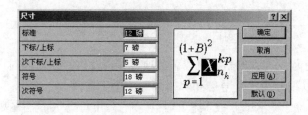

图 3-29   "尺寸"对话框

$$F(\phi,k)=\int_0^\phi \frac{d\phi}{\sqrt{1-k^2\sin^2\phi}}$$

图 3-30   数学公式效果

1）将插入点置于要插入公式的位置，按照前面介绍的方法启动公式编辑器，出现"公式"工具栏。

2）在输入框中输入"F(ϕ,k)="，其中"Φ"是这样输入的：单击"符号"工具栏中的"小写希腊字母"按钮，选择其中的"Φ"，如图 3-31 所示。选取输入好的"F(ϕ,k)="，然后选择此窗口主菜单中的"样式"→"变量"命令，即可将其设为斜体效果，即"$F(\phi,k)=$"效果。以下变量的斜体效果均用该方法设置即可。

3）单击"模板"工具栏中的"积分模板"按钮，选择定积分按钮。然后单击积分上限输入框，输入"Φ"；单击积分下限输入框，输入"0"，效果如图 3-32 所示。

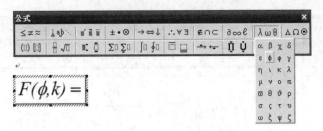

图 3-31 "F(Φ,k)="的输入

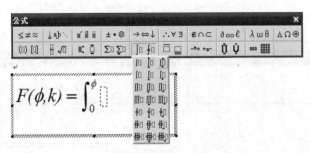

图 3-32 "积分模板"的使用

4）将光标定位在被积函数输入框，单击"模板"工具栏的"分式和根式模板"按钮，选择如图 3-33 所示的分式按钮。这时在输入框中出现一个有分子、分母和分数线构成的分式结构。单击分子输入框，输入"dΦ"。

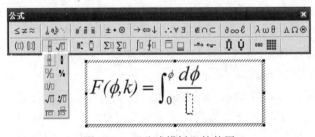

图 3-33 "分式模板"的使用

5）将光标定位在分母输入框内，单击"模板"工具栏的"分式和根式模板"按钮，选择如图 3-34 所示的根式按钮。单击根式下的输入框输入"1-k^{2}sin^{2}Φ"，其中 k 的平方是这样输入的：输完 k 后单击"模板"工具栏的"上标和下标模板"按钮，选择如图 3-35 所示的上标按钮。单击上标输入框输入 2；然后按下方向→键，使得光标位于 k^2 之后，用同样的方法输入 sin^{2}Φ 即可。

6）输入完毕后，在空白区域单击鼠标即可退出公式编辑区。可以发现，单击公式时，周围有 8 个控制点，也就是公式本身也是一个图形对象。可使用调整图片大小的方法（调整四周的控制点）来调整公式的大小。

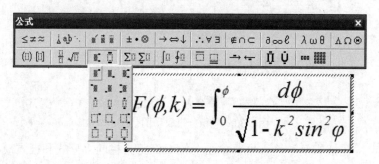

$$F(\phi,k) = \int_0^\phi \frac{d\phi}{\sqrt{1-k}}$$

图 3-34　"根式模板"的使用

$$F(\phi,k) = \int_0^\phi \frac{d\phi}{\sqrt{1-k^2 sin^2\varphi}}$$

图 3-35　"分式模板"的使用

3. 脚注与尾注

论文页码下端经常需要说明文中有关引用资料的来源（脚注），最后还要列出论文撰写时的主要参考文献（尾注）。它们虽然不是论文的正文，但仍然是论文的一个组成部分，主要是起补充、解释、说明的作用，而且也是对原著作者知识产权的尊重。在本例中，脚注的操作方法已介绍，尾注添加方法的操作步骤如下：

（1）先将光标定位在需要插入尾注的位置，也就是需要解释的文字处。

（2）选择"引用"选项卡→"脚注"工具组→"插入尾注"命令，光标会直接定位在文档的结尾处（如图 3-36 所示），输入相应的尾注内容即可。如果想更改尾注编号的格式，可以单击"引用"选项卡→"脚注"工具组右下角的按钮弹出"脚注和尾注"对话框，如图 3-37 所示，选择适当的格式，单击"应用"按钮即可。

4. 样式的使用

样式的使用除了前面论文中的修改样式之外，还可以直接套用和新建样式。

（1）直接套用样式

打开"样式和格式"任务窗格，如图 3-38 所示，选定需要套用样式的文本内容，然后从"样式和格式"任务窗格的列表中选择需要设置的样式，单击即可将选取内容设置为预先设置的样式效果。

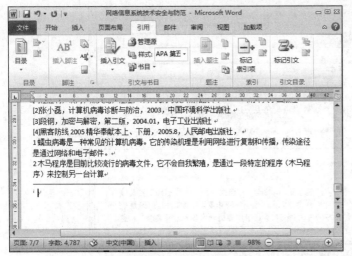

图 3-36 插入尾注

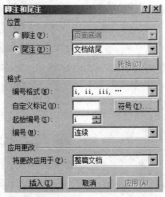

图 3-37 "脚注和尾注"对话框

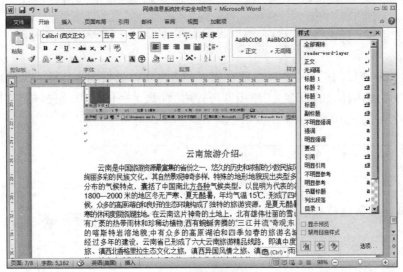

图 3-38 套用样式

（2）新建样式

如果直接套用系统的样式不能满足要求，可以建立新样式。操作方法如下：

1）在"样式和格式"任务窗格中，单击"新样式"按钮，打开如图 3-39 所示的对话框，在其中可以自行设置样式。其中：在"名称"框里输入准备创建的样式名字，"样式类型"中选择是段落样式还是字体样式，单击下面的"格式"进行具体样式内容的设置。例如可以设置"文章正文"样式格式为：中文楷体、四号字、加粗、首行缩进两个字符。单击"确定"按钮即可完成"文章正文"样式的设置。

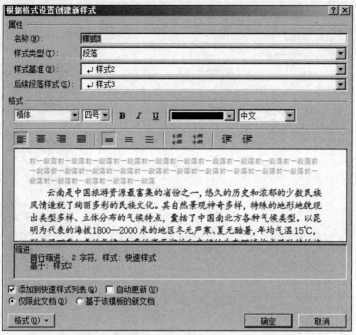

图 3-39　"根据格式设置创建新样式"对话框

2）此时，制作好的样式会自动出现在样式列表框中，如果制作的样式类型是段落样式，把光标定位在要套用样式的段落里，单击即可使用；如果是字体样式，选择要套用样式的文本，然后单击即可使用。使用后如图 3-40 所示。

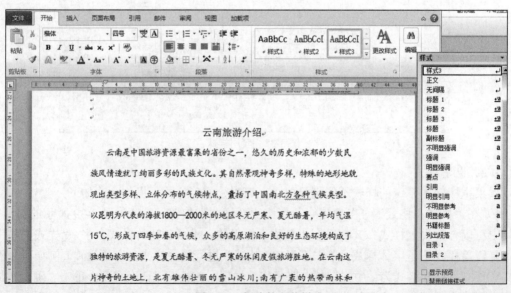

图 3-40　新建的段落样式

提示：使用样式的一个好处是，当样式修改以后，凡是套用该样式排版的内容都会自动随样式的变化而变化。所以，有人形象地把"样式"说成是"可以存储的格式刷"。但是当样式删除后，套用该样式的文本也会回到原来的状态。

5. 奇偶页不同的页眉页脚设置

在很多科研论文中，奇数页和偶数页的页眉和页脚是不同的。如本例中奇数页页眉为论文题目，页脚为页码，二者均为左对齐；偶数页页眉为论文的性质，页脚为页码，二者均为右对齐。另外封面和目录页面不设置页眉和页脚，页码从正文开始。设置方法如下：

（1）若想使封面和目录没有页眉和页脚，必须在该页和后面的正文分节，本例中在插入目录时已经插入过分节符了，在此不再分节，单击"页面布局"选项卡→"页面设置"工具组右下角的按钮，弹出"页面设置"对话框，如图 3-41 所示，在"页眉和页脚"处选择"奇偶页不同"，在"应用于"选择"本节"。

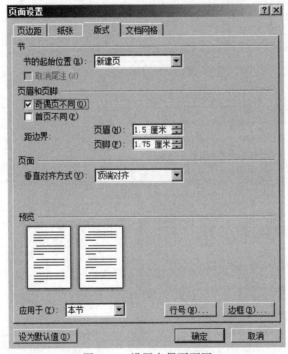

图 3-41　设置奇偶页不同

（2）插入页眉页脚。选择"插入"选项卡→"页眉和页脚"工具组的"页眉"命令，在下拉列表中选择第 1 项，如图 3-42 所示，即将光标插入到页眉区，此时页眉和页脚处都有提示占位符提醒用户输入页眉和页脚，在奇数页的页眉处输入"网络信息技术安全防范"，在页脚处插入页码，两者均为左对齐，字体为五号字；在偶数的页眉处输入"论文"，页脚处插入页码，两者均右对齐，字体为五号字，结果如图 3-43 所示。

图 3-42　插入页眉

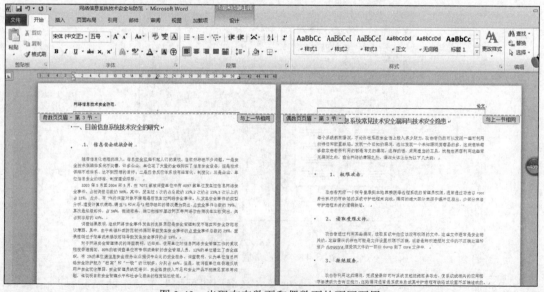

图 3-43　出现在奇数页和偶数页的不同页眉

（3）删除第 1、2 页的页眉和页脚。从图 3-43 中可以看出，之前输入的页眉和页脚充满整个文档，若要直接删除第 1、2 页的页眉和页脚，则整个文档的页眉和页脚也会删除。若只想删除第 1、2 页的页眉和页脚，操作方法如下：

1）删除第 1、2 页的页眉和页脚。将光标定位在第 3 页的页眉处，单击"设计"选项卡→"导航"工具组→"链接到前一条页眉"按钮，将"链接到前一条页眉"取消，如图 3-44 所示，用同样的方法将第 3 的页脚和第 4 页的页眉和页脚的"链接到前一条页眉"按钮都取消，然后，将第 1、2 页中的页眉和页脚删除即可，这时后面的页眉和页脚内容仍然保留。

2）让页码从第 3 页中重新编号。按上面的步骤虽然将第 1、2 页的页眉和页脚删除了，但第 3 页的页码依然是"3"，若要想让页码从"1"开始编号，选择"设计"选项卡→"页眉和页脚"工具组→"页码"命令，在下拉列表中选择"设置页码格式"，弹出"页码格式"对话框，如图 3-45 所示。在"页码编号"处选择"起始页码"，在其后面的文本框中输入"1"，确定后第 3 页的页码就是从"1"开始编号了。

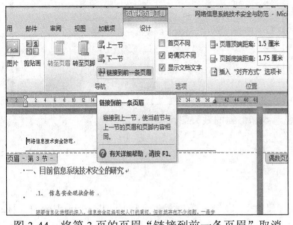

图 3-44　将第 3 页的页眉"链接到前一条页眉"取消

图 3-45　"页码格式"对话框

3.2　邮件合并及域的使用

在办公过程中，办公人员有时要做大批量格式相同的信封或邀请函，如果逐个制作，既浪费时间又容易出错，此时可以利用 Word 中的邮件合并功能实现制作多份格式相同的文件。下面通过实例来说明邮件合并的使用方法。

3.2.1　实例

本实例是某公司为客户制作的会议邀请函和相应的信封。邀请函和信封的效果如图 3-46 所示。

在本例中，将主要解决如下问题：

● 如何录入邀请函内容并设置其格式。

● 如何使用邮件合并工具栏制作称呼，最终生成多张信函。

● 如何使用中文信封向导制作信封模板，并生成多张信封。

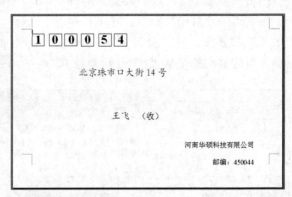

图 3-46　邀请函和信封的效果图

3.2.2　操作步骤

1. 创建数据源

批量制作邀请函的前提是有一个客户信息表，也就是数据源。利用 Word 或 Excel 制作数据源都可以，本例中分别使用 Word 和 Excel 制作了一份客户信息表，如图 3-47 所示。

姓名	性别	公司名称	通讯地址	邮政编码
王飞	男	北京立信有限公司	北京珠市口大街14号	100054
李丽	女	汇通公司	郑州市文化路90号	450000
刘涛宇	男	郑州长城公司	郑州市金水路49号	450002
冯艳	女	河南威立科技公司	郑州市英才街2号	450044
李易硕	男	河南铭宇通信公司	郑州市花园路16号	450003

图 3-47　客户信息表

2. 制作邀请函

（1）新建一个 Word 文档，输入邀请函的基本内容并做基本排版，如图 3-48 所示。和效果图相比，没有输入"姓名"和"先生/女士"。

（2）选择"邮件"选项卡→"开始进行邮件合并"工具栏→"选择收件人"命令，如图 3-49 所示，在下拉列表中选择"使用现在列表"，弹出"选择数据源"对话框，将之前创建的数据源打开，如图 3-50 所示。单击"打开"按钮后返回页面视图中。

图 3-48　输入信函的文本内容

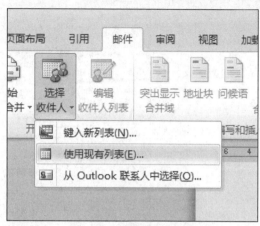

图 3-49　选择收件人列表

图 3-50　"选取数据源"对话框

（3）插入合并域。将光标定位在"尊敬的"后面，选择"邮件"选项卡→"编写和插入域"工具组→"插入合并域"命令，在下拉列表中选择"姓名"，如图 3-51 所示，此时"姓名"域被插入到光标处。

（4）在姓名后插入称呼。先将光标定位在"尊敬的《姓名》"之后，如图 3-52 所示，选择"邮件"选项卡→"编写和插入域"工具组→"规则"命令，在下拉列表中选择"如果…那么…否则"，结果会打开一个如图 3-53 所示的对话框，在本例中，根据收信人的性别来确定称呼，如果性别为"男"，则插入文字"先生"，否则插入文字"女士"。确定后，称呼会出现在邀请函的姓名后面，如图 3-54 所示。

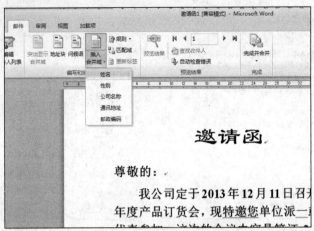

图 3-51　选择"插入合并域"命令

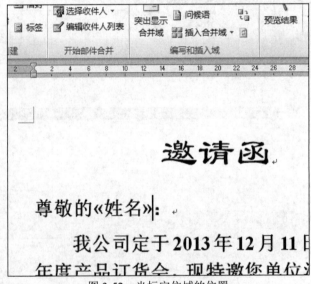

图 3-52　光标定位域的位置

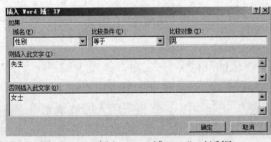

图 3-53　"插入 Word 域：IF"对话框

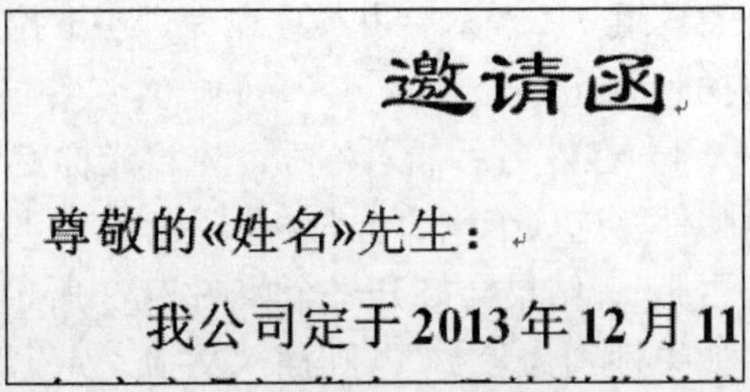

邀请函

尊敬的《姓名》先生：

　　我公司定于**2013**年**12**月**11**

图 3-54　插入称呼

（5）此时就可以生成具有多个邀请函的文档了，选择"邮件"选项卡→"完成"工具组→"完成并合并"命令，在下拉列表中选择"编辑单个文档"，弹出如图3-55所示的对话框，选择"全部"，确定即生成具有全部记录的文档，如图3-56所示。或者直接单击"打印文档"按钮，将合并结果直接送到打印机进行打印。

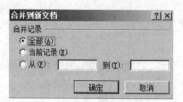

图 3-55　"合并到新文档"对话框

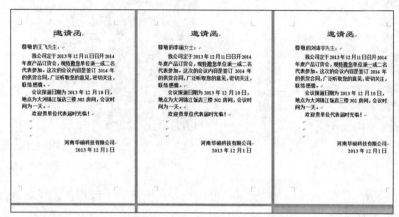

图 3-56　全部文档生成后的效果

3. 使用中文向导制作信封

除了用邮件合并工具以外，Word还提供了一种更好的工具来专门制作信封，那就是"中文信封向导"。下面利用"中文信封向导"制作邀请函的信封来说明它的使用过程。

（1）选择"邮件"选项卡→"创建"工具组→"中文信封"命令，弹出"信封制作向导"对话框，根据提示向导进行设置，如图3-57所示。

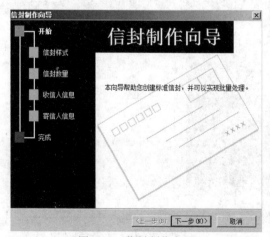

图 3-57　信封制作向导

（2）单击"下一步"，如图 3-58 所示，在"信封样式"下拉列表中选择一种需要的类型，单击"下一步"，如图 3-59 所示，选择"基于地址簿文件，生成批量信封"。

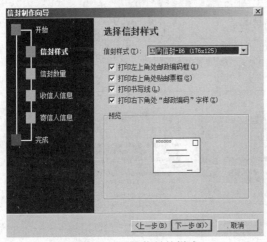

图 3-58 选择信封的样式　　　　　　　　　图 3-59 设置信封数量

（3）单击"下一步"，如图 3-60 所示，单击"选择地址簿"按钮，选择地址簿，如图 3-61 所示，打开地址簿所在的文件夹，在对话框右下方的文件类型中选择"Excel"，在出现的文件列表中选择需要的文件，这里选择"公司客户信息"，单击"打开"按钮，此时返回到图 3-60 中，在"匹配收信人信息"处，"地址簿中的对应项"是选择图中的选项，让将来生成的信封内容项与数据源匹配。

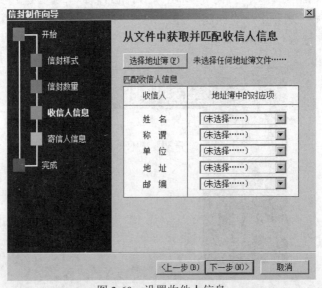

图 3-60 设置收件人信息

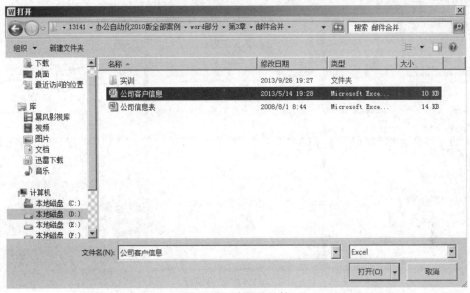

图 3-61 选择地址簿

（4）单击"下一步"按钮，如图 3-62 所示，在"输入寄信人信息"的"单位"处输入单位名称，"邮编"处输入"450011"，单击"下一步"按钮。

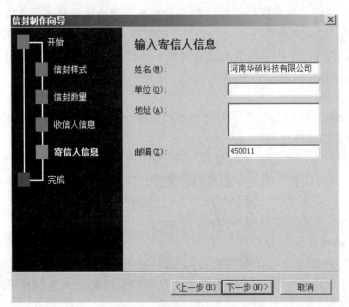

图 3-62 设置寄信人信息

（5）单击"下一步"按钮，此时直接跳到"完成"这一步，单击"完成"按钮，就会生成如图 3-63 所示的多个信封文档，如果需要打印，可以直接打印。

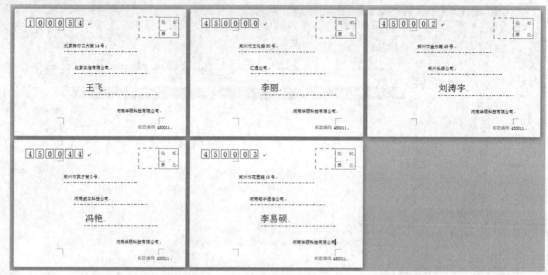

图 3-63　生成的模板

3.2.3　主要知识点

（1）什么是"邮件合并"

通常情况下，把如上例中文档中相同的部分（如会议内容和格式等）保存在一个 Word 文档中，称为主文档。把文档中那些变化的信息（如收件人姓名，邮编等）保存在另一个文档中，称为数据源文件。然后，让计算机依次把主文档和数据源中的信息逐个合并。这就是"邮件合并"。利用"邮件合并"可以制作信函、名片、各种证件、奖状等。

（2）数据源文件

能作为主文档的数据源文件有很多种，如利用 Word、Excel 创建的表格，数据库文件等。

（3）邮件合并的基本过程

邮件合并一般是按照"设置文档类型"→"打开数据源"→"插入合并域"→"合并到新文档"或"合并到打印机"的基本步骤进行邮件合并。其中在"插入合并数据"后可以单击"预览结果"按钮，单击"上一记录"和"下一记录"按钮进行核对记录，如图 3-64 所示。正确无误后再进行合并到新文档或打印机。

（4）使用"邮件合并"向导

选择"邮件"功能区/"开始邮件合并"工具组/"开始邮件合并" 命令，在下拉列表中选择"邮件合并分步向导"，弹出"邮件合并"任务窗格，实际上是打开了一个步骤为 6 步的向导，如图 3-65 所示。

根据向导的提示，选择自己需要文档类型、数据源、插入的域和合并文档或打印机，最后制作完成。但是使用"邮件合并"向导只能制作一些简单的不需要格式排版的文档。如果需要进一步排版或者需要插入 Word 域，还要借助于"邮件"功能区。

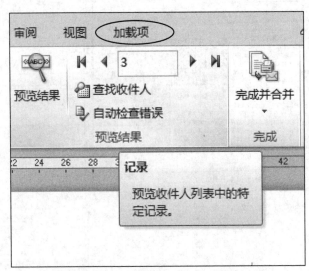

图 3-64　在"预览结果"状态下查看记录　　　　图 3-65　"邮件合并"任务窗格

3.3　文档审阅与修订

在审阅别人的文档时，如果想对文档进行修订，但又不想破坏原文档的内容或者结构，可以使用 Word 中提供的修订工具，它可以使多位审阅者对同一篇文档进行修订，作者只需要浏览每个审阅者的每一条修订内容，决定接受或拒绝修订的内容即可。

修订内容包括正文、文本框、脚注和尾注以及页眉和页脚等的格式，可以添加新内容，也可以删除原有的内容。为了保留文档的版式，Word 在文档的文本中只显示一些标记元素，而其他元素则显示在页边距上的批注框中。

3.3.1　实例

本实例是两位审阅者对同一篇文档进行审阅和修订，通过这个实例可以掌握文档审阅和修订的方法，经过审阅和修订的文档如图 3-66 所示。

在本例中，将主要解决如下问题：

● 多个用户对同一文档进行审阅和修订。

● 如何查看指定用户所做的修订。

● 如何插入批注。

● 如何接受/拒绝修订。

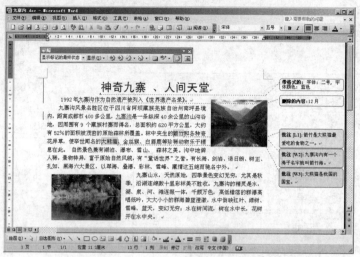

图 3-66　经过两位审阅者修订过的文档

3.3.2　操作步骤

1. 设置用户信息

一篇文档可以有多个审阅者，每个审阅者都有自己的标记，所以，在修订文档之前，要对用户信息进行设置或修改。设置方法如下：

选择"文件"选项卡→"选项"命令，在打开的对话框里选择"常规"选项卡，如图 3-67 所示，在"用户名"框内输入"王飞"、"缩写"为"WF"，单击"确定"按钮即可。也可以通过选择"审阅"选项卡→"修订"工具组→"修订"命令，在下拉列表中选择"更改用户名"，也可弹出如图 3-67 所示的对话框。在随后的修订过程中，缩写会显示在批注框内，姓名和一些其他信息也会随着鼠标移动到批注框上而显示出来。

图 3-67　修改用户信息

2. 审阅与修订

（1）打开"审阅"工具栏

对文档进行修订，首先要使文章处于修订状态，否则就是普通修改，没有任何标记。选择"审阅"选项卡→"修订"工具组→"修订"命令，使文档处于修订状态，此时状态栏的"修订"按钮处于被按下的状态，如图 3-68 所示。

图 3-68   激活"修订"按钮

（2）对文章进行修订和插入批注

当文档处于修订状态时，就可以对文档直接进行修改，修改的结果就是修订的内容。插入批注的方法为先选中需要插入批注的文本，然后单击"审阅"工具栏上的"插入新批注"按钮插入批注框，用户直接在批注框里输入批注内容即可。

本实例中用户"王飞"对文章按下面的要求进行修订：

● 标题修改为黑体三号字、蓝色。
● 将第一段中的"12 月"删除。
● 为第二段中的"箭竹"插入批注"箭竹是大熊猫最爱吃的食物之一"。

此时，修订结果如图 3-69 所示。

根据上面的方法，将"用户信息"修改为"姓名：张志、缩写：ZZ，再对文章按照下面的要求进行修订：

● 在第三行的"是一条"前插入"九寨沟"。
● 为第二段的"箭竹"插入批注"九寨沟内有一个海子名字就叫箭竹海"。
● 为第二段的"大熊猫"插入批注"大熊猫是我国的国宝"。

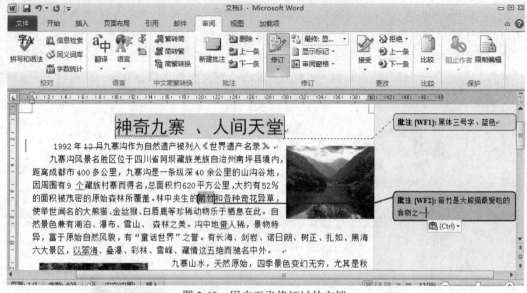

图 3-69　用户王飞修订过的文档

（3）接受/拒绝修订

修订完毕后，作者要根据需要对修订进行接受或拒绝。本文中接受第一处和第三处修订，拒绝第二处修订。将光标定位在需要接受的修订处，单击"接受所选修订"按钮，在打开的下拉菜单中选择 "接受修订"命令即可；将光标定位在需要拒绝的修订处，单击"拒绝所选修订"按钮，在打开的下拉菜单中选择"拒绝修订/删除批注"按钮拒绝修订。结果如图3-70 所示。

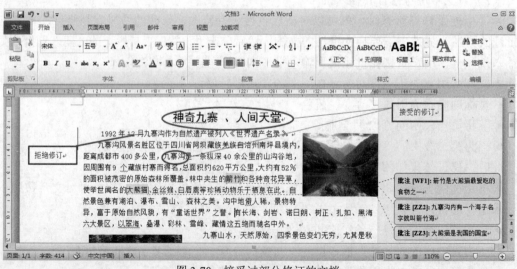

图 3-70　接受过部分修订的文档

3.3.3 主要知识点

1. 按审阅者查看修订内容

这篇文章被两个人修订过，作者还可以按审阅者来查询和浏览修订的内容，比如：只显示用户"王飞"修订的内容，则选择"审阅"选项卡→"修订"工具组→"显示标记"→"审阅者"命令，只需将"王飞"前的复选框选中，如图 3-71 所示，则文章中显示的修订就是王飞所做的所有修订内容。在王飞所做的批注框中，如果标记是"[WF1]"，意味着这是用户"王飞"做的第一个批注。将光标放在批注框上，则显示详细的信息，如图 3-72 所示。

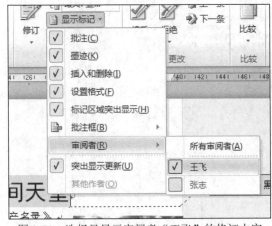

图 3-71 选择只显示审阅者"王飞"的修订内容　　图 3-72 将光标放在批注上的效果

说明： 如果想显示全部审阅者修订的内容，则选择"所有审阅者"即可。

2. 审阅窗格

选择"审阅"选项卡→"修订"工具组→"审阅窗格"命令，在下拉列表中选择"垂直审阅窗格"，可以在文档左边打开"审阅"任务窗格，该窗格中显示了所有具体的修订信息，其中包括用户信息、修订的时间、修订的内容等。可以将文档中的修订进行定位，也可以删除批注，如图 3-73 所示。

3. 接受/拒绝修订

作者在查看完审阅者做的修订之后，要决定是否接受这些修订，可以使用"审阅"选项卡→"更改"工具组→"上一条"和"下一条"命令进行查看，如果同意修改，则单击"接受"按钮，在下拉列表中进行选择，如图 3-74 所示，可以选择"接受并移到下一条"接受某一处修订，也可以选择"接受所有显示的修订"或"接受对文档的所有修订"接受全部修订。

如果不同意修订结果，则单击"拒绝"按钮，在下拉列表中进行选择，如图 3-75 所示，可以选择"拒绝并移动下一条"来拒绝某一处修订，也可以选择"拒绝所有显示的修订"或"拒绝对文档的所有修订"命令拒绝全部修订。

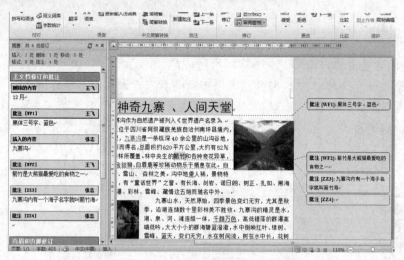

图 3-73　显示垂直审阅窗格的文档

图 3-74　接受修订

图 3-75　拒绝修订

4. 删除批注

如果不接受批注只需将其删除即可。删除的方法有多种：

（1）选择某一批注，选择"审阅"选项卡→"批注"工具组→"删除"命令。在下拉列表中选择"删除"即删除所选的某一条批注，如想删除所有批注，则选择"删除所有显示批注"或"删除文档中的所有批注"命令。

（2）选择某一批注，单击鼠标右键，在弹出的快捷菜单中选择"删除批注"命令即可。

（3）打开"审阅窗格"，在需要删除的批注上，单击鼠标右键，在弹出的快捷菜单中选择"删除批注"命令即可。

本章小结

本章主要介绍 Word 软件在办公中的一些高级应用技术，使用户掌握长文档的制作和处理能力、批量处理文档的能力、域的多种方法使用能力和对文档审阅、修订的能力。

长篇文档是现代办公中用的较多的文档类型。为了进行长篇文档的编排，必须掌握长篇文档的编辑方法，包括：样式使用与管理，多级项目符号设置，封面的制作，自动提取目录，批注、脚注、尾注、题注的设置，以及页眉页脚、页码的综合设置，会熟练运用公式编辑器进行科研论文中各种公式的编辑制作。在现代办公中，批量处理文档也很常用，因为熟练掌握邮件合并技术就非常必要的。用户之间相互审阅和修订在现代办公中也普遍应用，修改别人的文档又不改变原有的内容，是在直接修改内容的基础上的提高。

通过本章的学习，用户应该能够对长文档进行娴熟的输入、编辑、排版和打印操作，能够熟练地对文档进行批量处理，同样也能够对文档进行审阅和修订。

实　　训

实训一：长文档的排版

1. 实训目的

（1）了解 Word 中长文档的概念。

（2）熟悉 Word 中长文档排版的基本流程。

（3）掌握长文档的排版方法。

2. 实训内容及效果

将本章实例中的论文制作一遍（包括目录）。

3. 实训要求

（1）录入论文的题目、摘要、关键字和标题。

（2）为标题设置级别，并为其添加多级编号。

（3）在标题下录入正文内容并设置其格式。

（4）为文本插入脚注。

实训二：制作复杂的公式

1. 实训目的

熟悉使用 Word 中的"公式"编辑器。

2. 实训内容及效果

利用 Word 中的"公式"编辑器，制作如图 3-76 所示几个复杂公式。

$$x = \begin{bmatrix} 1 & 0 & 0 \\ 0 & 1 & 0 \\ 0 & 0 & 1 \end{bmatrix}$$

（1）

$$E_{ke} = \frac{1}{2} \int_0^1 \rho \left(\frac{\partial y}{\partial t} \right) dx$$

（2）

图 3-76　两个复杂公式的效果图

实训三：制作一份居民小区物业催交单

1. 实训目的

（1）了解 Word 中表格的制作方法。

（2）熟悉 Word 中邮件合并的基本流程。

（3）掌握 Word 中邮件合并工具栏的使用方法。

2. 实训内容及效果

本实训内容为制作物业费催缴单，因为催缴单是针对多位业主的，所以结果是生成多份物业费催缴单。实训最终效果如图 3-77 所示。

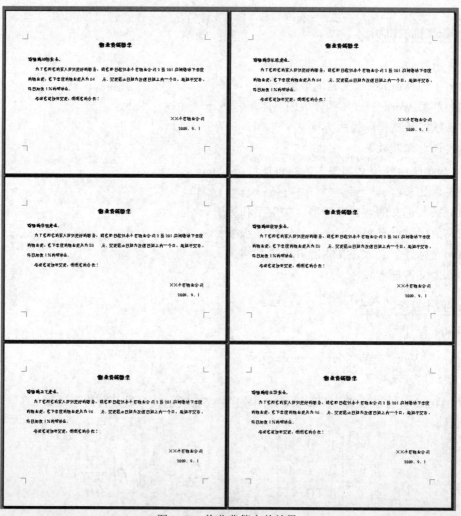

图 3-77　物业费催交单效果

3．实训要求

（1）首先制作一份业主物业费管理表格。如图 3-78 所示。

姓名	性别	面积（平方米）	单价（元/平方米）	物业费（元/季度）
刘敏	女	80	0.8	64.0
李长浩	男	80	0.8	64.0
李明	男	100	0.8	80.0
胡晓华	女	100	0.8	80.0
王飞	男	120	0.8	96.0
张玉慧	女	120	0.8	96.0

图 3-78　物业费管理表格

（2）然后制作如图 3-79 所示的物业费催缴单，页面设置为 B5 纸，横向。

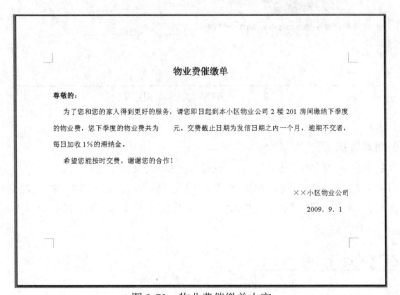

图 3-79　物业费催缴单内容

（3）利用"邮件合并"工具栏输入"姓名"、"女士/先生"以及金额。

（4）合并所有文档即生成全部记录的催交单，如图 3-76 所示。

实训四：制作一个活动报名卡

1．实训目的

（1）熟悉 Word 中页面设置的方法。

（2）掌握 Word 中窗体的使用方法。

2. 实训内容及效果

本实训内容是制作一张含有个人资料的报名卡, 其中某些资料可以让用户填写和选择, 某些资料是不允许用户修改的。实训效果如图 3-80 所示。

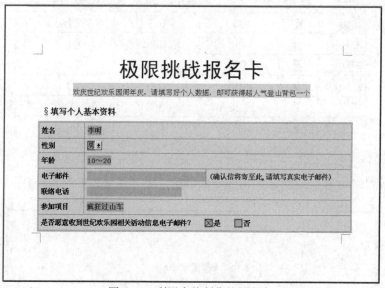

图 3-80　利用窗体制作的报名卡

3. 实训要求

（1）将页面设置成 B5、横向。

（2）在报名卡中, 姓名、电子邮件、联络电话均为文字型窗体域。

（3）性别的下拉项为男、女, 年龄的下拉项为 10～20、21～30、31～40 和 41～50。

（4）最后一行中的"是"和"否"文字前为复选框型窗体域, 其中"是"前面的复选框的默认属性为"选中"状态。

实训五：对一篇文档进行审阅和修订

1. 实训目的

（1）掌握 Word 中修改用户信息的方法。

（2）掌握按照不同的用户查看修订内容的方法。

（3）熟练掌握使用审阅工具栏进行修订的方法。

（4）熟练掌握接受或拒绝修订的方法。

2. 实训内容及效果

本实训内容是对一篇文档进行审阅和修订。修订前和修订后的文档分别如图 3-81 和图 3-82 所示。

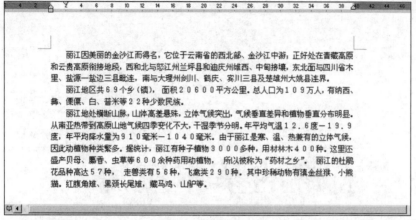

图 3-81　审阅前的文档

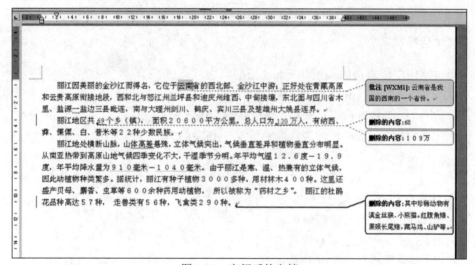

图 3-82　审阅后的文档

3．实训要求

（1）共有两个审阅者对文章进行审阅，分别是王小明和张玉，其中，王小明做的修改如下：

1）为第一段中的"云南"插入一个批注"云南省是我国的西南的一个省份"。

2）将第二段中的"68"修改为"69"。

3）将第三段中的最后一句话"其中珍稀动物有滇金丝猴、小熊猫。红腹角雉、黑颈长尾雉，藏马鸡、山驴等"删除。

审阅者张玉做的修改是将第二段中的"109"修改为"120"。

（2）分别浏览两个审阅者的修改内容（按审阅者浏览）。

（3）用户接受张玉的所有修订。

4

办公中表格的基本应用

本章教学目标：

- 了解常用电子表格的类型和 Excel 宏的概念
- 熟悉 Excel 中公式和函数的使用方法
- 掌握利用 Word 制作表格和利用 Excel 制作图表的方法
- 熟练掌握利用 Excel 创建表格和格式化工作表的方法

本章教学内容：

- 办公中的电子表格概述
- 利用 Word 制作个人求职简历表
- 利用 Excel 制作员工档案管理表
- 利用 Excel 制作公司产品销售图表
- 利用 Excel 函数实现员工工资管理
- 实训

4.1　办公中的电子表格概述

在日常办公中，经常将各种复杂的信息以表格的形式进行简明、扼要、直观的表示，例如课程表、成绩表、简历表、工资表及各种报表等。

根据对办公业务中表格使用的调查分析，办公中的电子表格可分为两大类：表格内容以文字为主的文字表格和以数据信息为主的数字表格。如表 4-1 所示。

表 4-1 电子表格的常见类型

类型	详细分类	举例
文字表格	规则文字表格	课程表、日程安排表等
	复杂文字表格	个人简历表、项目申报表等
数字表格	数据不参与运算	出货单、发货单等
	数据参与运算	学生成绩表、公司销售表等
	数据统计报表	产品出入库统计表、损益表等
	数据关联表格	由各个月份数据表格组成的年度考勤表等

利用 Office 中的 Word 或 Excel 可以完成以上各类电子表格的制作。但是，为了提高工作效率，根据不同的表格类型选择最合适的制作软件，可以起到事半功倍的效果。在选取制作软件时，有以下几点原则供参考：

（1）规则的文字表格和不参与运算的数字表格用 Word 中的"插入表格"方法，也可以直接利用 Excel 填表完成。

（2）复杂的文字表格若单元格大小悬殊，可利用 Word 的"绘制表格"方法制作。若大单元格由若干小单元格组成，也可选取 Excel 软件的"合并居中"来实现。

（3）包含大量数字且需要进行公式、函数运算的数字表格最好使用 Excel 制作。

（4）数据统计报表和数据关联表格适合使用 Excel 制作。

4.2 利用 Word 制作个人求职简历表

在办公中有很多的复杂表格，比如个人简历表、申报表、考试报名表等，通常采用 Word 中的插入表格和绘制表格两种方法混合制作实现。本节通过个人求职简历表的制作来了解复杂的文字表格的制作过程。

4.2.1 制作个人求职简历表实例

简历是一个人的"活名片"，利用简明直观的框架、清新亮丽的色彩等方式，有重点地表达个人简历有助于求职的成功。个人求职简历表效果如图 4-1 所示。

在本例中，将主要解决如下问题：

- 如何插入（绘制）表格并修改结构
- 如何输入特殊符号
- 如何设置不同的文字方向
- 如何设置表格的边框和底纹

个人求职简历表

基本资料						
姓名		性别		民族		照片
出生年月		籍贯		身高		
毕业院校		所学专业				
邮箱		电话号码				
教育经历						
最高学历		毕业时间				
英语水平	□ CET—4	□ CET—6	□ 其他：			
教育及培训经历						
工作经历						
时间			工作单位			
能力及专长						
求职意向						
应聘职位	1.		2.			
待遇要求						
职业状态	○ 全职		○ 兼职			
个人自传						

图 4-1　个人求职简历表效果图

推荐：简历模板网（http://www.jianlimoban.com）。这个网站提供了简历模板、校徽库、自荐信和求职信范文、简历和求职信书写技巧等大量内容。其中，简历模板提供了中文、英文等多种语言和 Word、PPT 等多种格式，还针对不同岗位（如导游、国贸等）、不同工作经验类型（如应届毕业生、一年工作经验等）进行区分。

同类网站：我的简历网、简历中国网

4.2.2　操作步骤

在制作个人求职简历表之前，首先要明确表格的行列布置，做到心中有数，然后再着手制作，以减少不必要的更改。本实例按建立表格框架→输入单元格内容→格式化表格的顺序进行操作，具体步骤如下：

1. 创建表格框架

（1）启动 Word 程序，新建一个名为"个人求职简历表"的文档。

（2）从效果图中可以看出，该表格大致可以分为 20 行、1 列。因此，可以先使用插入表格的方法插入一个 1×20 的表格。然后再使用绘制表格的方法进一步的细化。因此，点击"插入"选项卡→"表格"工具组→"表格"下拉按钮，在下拉列表中选择"插入表格"命令，打开如图 4-2 所示的"插入表格"对话框。在对话框中将列数设置为"1"，将行数设置为"20"，在"自动调整"操作中选择"根据窗口调整表格"，单击"确定"按钮，即可插入一个 1×20 的表格，如图 4-3 所示。

图 4-2　"插入表格"对话框　　　　　　　图 4-3　1×20 的表格

提示：在插入表格时一般会在"自动调整"操作中默认选择固定列宽，这样不管页面设置时纸张如何变化，列宽是固定不变的，本例中选择"根据窗口调整表格"，这样不管将来使用哪种纸张，表格的宽度都是充满整个页面的。

（3）调整行高。插入一个 1×20 的表格以后，选中整个表格，右击，在打开的快捷菜单中选择"表格属性"，打开"表格属性"对话框，如图 4-4 所示，选择"行"选项卡，将行高指定为 0.8 厘米。然后多次单击"下一行"按钮，将第 9 行和第 20 行设置为 3 厘米，单击"确定"，结果如图 4-5 所示。

图 4-4　在"表格属性"对话框中设置行高　　　　图 4-5　调整过行高的表格

（4）调整页边距。在"页面布局"选项卡中将"页边距"工作组中的"左"和"右"分别设置为 2.5 厘米。

（5）绘制表格。选择"设计"选项卡→"绘图边框"工具组→"绘制表格"命令，根据图 4-1 所示绘制出行、列数符合要求的表格，并对行高和列宽做适当调整。在需要合并单元格的地方进行合并单元格，这样，表格框架就制作好了，效果如图 4-6 所示。

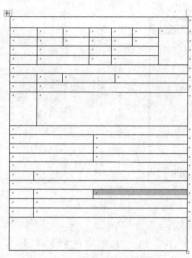

图 4-6　制作好的表格框架

2．输入表格内容

（1）完成表框架的创建后，输入如图 4-1 所示的文字及数字内容。

（2）改变文字方向。"基本资料"栏中的"照片"的文字方向是竖向的，设置的方法如下：选择该单元格，右击，在快捷菜单中选择"文字方向"，打开"文字方向"对话框，选择如图 4-7 所示的样式，确定后输入"照片"二字即可。

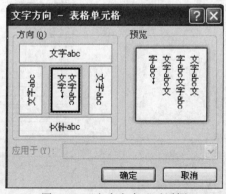

图 4-7　"文字方向"对话框

（3）在表格内输入特殊符号。将光标置于"英语水平"一行中的"CET-4"之前，选择"加载项"功能区→"菜单命令"工作组→"特殊符号"命令，在弹出的"插入特殊符号"对话框中选择"特殊符号"选项卡，如图 4-8 所示。选择"□"符号后，单击"确定"按钮，即可将"□"符号插入到"CET-4"之前。以同样的方法在"CET-6"、"其他:"项之前添加"□"符号。

在"职业状态"一行中的"全职"、"兼职"、"钟点工"项之前添加"○"符号的方法同上。

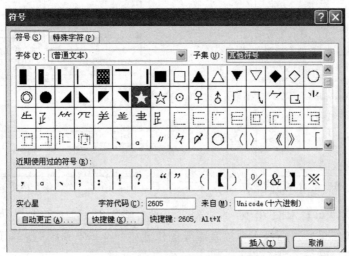

图 4-8　"插入特殊符号"对话框

3. 修饰表格

（1）设置字体。将表格中所有文字的字体设置为宋体，小四号字，并将第 1、6、10、15、19 行的文字设置为粗体。

（2）设置表格内文本对齐方式。先将所有的单元格设置为水平方向居中，垂直方向左对齐，单击表格左上角的小方块（"移动表格"控点）全选表格，右击，在弹出的快捷菜单中选择"单元格对齐方式"命令的下一级菜单，如图 4-9 所示的按钮。然后，再把个别需要在垂直和水平都居中的单元格选中，用同样的方法，设置为"中部居中"。这样设置完毕后的效果如图 4-10 所示。

（3）设置边框和底纹。本例中，设置表格外边框为黑色双线、0.5 磅，"基本资料"行下边框为黑色实线、1.5 磅，"教育经历"、"工作经历"、"求职意向"、"个人自传"行上下边框为黑色实线、1.5 磅，其余内边框为黑色实线、0.5 磅。

选中整个表格，右击出现快捷菜单，选择"边框和底纹"命令，在弹出的"边框和底纹"对话框中单击"线型"列表框右侧的下拉按钮，选择双线线型；单击"粗细"下拉按钮，选择 0.5 磅；单击"框线"按钮，选择"外侧框线"对表格外边框进行设置。使用相同的方法，可对内边框及有特殊要求的边框线进行设置。

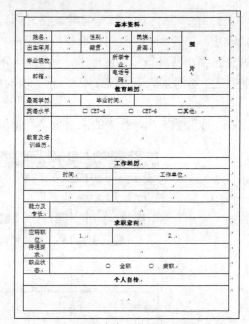

图 4-9　单元格对齐方式选择　　　　图 4-10　设置过单元格对齐方式的表格

　　边框设置好后，可对本例中"基本资料"、"教育经历"、"工作经历"、"求职意向"、"个人自传"行进行底纹设置。选择需要设置底纹的单元格，选择"开始"选项卡→"段落"工具组→"底纹"命令，将底纹颜色设置为浅灰色。

　　4.设置简历表表头

　　将光标置于表中第一行的第一个字符之前，按回车键，即可在表格之前插入一个空行。输入"个人求职简历表"，进行字体、字号的适当设置。

　　也可以先选定表格的第一行，然后执行"布局"选项卡→"合并"工具组→"拆分表格"命令，实现在表格之前插入一个空行后输入表头文字。

　　至此，效果如图 4-1 所示的一份个人简历已经制作好了，读者可根据不同专业需要、不同应聘职业要求制作各种各样的简历，也可以使用 Word 提供的个人简历模板。

4.2.3　主要知识点

　　1.表格框架的建立与编辑

　　在 Word 中建立表格框架有两种方法：插入表格和绘制表格。

　　在本例复杂表格的制作中，综合使用了两种方法。首先利用插入表格的方法制作总体框架，确定表格的行列数，然后再使用绘制表格方法进行表格的复杂制作。

　　如图 4-11 所示，修改表格框架可利用"布局"选项卡→"行和列"工具组中的插入行或列功能以及"合并"工具组中的"合并单元格"和"拆分单元格"命令进行单元格的合并与拆分，提高建立表格框架的效率。

图 4-11　表格工具中的"布局"选项卡

提示：如果希望在表格中某位置快速插入新的一行，可将光标置于该行结束标记处，按 Enter 键。如果希望在表格末尾快速添加一行，将光标移动到最后一行的最后一个单元格内，按 Tab 键，或在尾行行结束标记处按 Enter 键。

2．表格内容的输入与编辑

表格框架建立好之后，除了按要求输入文字、数字等内容之外，还可以插入符号、编号、图片、日期和时间、超链接等对象。

文本在移动和复制时，可以利用"开始"功能区中的"剪切"、"复制"、"粘贴"命令实现，也可以通过鼠标拖动的方法实现。利用鼠标拖动的方法为：如果移动文本，可将选定内容直接拖动到目标单元格；如果复制文本，则在按住 Ctrl 键的同时将选定内容拖动到目标单元格。

3．表格属性的设置

在对表格进行设置、修饰和美化时，可通过"表格属性"对话框完成各项操作。选择"布局"选项卡→"单元格大小"工具组→"属性"命令，弹出"表格属性"对话框，如图 4-12 所示。

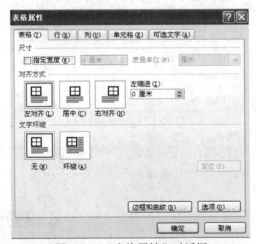

图 4-12　"表格属性"对话框

在"表格"选项卡中，可对表格进行对齐方式、文字环绕方式、边框和底纹等设置。在"行"和"列"选项卡中，可进行行高、列宽、是否允许跨页断行、是否在各页顶端以标题行形式重复出现等的设置。在"单元格"选项卡中，可设置单元格的大小，以及单元格中内容的垂直对齐方式。

4．拆分、合并表格

若要将一个表格拆分成两个表格，可先选定作为第二个表格的首行，然后执行"布局"选项卡→"合并"工具组→"拆分表格"命令即可。

若将已拆分的两个工作表合并，则将光标置于两个表格中间回车符处，按 Delete 键，合并两张工作表。

5．表格自动套用格式

如果想快速设置表格格式，可直接利用 Word 2010 中提供的多种预先设定的表格格式。

单击表格中任意一个单元格，选择"设计"选项卡→"表格样式"工具组，打开"其他"样式列表，选择符合要求的样式，如图 4-13 所示，直接套用即可。

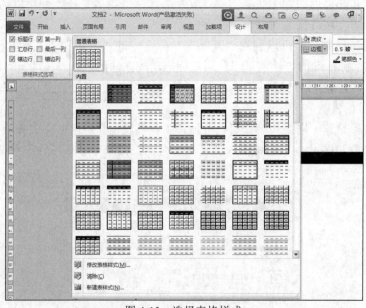

图 4-13　选择表格样式

如果所有的样式都不符合要求，还可以选择"修改表格样式"命令进行具体设置，也可以选择"新建表格样式"命令新建一个新的表格样式以备后用。

6．表格中数据计算

Word 表格中的数据可以进行简单的计算操作，如加、减、乘、除等。

（1）将鼠标放置于存放计算结果的单元格中。

（2）选择"布局"选项卡→"数据"工具组→"公式"命令，弹出"公式"对话框，如图 4-14 所示。

（3）如果"公式"文本框中提示的公式不是计算所需要的公式，则将其删除。在"粘贴函数"下拉列

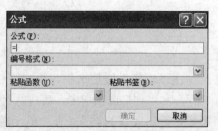

图 4-14　"公式"对话框

表中选择所需要的公式，例如求平均值，应选择"AVERAGE()"函数。

（4）在公式的括号中输入单元格地址，例如，求 A1 和 A4 单元格中数值的平均值，应建立公式"= AVERAGE(A1,A4)"。如果求 A1 到 A4 单元格中数值之和，公式为："=SUM(A1:A4)"

提示：Word 表格中单元格的表示方法是：用字母表示单元格的列数，用数字表示单元格的行数，如 C4 表示第三列第四行对应的单元格。

（5）在"编号格式"文本框中输入或选择数字格式。单击"确定"按钮，计算结果就会显示在选定的单元格中。

7. 对表格内容进行排序

（1）选择要排序的列或单元格。

（2）选择"布局"选项卡→"数据"工具组→"排序"命令，弹出"排序"对话框，如图 4-15 所示，在对话框中选择排序依据和类型，若有多个排序依据和类型，要依次选定。单击"确定"按钮即可。

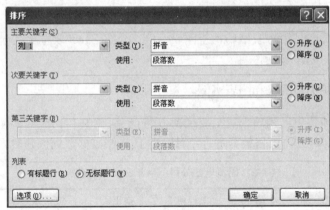

图 4-15　"排序"对话框

8. 表格与文本互转

（1）将表格转换成文本。选定要转换的表格，选择"布局"选项卡→"数据"工具组→"表格转换成文本"命令，弹出"表格转换成文本"对话框，如图 4-16 所示，选择对话框中的一种字符作为替代列边框的分隔符后，单击"确定"按钮即可。

（2）将文本转换成表格。将已经输入的文字转换成表格时，需要使用分隔符标记列的开始位置，使用段落标记标明表格的换行。具体操作方法为：在要划分列的位置处插入所需分隔符，分隔符可以为逗号、空格等；在需要表格换行处，直接输入回车键，然后选定要转换的表格，选择"插入"选项卡→"表格"下拉列表中的"文本转换成表格"命令，弹出"将文字转换成表格"对话框，如图 4-17 所示。在"文字分隔位置"栏中，选择所使用的分隔符选项，单击"确定"按钮即可实现转换。

图 4-16 "表格转换成文本"对话框

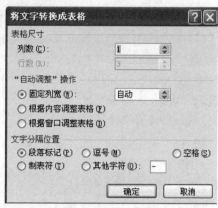

图 4-17 "将文字转换成表格"对话框

4.3 利用 Excel 制作公司产品销售表格和图表

在办公中描述数据的时候，表格往往比文字更清晰，而有时图表比表格更直观。本实例以为某公司制作公司产品销售表格和销售图表为例，介绍 Excel 表框架的建立、数据录入、格式化工作表、图表的制作等操作。

4.3.1 制作公司产品销售表格和图表实例

在本实例中，国贸电器销售公司主要经营 6 种产品，2013 年下半年各产品的销售情况如表 4-2 所示，现在要对这些销售数据进行统计，并且需要根据数据创建数据图表。

表 4-2 国贸电器公司下半年产品销售数据表

	洗衣机	冰箱	电视机	空调	笔记本电脑	数码相机
七月	82500	81000	73500	72000	76500	81000
八月	51750	58500	51750	91500	90000	91500
九月	34500	31500	34500	117000	115500	10500
十月	142500	135000	195000	22500	18000	15000
十一月	120000	133500	123000	30000	25500	30000
腊月	90000	100500	97500	54000	51000	52500

在 Excel 中，根据上面的销售数据制作一份产品销售表格，然后根据这份销售表格再制作出各种各样的图表，本实例的最终效果图如下：产品销售表格如图 4-18 所示；根据下半年的销售数据制作出的销售柱状图如图 4-19 所示；根据下半年的各产品的销售总额制作出的各产品销售额比例图如图 4-20 所示。

	洗衣机	冰箱	电视机	空调	笔记本电脑	数码相机
	国贸电器销售有限公司					
	2013年下半年产品销售表（单位：元）					
七月	82500	81000	73500	72000	76500	81000
八月	51750	58500	51750	91500	90000	91500
九月	34500	31500	34500	117000	115500	10500
十月	142500	135000	195000	22500	18000	15000
十一月	120000	133500	123000	30000	25500	30000
腊月	90000	100500	97500	54000	51000	52500
合计	￥521,250.0	￥540,000.0	￥575,250.0	￥387,000.0	￥376,500.0	￥280,500.0
平均	￥148,928.6	￥154,285.7	￥164,357.1	￥110,571.4	￥107,571.4	￥80,142.9

图 4-18　产品销售数据表格

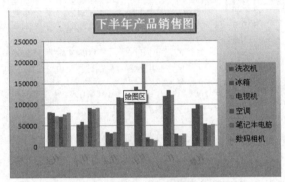

图 4-19　下半年产品的销售柱状图

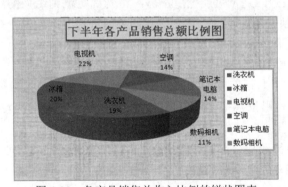

图 4-20　各产品销售总收入比例的饼状图表

本实例中，主要解决如下问题：

● 如何创建 Excel 表框架

● 如何利用输入技巧快捷地录入数据

● 如何对工作表进行格式化设置

● 如何使用函数求和、求平均数

● 如何制作图表

● 如何格式化图表

4
Chapter

4.3.2 操作步骤

1. 创建产品销售表格

（1）创建产品销售表格的框架

首先启动 Excel，在出现的 Book 1 工作簿中选择 Sheet 1 工作表双击，更名为"产品销售表"；然后按照图 4-21 所示样式建立数据表格；最后以"下半年销售统计"为名将工作簿存储在硬盘上。

	A	B	C	D	E	F	G
1		洗衣机	冰箱	电视机	空调	笔记本电脑	数码相机
2	七月	82500	81000	73500	72000	76500	81000
3	八月	51750	58500	51750	91500	90000	91500
4	九月	34500	31500	34500	117000	115500	10500
5	十月	142500	135000	195000	22500	18000	15000
6	十一月	120000	133500	123000	30000	25500	30000
7	腊月	90000	100500	97500	54000	51000	52500
8	合计						
9	平均						

图 4-21　初步创建好的表格

提示：Excel 2010 文件的扩展名为.xlsx。

（2）调整行高和列宽

初次输入后，有些列的列宽可能宽度不够，将光标定位到两列的列标中间，当光标变成"十"后，拖动鼠标到合适的宽度。或者，在两列的列标之间双击，也可以将前一列调整到最合适的宽度，以上两种方法同样可以调整字段行的行高。

（3）利用填充柄输入月份

只需在 A2 中输入"七月"即可，其他的月份可以使用 Excel 中的序列填充完成，方法如下，单击选中 A2 后，用鼠标拖动右下角的填充柄到 A7，则 A3～A7 自动填充"八月"～"腊月"。

提示：填充柄也叫拖动柄，在单元格被选中时，它出现在单元格的右下方，是 Excel 特有的工具，它的主要功能是复制和序列填充。

（4）制作表格标题

1）插入标题行。制作表格标题时，首先要在字段名前插入一行，右击第 1 行行号，在弹出的快捷菜单中选择"插入"命令，这样就会在字段名前插入一行，如图 4-22 所示。

2）合并单元格。选中 A1～G1，单击"开始"选项卡→"对齐方式"工具组→"合并后居中"按钮（即图），这样，A1～G1 就合并成了一个单元格 A1。

3）输入标题内容。将光标定位在 A1 中，先输入"国贸电器销售有限公司"，然后按 Alt+Enter 键，在单元格中换行，再输入"2013 年下半年产品销售表（单位：元）"即可，如图 4-23 所示。

	A	B	C	D	E	F	G
1							
2		洗衣机	冰箱	电视机	空调	笔记本电脑	数码相机
3	七月	82500	81000	73500	72000	76500	81000
4	八月	51750	58500	51750	91500	90000	91500
5	九月	34500	31500	34500	117000	115500	10500
6	十月	142500	135000	195000	22500	18000	15000
7	十一月	120000	133500	123000	30000	25500	30000
8	腊月	90000	100500	97500	54000	51000	52500
9	合计						
10	平均						

图 4-22　在字段名前插入一行

	A	B	C	D	E	F	G
1				国贸电器销售有限公司 2013年下半年产品销售表（单位：元）			
2		洗衣机	冰箱	电视机	空调	笔记本电脑	数码相机
3	七月	82500	81000	73500	72000	76500	81000
4	八月	51750	58500	51750	91500	90000	91500
5	九月	34500	31500	34500	117000	115500	10500
6	十月	142500	135000	195000	22500	18000	15000
7	十一月	120000	133500	123000	30000	25500	30000
8	腊月	90000	100500	97500	54000	51000	52500
9	合计						
10	平均						

图 4-23　输入标题后的销售表格

（5）利用自动求和按钮输入合计和平均数

在图 4-23 的表格中，B9～G9 和 B10～G10 的单元格中需要分别计算各种产品在下半年销售额的总数和平均值，具体操作步骤如下：

1）先将光标放在单元格 B9 上，单击"开始"选项卡→"编辑"工具组→"自动求和"按钮 **Σ ▾**，屏幕上出现求和函数 SUM 以及求和数据区域，如图 4-24 所示。观察数据区域是否正确，若不正确请重新输入数据区域修改公式。

	A	B	C	D	E	F	G
1				国贸电器销售有限公司 2013年下半年产品销售表（单位：元）			
2		洗衣机	冰箱	电视机	空调	笔记本电脑	数码相机
3	七月	82500	81000	73500	72000	76500	81000
4	八月	51750	58500	51750	91500	90000	91500
5	九月	34500	31500	34500	117000	115500	10500
6	十月	142500	135000	195000	22500	18000	15000
7	十一月	120000	133500	123000	30000	25500	30000
8	腊月	90000	100500	97500	54000	51000	52500
9	合计	=SUM(B3:B8)					
10	平均	SUM(**number1**, [number2], ...)					

图 4-24　求和后等待确定参数区域的函数

2）单击编辑栏上的"√"按钮或按 Enter 键，即确定公式，则 B9 中很快显示对应结果。

3）选中单元格 B9，利用鼠标左键拖动其填充柄一直到 G9，则可以将 B9 中的公式快速复制到 C9：G9 区域，也就是 B9：G9 区域中每一个单元格就会自动计算出对应结果。

4）求平均值的方法和上面类似，先选中 B10，选择"开始"选项卡→"编辑"工具组→

"自动求和"按钮 **Σ** ⋅ 下拉列表中的"平均值",如图 4-25 所示。结果就会在该单元格中显示求平均值函数 AVERAGE 以及求平均值的数据区域。

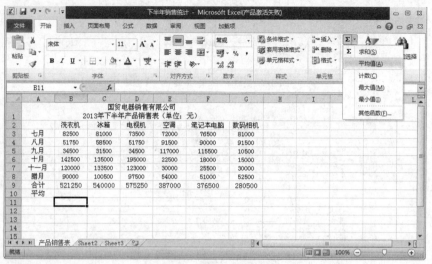

图 4-25 选择"平均值"

5)单击编辑栏上的"√"按钮或按 Enter 键即可计算出结果。同样,利用填充柄复制公式至 C10:G10 即可。结果如图 4-26 所示。

	A	B	C	D	E	F	G
1		国贸电器销售有限公司 2013年下半年产品销售表（单位：元）					
2		洗衣机	冰箱	电视机	空调	笔记本电脑	数码相机
3	七月	82500	81000	73500	72000	76500	81000
4	八月	51750	58500	51750	91500	90000	91500
5	九月	34500	31500	34500	117000	115500	10500
6	十月	142500	135000	195000	22500	18000	15000
7	十一月	120000	133500	123000	30000	25500	30000
8	腊月	90000	100500	97500	54000	51000	52500
9	合计	521250	540000	575250	387000	376500	280500
10	平均	148928.6	154285.7	164357.1	110571.4	107571.429	80142.86

图 4-26 计算出合计和平均值后的结果

（6）设置表格格式

表格中所有的数据输入完毕后,还需要对表格进行格式化设置,比如设置字体、数字格式、文字对齐方式以及表格的底纹和边框等。本例中的具体格式设置如下:

1)设置数字格式。选中单元格 B9～G10 区域,右击,在弹出的快捷菜单中选择"设置单元格格式",打开"单元格格式"对话框,选择"数字"选项卡,如图 4-27 所示,在"分类"中选择"货币","小数位数"为"1",确定后就将"合计"和"平均值"中的数据设置成了保留一位小数的货币格式。

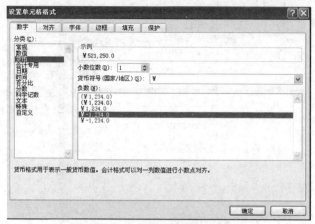

图 4-27　设置单元格的类型

2）设置对齐方式。选中整个数据区域 A2:G10，打开"单元格格式"对话框，选择"对齐"选项卡，如图 4-28 所示，将"水平对齐"和"垂直对齐"分别设置为"居中"。

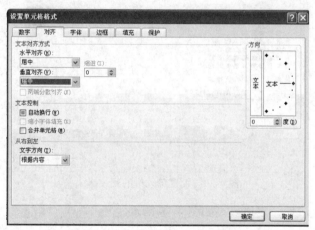

图 4-28　设置单元格的对齐格式

3）设置字体格式。首先选中标题单元格 A1，打开"单元格格式"对话框，选择"字体"选项卡，将颜色设置为蓝色，将标题中的"国贸电器销售有限公司"的字体和字号分别设置为黑体，16 号，将"2013 年下半年产品销售表"的字体和字号分别设置为楷体和 20 号，将"（单位：元）"的字体和字号分别设置为楷体和 12 号。按此方法，将数据区域 A2:G10 中的字号设置为 14 号。

4）设置边框和底纹。首先选中 A1:G10，打开"设置单元格格式"对话框，在"边框"选项卡中单击"外边框"和"内部"，如图 4-29 所示，为表格设置边框。选中 A1 单元格，在"单元格格式"对话框中选择"填充"选项卡，将单元格背景色设置为黄色，如图 4-30 所示。按照此方法，将 B2～G2，A3～A8，A9～G10 单元格区域中的背景颜色设置为不同颜色即可。

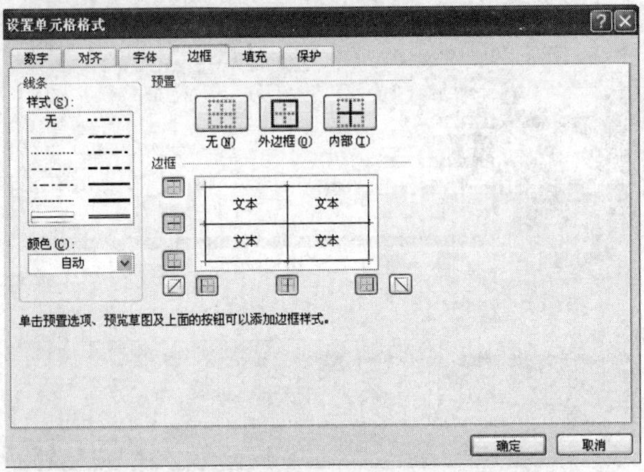

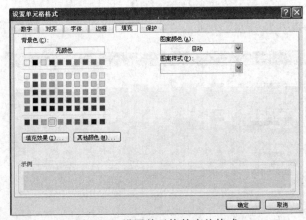

图 4-29　设置单元格的边框格式

图 4-30　设置单元格的底纹格式

以上全部设置完毕后，表格效果如图 4-18 所示。

2. 制作销售图表

将工作表中的数据制作成数据图表，有两种方法：一是将图表嵌入到原工作表中，二是将图表生成一个单独的工作表。本例中的两个图表，均是嵌入到原工作表中的，单独工作表上的图表制作方法见 4.3.3 节。

（1）制作销售柱形图

1）选择数据区域。图表来源于数据，制作数据图表前最好先选择数据区域，本例须选取 A2:G8。

提示：单元格区域的选择可采用两种方式：一是不选取数据表的行列标题。这样将来建立的图表中，每个数据系列的图示不会出现数据表的行列标题，而是用系统隐含定义的数字 1、2、3……和数据系列 1、数据系列 2、数据系列 3……代替数据和系列；二是选择包括数据表的行列标题在内的区域。这样在将来建立的图表中，每个数据系列的图示将会出现在数据表的行列标题上。一般情况下，都按第二种方式选择，本步骤采用第二种方式。

2）插入图表。点击"插入"选项卡→"图表"工具组→"柱形图"下拉按钮，在如图 4-31 所示的"二维柱形图"中选择"簇状柱形图"，即可初步插入一个柱形图，如图 4-32 所示。

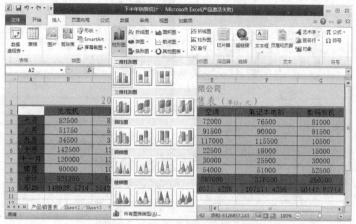

图 4-31　选择簇状柱形图

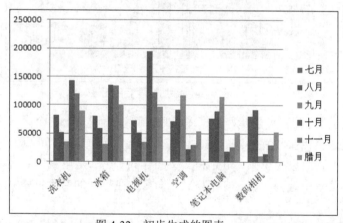

图 4-32　初步生成的图表

3）切换行/列。因为要在图例中显示产品的名称，所以要交换行和列的位置，方法如下：点击"设计"选项卡→"数据"工具组→"切换行/列"命令，即可交换图例和坐标轴中的系列名称，如图 4-33 所示。

4）添加图表标题。选择"布局"选项卡→"标签"工具组→"图表标题"下拉列表中的"图表上方"，结果就会在图表的上方插入图表标题提示框，输入文字"下半年产品销售图"，结果如图 4-34 所示。

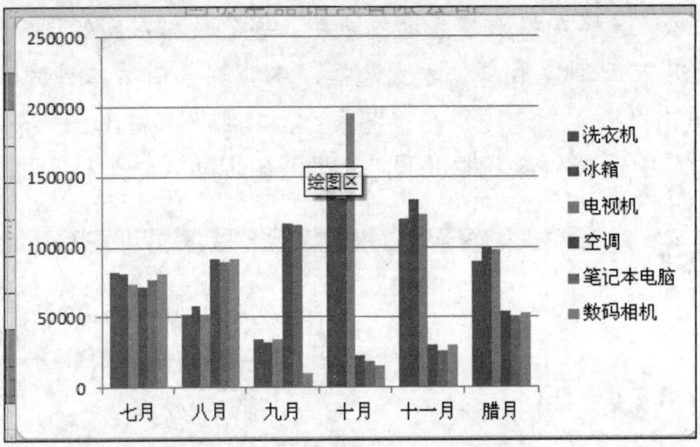

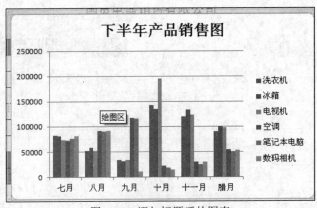

图 4-33　切换行/列后的图表

下半年产品销售图

图 4-34　添加标题后的图表

5）图表的格式化。初步创建好数据图表后，可以为图表上各个区域进行格式化设置，方法有两种：一是选择需要设置格式的对象，在"格式"选项卡→"形状样式"工具组和"艺术字样式"中分别设置对象的线条、填充和文字的样式等；二是用鼠标右键单击需要修改格式的对象，从弹出的菜单中选择"设置××格式"命令，在打开的对话框中，选择所需修改的项目进行相应修改即可。

如本例中图表标题的格式修改为：字体为 16 号，边框为红色，加粗为 2 磅，底纹为浅绿色。在图表标题上右击，在快捷菜单中选择"设置图表标题格式"命令，弹出"设置图表标题格式"对话框，如图 4-35 所示，分别设置填充、边框颜色和样式等，结果如图 4-36 所示。

和上面类似的方法，本例中其他需要修改的地方分别是：

● 图例：底纹为茶色。
● 图表区：底纹填充为渐变填充，填充的样式为"雨后初晴"。
● 横向坐标轴：字体颜色为粉红色，对齐的方式为倾斜-30 度。

按以上要求修改完图表的格式后，效果就如图 4-19 所示。

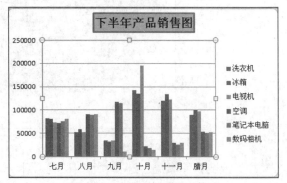

图 4-35　"设置图表标题格式"对话框　　　　图 4-36　为图表标题设置格式

提示：图表初步制作完毕后，可以重新选择数据，也可以重新选择图表的位置，还可以添加和设置某些标签。在办公实践中主要用到"标题"、"图例"两个标签，前者用来设置图表的标题、坐标轴标题等；后者需要确定图表是否带图例以及图例位置的放置。

（2）制作销售饼图

按本例要求，要根据下半年各产品的销售总额制作出销售饼图，这类图表一般要求的数据区域是不连续的，具体操作步骤如下：

1）插入三维饼图。在销售数据表中，选择产品名称所在一行的连续区域 B2:G2，按 Ctrl 键的同时，再选"合计"一行所在的连续区域 B9:G9。点击"插入"选项卡→"图表"工具组→"饼图"下拉按钮，在如图 4-37 所示的下拉列表中选择"三维饼图"，即可初步插入一个三维饼图，如图 4-38 所示。

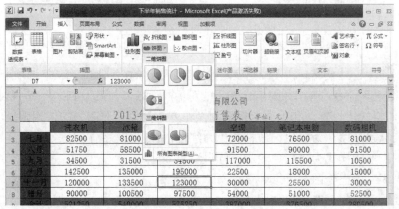

图 4-37　选择插入三维饼图

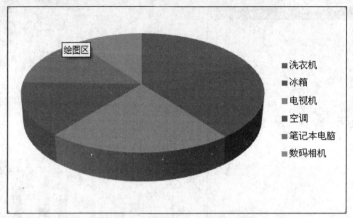

图 4-38　初步制作的三维饼图

2）改变饼图布局。选择"设计"选项卡→"图标布局"工具组→"布局 1"命令，结果如图 4-39 所示。

3）添加标题和图例标签。选择"布局"选项卡→"标签"工具组→"图表标题"命令，在下拉列表中选择"图表上方"，在标题处输入"下半年各产品销售总额比例图"；选择"布局"选项卡→"标签"工具组→"图例"下拉列表中的"在右侧显示图例"，结果如图 4-40 所示。

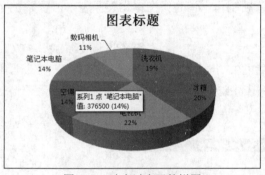

图 4-39　改变过布局的饼图

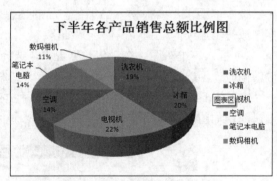

图 4-40　添加标题和图例的饼图

4）对饼图进行三维旋转。饼图的角度是可以自由变化的，选择"布局"选项卡→"背景"工具组→"三维旋转"命令，弹出如图 4-41 所示的对话框，将 X 值设为 150°，透视设置为 20°。

5）饼的格式化设置。和上面的柱形图操作方法类似，对图表的格式做如下的设置：

● 图表标题：填充为黄色，边框颜色为红色，1.5 磅，字体颜色为红色，16 号字。

● 图例：形状样式为"彩色轮廓—强调颜色 6"。

● 图表区：填充为图案"纸莎草纸"。

按以上要求设置完后，效果如图 4-20 所示。

图 4-41   设置饼图的三维旋转

4.3.3   主要知识点

1. 工作簿、工作表与单元格

工作簿是 Excel 中计算和存储数据的文件,通常所说的 Excel 文件就是工作簿文件,在 Excel 2003 和 Excel 2007 及以上版本中保存的扩展名分别为.xls 和.xlsx。

默认情况下,工作簿以"Book1"命名,工作表以"Sheet1"、"Sheet2"、"Sheet3"的命名方式加以区分。Excel 中处理的各种数据是以工作表的形式存储在工作簿文件中的。一般情况下,每个工作簿文件默认有 3 张工作表,也可通过选择"文件"→"选项"命令,在弹出的"Excel 选项"对话框的"常规"选项卡中,对"新建工作簿时"→"包含的工作表数"进行增加或减少。

工作表是一个二维表格,最多可以包含 1 048 576 行和 16 348 列,其中行是自上而下从 1 到 1 048 576 进行编号,列号则由左到右采用 A、B、C……Z,Z 列之后,使用两个字母表示,即 AA、AB、AC……AZ、BA、BB……ZZ 来表示。每一格称为一个单元格,它是存储数据的基本单位。每个单元格均由其所处的行和列来命名其单元格地址(名字),例如:C 列第 5 行的单元格地址为"C5"。

单元格是工作表的最小单位,也是 Excel 保存数据的最小单位。在工作表中单击某个单元格,该单元格边框加粗显示,表明该单元格为"活动单元格"。并且活动单元格的行号和列号也会突出显示,如果向工作表输入数据,这些数据将会被填写在活动单元格中。向单元格中输入的各种数据,可以是数字、字符串、公式,也可以是图形或声音等。

2. 插入、删除、移动和隐藏工作表

一个工作簿中可以有很多张工作表,但是默认的情况只有 3 张,如果需要插入一张新的工作表,方法如下:如图 4-42 所示,单击工作表标签区最后面的"插入工作表"按钮,即可插入一张新的工作表。

删除工作表的方法，在需要删除工作表的标签上右击，如图 4-43 所示，在弹出的菜单中选择"删除"即可将工作表删除。

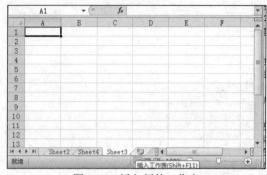

图 4-42　插入新的工作表

图 4-43　删除工作表

移动工作表：工作表的标签位置决定工作表的层次关系，如果需要移动工作表，将鼠标指针放在需要移动的工作表标签上，拖动鼠标到合适的位置即可移动工作表。

隐藏工作表：若要隐藏某个工作表，在该工作表标签上右击，在弹出的菜单中选择"隐藏"命令即可将工作表隐藏，也可以在任一工作表上右击，在弹出的菜单中选择"取消隐藏"命令来显示出隐藏的工作表。

3．工作簿与工作表的保护

对于一些重要的工作簿，为了避免其他用户恶意修改或删除源数据，可以使用 Excel 中自带的工作簿保护功能来进行保护。

（1）保护工作簿

Excel 允许对整个工作簿进行保护，这种保护分为两种方式：一种是保护工作簿的结构和窗口，另一种则是加密工作簿。

1）保护工作簿的结构和窗口。首先打开将要保护的工作簿，选择"审阅"选项卡→"更改"工具组→"保护工作簿"命令，打开"保护结构和窗口"对话框，勾选"结构"和"窗口"，在"密码（可选）"文本框中输入保护密码，如图 4-44 所示。设置完成后，单击"确定"按钮，弹出"确认密码"对话框，在"重新输入密码"

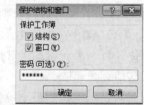

图 4-44　"保护结构和窗口"对话框

文本框中再次输入工作簿保护密码，确定后保存工作簿即设定好保护该工作簿的结构和窗口。

再次打开工作簿后，不能对工作簿的结构和窗口进行修改，即不能添加、删除工作表和改变工作表的窗口大小。

2）加密工作簿。在当前工作簿中，选择"文件"→"信息"→"保护工作簿"命令，如图 4-45 所示，在下拉列表中选择"用密码进行加密"命令，弹出如图 4-46 所示的"加密文档"

对话框。在"密码"文本框中输入保护密码，单击"确定"按钮，会弹出"确认密码"对话框，再次输入相同的密码，保存工作簿即可设置完成，当关闭工作簿再次打开时，会弹出"密码"提示框，在输入正确的密码后，才能打开工作簿。

图 4-45　用密码进行加密

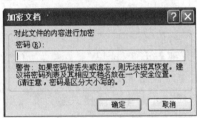

图 4-46　"加密文档"对话框

（2）保护工作表

保护工作表功能可以实现对单元格、单元格格式、插入行/列等操作的锁定，防止其他用户随意修改。打开工作表，选择"审阅"选项卡→"更改"工具组→"保护工作表"命令，打开"保护工作表"对话框，如图 4-47 所示。

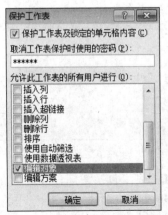

图 4-47　"保护工作表"对话框

在"取消工作表保护时使用的密码"文本框中输入工作表保护密码,在"允许此工作表的所有用户进行"列表框中根据需要勾选或取消复选框选项,单击"确定"按钮,在弹出的"确认密码"对话框中再次输入密码,单击"确定"按钮即可。

当需要撤消工作表保护时,在"审阅"选项卡→"更改"工具组→"撤消工作表保护"命令,在打开的"撤消工作表保护"对话框中输入当初设定的保护密码,单击"确定"按钮即可。

提示: 只有选择"保护工作表"后,才会变成撤消保护工作表按钮。在"保护工作表"的对话框中,可以根据自己的需要选择保护的内容和类型,确定保存后再次打开,受保护的项就会起到保护作用,不能进行编辑。

4. 行高和列宽的调整

行高和列宽的调整方法一般有三种:

(1)直接拖动行列之间的分隔线来调整。

(2)选中要调整行高和列宽的行或列,单击右键,在快捷菜单中选择"行高"或"列宽",在打开的行高或列宽的对话框中输入具体的值,如图 4-48 所示。

图 4-48　设置行高

(3)在列(行)标上的列—列(行—行)之间双击,可以将前一列(行)的列宽(行高)调整到合适的尺寸。

5. 设置单元格格式

Excel 的单元格格式包括很多项,有数字、对齐、字体、边框、填充、保护等。在单元格中右击,选择"设置单元格格式"命令,即弹出"设置单元格格式"对话框,如图 4-49 所示。

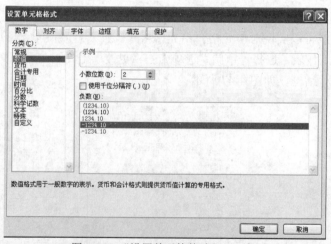

图 4-49　"设置单元格格式"对话框

(1)"数字"选项卡:Excel 提供了包括常规、数值、货币、会计专用、日期、时间、百分比、分数、科学记数、文字和特殊等很多数字类型。此外,用户还可以自定义数据格式。

其中,"数值"格式可以选择小数点的位数、是否使用千位分隔符和负数的表示方法;"货币"格式可以选择货币符号;"会计专用"格式可对一列数值设置所用的货币符号和小数点对齐方式;"分数"可以选择分母的位数;"日期"和"时间"可以设置不同的日期或时间格式;"百分比"可以将数值设置成百分比的样式,还可以设置保留的小数倍数;自定义则提供了多种数据格式。

（2）"对齐"选项卡:为单元格提供了水平对齐和垂直对齐两种常用对齐方式;还可以在"方向"中用鼠标调整任意角度的倾斜;也可以在"文本控制"中设置"自动换行"、"缩小字体填充"以及"合并单元格"等选项。

（3）"字体"选项卡:设置单元格内字体的格式,有字体、字号、大小、颜色、特殊效果等。

（4）"边框"选项卡:设置单元格的边框样式、颜色等。

（5）"填充"选项卡:设置单元格的填充颜色、效果及图案等。

6. 自动套用格式和样式

利用 Excel 提供的套用表格格式或样式功能可以快速设置表格的格式,为用户节省大量的时间,制作出优美的报表。Excel 2010 共提供了几十种不同的工作表格式,其使用步骤如下:

（1）在工作表中选择需要设置样式的单元格区域。

（2）选择"开始"选项卡→"样式"工具组→"套用表格格式"命令,在打开如图 4-50 所示的"套用表格格式"下拉列表中选择一种需要的表格样式,此时会弹出一个对话框,如图 4-51 所示,让用户选择数据区域以及标题行,确定后会套用之前选择的样式。

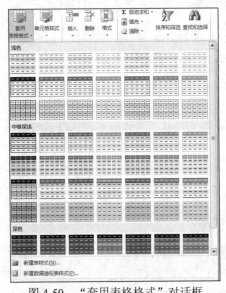

图 4-50　"套用表格格式"对话框

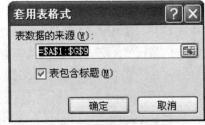

图 4-51　表数据来源

7. 图表

（1）图表类型。Excel 提供了丰富的图表功能,标准类型有柱形图、条形图、饼图等 14 种,每一种还有二维、三维、簇状、百分比图等供选择。自定义类型则有"彩色折线图"、"悬浮条形图"等 20 种。对于不同的数据表,应选择最适合的图表类型,才能使表现的数据更生动、形象。在办公实践中,使用较多的图表有柱形图、条形图、折线图、饼图、散点图 5 种。制作时,图表类型的选取最好与源数据表内容相关。比如:要制作某公司上半年各月份之间销售变化趋势,最好使用柱形图、条形图或折线图;用来表现某公司人员职称结构、年龄结构等,最好采用饼图;用来表现居民收入与上网时间关系等,最好采用 XY 散点图。

主要的图表类型及特点如下。

- 柱形图:用于描述数据随时间变化的趋势或各项数据之间的差异。
- 条形图:与柱形图相比,它强调数据的变化。
- 折线图:显示在相等时间间隔内数据的变化趋势,它强调时间的变化率。
- 面积图:强调各部分与整体间的相对大小关系。
- 饼图:显示数据系列中每项占该系列数值总和的比例关系,只能显示一个数据系列。
- XY 散点图:一般用于科学计算,显示间隔不等的数据的变化情况。
- 气泡图:是 XY 散点图的一种特殊类型,它在散点的基础上附加了数据系列。
- 圆环图:类似于饼图,也可以显示部分与整体的关系,但能表示多个数据系列。
- 股市图:用来分析说明股市的行情变化。
- 雷达图:用于显示数据系列相对于中心点以及相对于彼此数据类别间的变化。
- 曲面图:用来寻找两组数据间的最佳组合。

Excel 可以将工作表中的数据以图表的形式表示出来,可以使数据更加直观、生动,还可以帮助用户分析和比较数据。

(2)创建图表。创建图表有两种方法,一是在"插入"选项卡的"图表"工具组中选择不同图表的类型;二是利用 F11 或 Alt+F1 功能键快速制作单独的柱形图表。

(3)图表的存在形式。Excel 的图表有嵌入式图表和工作表图表两种类型。嵌入式图表与创建图表的数据源在同一张工作表中,打印时也同时打印;工作表图表是只包含图表的工作表,打印时与数据表分开打印。无论哪种图表都与创建它们的工作表数据相连接,当修改工作表数据时,图表会随之更新。

(4)图表的编辑与格式化。图表创建好之后,可根据需要对图表进行修改或对其某一部分进行格式设置。如图 4-52 显示的是数据图表中各个部分的区域划分及其名称表示。在数据图表区域,将鼠标置于任一个区域,停留一段时间,会出现区域名称的自动提示。

当创建完一个图表后,功能区会增加"设计"、"布局"和"格式"3 个选项卡,可以进行以下几个方面的设置:

- "设计"功能区:可以设置图表的布局、样式、数据的行/列切换以及图表的位置等。如本例中可以将柱状图表移动到一个单独的工作表中,方法如下:选择"设计"选项卡→"位置"工具组→"移动图表"命令,如图 4-53 所示,在弹出的对话框中选择"新工作表",在文本框中输入"单独的柱状图",确定后就会将该图表移动到一个新的工作表中,如图 4-54 所示。

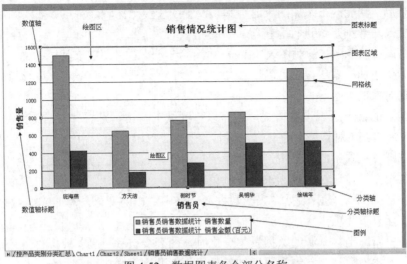

图 4-52　数据图表各个部分名称

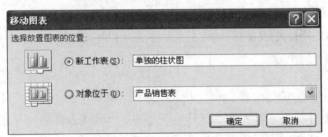

图 4-53　"移动图表"对话框

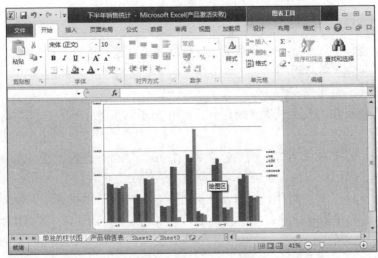

图 4-54　单独的柱状图

- "布局"功能区：添加图表的标签，设置图表的坐标轴、背景、插入图片、文本框和形状，对数据走势进行分析等。
- "格式"功能区：针对图表中的某一个区域可以详细设置该区域的格式，如边框、填充的颜色和样式等。还可以设置文本的艺术字效果，对多个对象进行组合排列，以及设置对象的大小等。

如果对图表的某个区域设置格式，还可以在区域上右击，选择"设置××格式"命令，在弹出"设置××格式"对话框中进行详细设计。例如，可以在图表中设置绘图区背景。在绘图区位置单击右键，从弹出的菜单中选择"设置绘图区格式"，在弹出的"设置绘图区格式"对话框中单击"填充"按钮，根据需求设置颜色即可。

（5）图表的更新。随着数据图表的数据源表格中数据的变化，有时需要对数据图表进行更新，主要包括以下几项内容。

- 自动更新。当数据源的数据发生变化时，图表会自动更新。
- 向图表添加数据。复制需要添加的数据，粘贴到图表中即可。
- 从图表中删除数据系列。从图表中选择数据系列，按 Delete 键即可。

4.4 利用 Excel 的函数制作员工档案工资管理表

员工档案管理和员工工资管理是单位人力资源管理中的两大重要工作，是管理人才、吸引稳定人才，激励员工的重要条件。本例中，将这两项重要工作合并成一套表格系统，在管理员工的同时，又能制作工资表和打印员工个人工资条。利用 Excel 公式和函数建立单位员工档案管理表和工资表，并利用宏代码制作出员工工资条，最后将工资条打印出来，发放给每一位员工。

4.4.1 工资管理实例

为了实现员工档案管理和工资管理的完整性，在此，建立"员工档案工资管理"工作簿。在该工作簿中，包含"主界面"、"员工档案信息表"、"计算比率及标准表"、"员工工资表"、"员工工资条"等 5 张工作表。

"主界面"用于在"员工档案工资管理"工作簿中实现各工作表之间的切换和链接。效果如图 4-55 所示。

"员工档案信息表"包括员工编号、姓名、性别、学历、身份证号、出生日期、年龄、工作时间、工龄、部门、职位、家庭住址、联系电话等主要个人信息，效果如图 4-56 所示。

根据国家计算标准发布的社会保险、住房公积金、个人所得税等计算标准，创建在工资管理中相关的计算比率表和企业内部制度规定的其他计算标准表。在"计算比率及标准表"中包含"社会保险和住房公积金表"、"单位工资标准表"、"个人应税税率表" 和"单位补贴标准表"等。效果如图 4-57 所示。

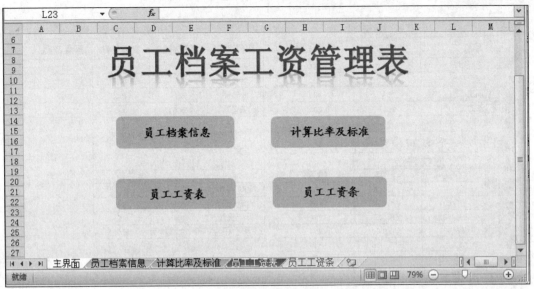

图 4-55　主界面效果图

员工档案信息表

编号	姓名	性别	学历	身份证号	出生日期	年龄	工作时间	工龄	部门	职位	家庭住址
0001	方　浩	男	中学	342604197204160537	1972年04月16日	42	1995年05月02日	19	办公室	职工	社区1栋401室
0002	邓子建	男	小学	342802197305060354	1973年05月06日	41	1996年03月12日	18	后勤部	临时工	社区1栋406室
0003	陈华伟	男	中学	342104197204260213	1972年04月26日	42	1996年02月03日	18	制造部	部门经理	社区2栋402室
0004	杨　明	男	本科	342501197509050551	1975年09月05日	39	1997年12月01日	17	销售部	职工	社区11栋308室
0005	张铁明	男	研究生	342607197803170540	1978年03月17日	36	2006年03月01日	8	销售部	部门经理	社区8栋405室
0006	谢桂芳	女	中学	342205197610160527	1976年10月16日	38	1996年08月01日	18	后勤部	职工	社区7栋302室
0007	刘济东	男	研究生	342604197506100224	1975年06月10日	39	2004年10月01日	10	后勤部	部门经理	东方园2栋407室
0008	廖时静	女	中学	342401197912120210	1979年12月12日	35	1997年06月01日	17	后勤部	临时工	华夏社区1栋503室
0009	陈　果	男	本科	342707198008160517	1980年08月16日	34	2001年03月01日	13	销售部	职工	社区4栋406室
0010	赵　丹	女	中学	343002197907250139	1979年07月25日	35	1999年04月01日	15	销售部	职工	社区2栋208室
0011	赵小麦	男	本科	382101198011080112	1980年11月08日	34	2001年03月02日	13	销售部	职工	利花园3栋801室
0012	高丽莉	女	中学	342104198110220126	1981年10月22日	33	2002年02月03日	12	办公室	职工	大华村88号

图 4-56　员工档案信息表

　　"员工工资表"主要包含员工的各类工资和补贴以及应该扣除的各种保险金和个人所得税等信息，反映了每位员工工资组成的明细。从而统计出本月员工应发工资、应扣工资和实发工资信息。效果如图 4-58 所示。

图 4-57　计算比率与标准表

图 4-58　员工工资表

　　"员工工资条"是根据"员工工资表"制作出的每位员工的个人工资条，效果如图 4-59 所示。

月份	编号	姓名	部门	职位	基本工资	岗位工资	工龄工资	住房补贴	交通补贴	医疗补贴	应发小计	应税额	养老保险	医疗保险	住房公积金	个人所得税	应扣金额	实发小计
3月	1	方浩	办公室	职工	2600	400	380	400	150	180	4110	610	208	52	208	18.3	486.3	3623.7
3月	2	邓子建	后勤部	临时工	1600	200	360	400	100	150	2810	0	128	32	128	0	288	2522
3月	3	陈华伟	制造部	部门经理	4000	600	360	360	100	120	5540	2040	320	80	320	99	819	4721
3月	4	杨明	销售部	职工	2600	400	340	500	300	200	4340	840	208	52	208	25.2	493.2	3846.8
3月	5	张铁明	销售部	部门经理	4000	600	160	500	300	200	5760	2260	320	80	320	121	841	4919
3月	6	谢桂芳	后勤部	职工	2600	400	360	400	100	150	4010	510	208	52	208	15.3	483.3	3526.7
3月	7	刘济东	后勤部	部门经理	4000	600	200	400	100	150	5450	1950	320	80	320	90	810	4640
3月	8	廖时静	后勤部	临时工	1600	200	340	400	100	150	2790	0	128	32	128	0	288	2502

图 4-59　员工工资条

在本实例中，主要解决以下问题：

- 如何利用输入技巧快捷地录入数据
- 如何设置数据的有效性
- 如何使用函数
- 如何使用关联表格
- 如何使用宏
- 如何打印工作表

4.4.2　操作步骤

1. 新建"员工档案工资管理"工作簿

（1）启动 Excel，屏幕上有默认的 Sheet1、Sheet2、Sheet3 三个工作表。添加 2 个新工作表 Sheet4、Sheet5。

（2）将五张工作表的名称依次更改为："主界面"、"员工档案信息"、"计算比率及标准"、"员工工资表"、"员工工资条"。

（3）更改工作表的标签。分别在五个工作表标签上右击，选择"工作表标签颜色"，在打开的颜色设置面板中分别设置 5 个工作表标签为 5 种不同的颜色。

（4）保存工作簿，并以"员工档案工资管理"为名存盘。

提示：添加工作表也可以一次添加多个，方法为：利用 Shift 键或 Ctrl 键选取多个工作表，再右击，选择"插入"命令，则会快速添加与选取个数一样多的工作表。

2. 制作"主界面"工作表

（1）选取"主界面"工作表。单击"视图"功能区，取消"显示"工具组中"网格线"复选框，从而取消了工作表中的网格线。

（2）选择整个工作表，利用"开始"选项卡→"填充" 按钮，设置工作表填充颜色为浅青绿色。

（3）利用插入艺术字的方法，插入艺术字标题"员工工资管理"，并进行适当的格式设置。

（4）利用插入形状在艺术字下方绘制圆角矩形，并进行填充效果、线条颜色以及图形大小设置。将绘制好的圆角矩形复制 3 个，并将它们按效果图位置放置好。操作时，可以借助"格式"选项卡→"排列"工具组→"对齐"命令来辅助完成。

在圆角矩形上右击，从弹出的快捷菜单中选择"编辑文字"，输入相应文字，在"开始"选项卡→"对齐"工具组中将文字的对齐方式设为水平居中和垂直居中，效果如图 4-31 所示。

（5）设置圆角矩形图与对应工作表的超级链接。例如：选择"员工档案信息"矩形，右击，在弹出的快捷菜单中选择"超链接"命令，打开"插入超链接"对话框，如图 4-60 所示，在"链接到"中选择"本文档中的位置"，在右面的选择框中选择"员工档案信息"工作表即可。

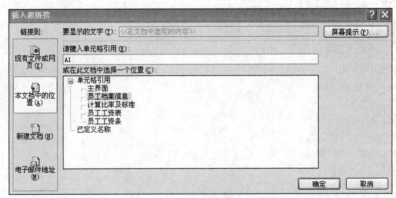

图 4-60 "插入超链接"对话框

3. 制作"员工档案信息表"工作表

（1）制作标题和字段名

首先选取"员工档案信息表"工作表，在第二行中分别输入员工档案信息表中的字段名，字段名如下：编号、姓名、性别、学历、身份证号、出生日期、年龄、工作时间、工龄、部门、职位、家庭住址、联系电话共 13 个。然后，合并单元格区域 A1:M1，在其中输入"员工档案信息表"。

（2）设置字体和对齐方式

选中合并后的 A1 单元格，设置标题文字字体格式为：宋体、24 号、红色、加粗，底纹颜色为线青绿。

选中从 A2 到 M2 的单元格，设置其字体格式为：新宋体、14 号、黑色、加粗，底纹颜色为浅黄。

选中从 A 列到 K 列，将文本对齐方式的水平对齐和垂直对齐都设置为"居中"。

（3）设置特殊单元格格式

在员工档案信息表中，有些特定的数据需要事先设置好格式，才能正确的输入，例如：编号、身份证号码、出生日期、工作时间等。

1）设置编号、身份证号码、家庭住址列单元格格式为"文本"型。

按下 Ctrl 键，同时选择编号、身份证号码、家庭住址列，打开"设置单元格格式"对话框，选择"数字"选项卡，在"分类"列表框中选择"文本"，单击"确定"按钮。

2）将"出生日期"列设置为"日期"型，"工作时间"设置为"自定义"类型中的日期型。

在"设置单元格格式"对话框中，将工作表中的"出生日期"列设置为"日期"型中的"××年×月×日"类型。如图 4-61 所示。

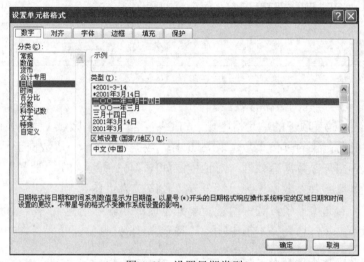

图 4-61　设置日期类型

将工作表中的"工作时间"列设置为"××××年××月××日"的日期类型，在"日期型"中找不到这种类型，这时在"分类"中选择"自定义"，在右面的类型中选择相近的"yyyy"年"m"月"d"日""，在这个类型中插入一个"m"和一个"d"，这时类型就变成了"yyyy"年"mm"月"dd"日""，如图 4-62 所示。

提示：在 Excel 中，输入的数据类型一般为常规，常规类型的意思是系统根据用户输入的数据来判断是哪种类型，如数字就默认为数值型等，因此，如果输入的数据和想得到的结果不一致的话，就需要改变单元格的类型。

（4）设置数据有效性

在信息输入之前，为了保证数据输入的正确和快捷，可以利用数据有效性来对单元格进行设置，如需要保证身份证号列中要输入 18 位的数字，还有一些字段的数据来源于一定的序列，如性别、学历、部门、职位等，可以在设置序列有效性后选择序列中的某一项，而不用一一输入了，这样既保证了正确性，也提高了效率。具体操作步骤如下：

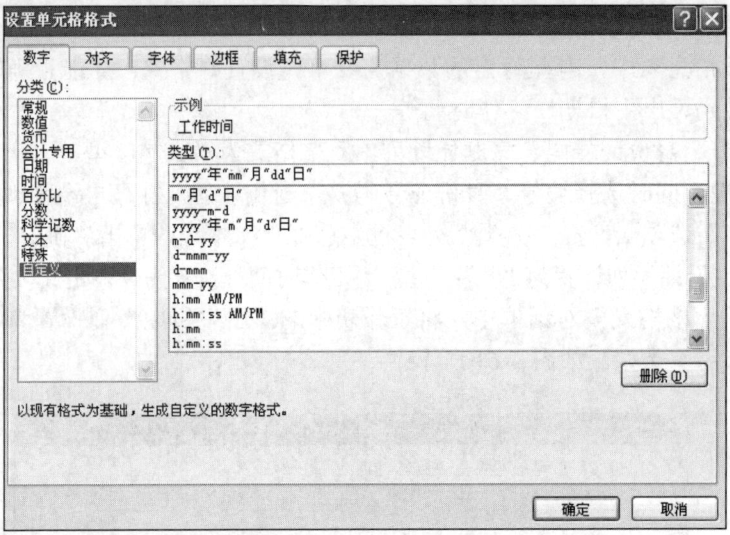

图 4-62　设置自定义类型

1）设置身份证号码列的数据有效性。

选择"身份证号码"项下的单元格区域，如 E3：E25 单元格区域（假设表中有 23 条记录，实际操作时需要根据记录的具体人数选取）。选择"数据"选项卡→"数据工具"工具组→"数据有效性"命令，打开"数据有效性"对话框。如图 4-63 所示。在"设置"选项卡中，设置"允许"为"文本长度"、"数据"为"等于"、"长度"为"18"。

在"输入信息"选项卡中，选中"选定单元格时显示输入信息"；在"标题"文本框中输入"提示："；在"输入信息"文本框中输入"请输入 18 位身份证号码！"，如图 4-64 所示。

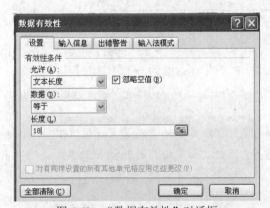

图 4-63　"数据有效性"对话框

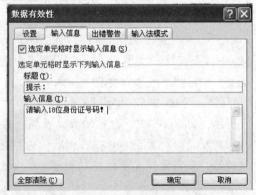

图 4-64　"输入信息"选项卡

单元格或单元格区域设置输入提示信息后，如用户选择对应单元格，系统就会出现提示信息，输入人员可以根据输入信息的提示向其中输入数据，避免数据超出范围。

在"出错警告"选项卡中，选中"输入无效数据时显示出错警告"；将"标题"设置为"身份证号码位数不对！"；将"错误信息"设置为"输入的身份证号码不是 18 位，请重新输入！"，"样式"中共有 3 个选项：停止、警告、信息，一般设置为"停止"。如图 4-65 所示。

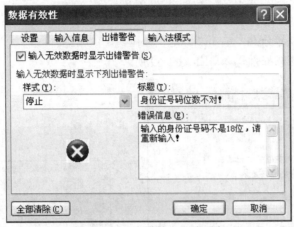

图 4-65 "出错警告"选项卡

在单元格或单元格区域设置出错警告信息后，如果用户选择对应单元格，输入超出范围的数据，系统将会发出警告声音，同时自动出现错误警告信息。

在"输入法模式"选项卡中有随意、打开和关闭（英文模式）三种输入法模式。其中选择"打开"将会使选择的单元格或区域在被选中时，自动切换为中文输入状态，"关闭"与它相反，而"随意"不受限制。本例中，将其设置为"随意"。设置完成后，单击"确定"按钮即可。

这样，当输入身份证号码时，在鼠标右下角会出现相应的提示信息，如图 4-66 所示。当输入的号码位数不正确时会出现出错警告对话框，如图 4-67 所示。

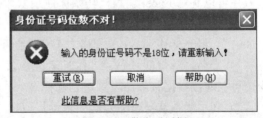

图 4-66 输入提示信息示意图　　　　图 4-67 警告对话框

提示：数据有效性的设置应该在数据输入之前，否则不会起作用。取消有效性设置的方法为：先选定相应单元格，然后打开"数据有效性"对话框，单击上面的"全部清除"按钮，最后单击"确定"按钮即可。

2）设置性别、学历、部门、职位等序列的数据有效性。

在输入员工信息前，可以先设置性别、学历、部门、职位等列的数据有效性，以备在输入信息时可以选择录入。首先设置"性别"序列的数据有效性。

选中 C3:C25 单元格区域，选择"数据"选项卡→"数据工具"工具组→"数据有效性"命令，打开"数据有效性"对话框，如图 4-68 所示。

在"设置"选项卡下的"允许"项选择"序列"，在"来源"框中输入"男,女"，序列中的各项以英文状态的逗号分隔，单击"确定"按钮。在数据输入时，其单元格右侧会出现下拉按钮，提供数据信息的选择性输入。如图 4-69 所示。

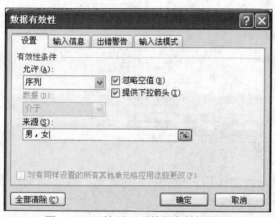

图 4-68 "性别"项数据有效性设置

图 4-69 选择性输入示意图

利用上述的方法，可设置学历（研究生、本科、中学、小学）、部门（办公室、后勤部、销售部、制造部）、职位（董事长、总经理、部门经理、职工、临时工）的数据有效性信息，进行选择性输入。

（5）输入员工档案基本信息

在完成以上设置后，可以将员工信息输入到制作的表格中。在输入信息时，为了提高工作效率可以利用 Excel 输入技巧快捷地录入数据。其中：

1）编号字段可以按序列填充方式输入。在 A3 单元格中输入第 1 位员工的编号，如："0001"。将光标移到 A3 单元格右下角，向下拖动填充柄，即可完成员工编号的快速输入。

2）姓名、身份证号码、工作时间、家庭住址需要管理员自行录入；性别、学历、部门、职位可以通过数据有效性设置进行选择录入。

3）利用函数从身份证号码中自动提取出生日期。

身份证号码与一个人的性别、出生年月、籍贯等信息是紧密相连的。按照规定，18 位身份证号码的第 7、8、9、10 位为出生年份(四位数)，第 11、12 位为出生月份，第 13、14 位代表出生日期。在 F3 单元格中输入：

=CONCATENATE(MID(E3,7,4),"年",MID(E3,11,2),"月",MID(E3,13,2),"日")

按回车键后，即可从身份证号码中提取员工出生日期。将光标移到 F3 单元格右下角，拖动填充柄复制公式，即可从员工的身份证号码中提取员工的出生日期。

说明：CONCATENATE（text1,text2…）函数的作用是将多个文本字符串合并为一个文本字符串。MID（text,d1,d2）函数的作用是从文本字符串 text 的第 d1 位开始提取 d2 个特定的字符。例如：MID（C3,7,4）表示从身份证号码的第 7 位号码开始提取 4 位号码，表示出生的"年"。最后，利用 CONCATENATE 函数对提取的号码进行组合，得到员工的出生日期。

4）利用公式和日期函数计算员工年龄和工龄。

当员工档案信息表中员工的工作时间和出生日期确定后，可通过编辑公式直接计算出员工的工龄和年龄。

将光标置于 G3 单元格中，输入"=YEAR(TODAY())-YEAR(F3)"，按 Enter 键，即可计算出第一位员工的年龄。复制公式计算出所有员工的年龄。

利用同样方法，在 I3 单元格中输入"=YEAR(TODAY())-YEAR(H3)"，进行员工工龄的计算。

5）工作表的格式化。

工作表数据输入完成后，要对工作表进行必要的格式化。利用前面介绍的知识进行工作表的设置。选中 A3:M25 区域，右击，打开"单元格格式"对话框，在"字体"选项卡中设置字体为宋体、黑色、12 号。在"对齐"选项卡中的"文本对齐方式"区域中选择水平和垂直对齐方式均为"居中"，在文本控制区域选中"缩小字体填充"。

设置表格边框的方法如下：选择 A1:M25，右击，打开"单元格格式"对话框，在"边框"选项卡中设置表格的内边框和外边框，如图 4-70 所示。设置内部框线为细线，外边框线为粗线，还可对边框线条的具体样式和颜色做进一步选择。设置完毕后，单击"确定"按钮，返回工作表，此时整个表格已添加上边框。

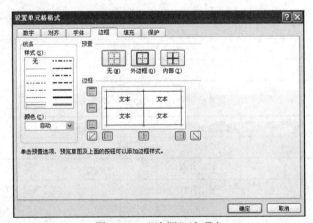

图 4-70　"边框"选项卡

提示：Excel 工作表默认的网格线并不是真正意义的表格线，仅是编辑时的参考依据，在预览与打印时均不显示出来，只有设置了边框的表格才能在打印时也有表格线。如果在编辑过程中，不想看到网格线，可以在"视图"功能区中取消勾选"网格线"复选框。

4. 创建"计算比率及标准"表

（1）选择"计算比率及标准"工作表，在该表中建立单位工资标准表、员工补贴标准表、社会保险和住房公积金表、个人应税税率表等多个表，并分别输入表 4-3 至表 4-6 所示对应的数据信息。

表 4-3　单位工资标准表

职位	基本工资	岗位工资
总经理	6000	1000
部门经理	4000	600
职工	2600	400
临时工	1600	200

表 4-4　员工补贴标准表

部门	住房补贴	交通补贴	医疗补贴
办公室	400	150	180
后勤部	400	100	150
制造部	360	100	120
销售部	500	300	200

表 4-5　社会保险及住房公积金比率表

保险种类	负担比例分配	
	单位	个人
养老保险	20%	8%
医疗保险	10%	2%
住房公积金	8%	8%

表 4-6　个人应税薪金税率表

应税薪金		税率
下限	上限	
	￥1,500	3%
￥1,501	￥4,500	10%
￥4,501	￥9,000	20%
￥9,001	￥35,000	25%
￥35,001	￥55,000	30%
￥55,001	￥80,000	35%
￥80,001		45%

（2）相关数据输入完成后，可以对单元格进行字体、对齐方式、填充、边框等设置，效果如图 4-57 所示。

5．创建员工工资表

（1）选择"员工工资表"，按照前面的方法分别输入标题和各字段名，其中标题为：员工工资表，字段名分别为：月份、编号、姓名、部门、职位、基本工资、岗位工资、工龄工资、住房补贴、交通补贴、医疗补贴、应发小计、应税额、养老保险、医疗保险、住房公积金、个人所得税、应扣金额、实发小计，对标题及字段行进行格式设置。包括合并单元格、字体、对齐方式、边框和填充设置等，设置效果如图 4-58 所示。

（2）利用公式自动获取"编号"、"姓名"、"部门"、"职位"信息。选中 B3 单元格，在公式编辑栏中输入公式"=员工档案信息!A3"，按回车键即可从"员工档案信息"表中自动提取员工的编号。拖动填充柄复制公式即可从"员工基本信息"表中自动提取其他员工的编号。

按同样方法，在 C3 单元格中输入公式"=员工档案信息!B3"，在 D3 单元格中输入公式"=员工档案信息!J3"，在 E3 单元格中输入公式"=员工基本信息!K3"，完成"姓名"、"部门"、"职位"字段信息的自动获取。

（3）根据"计算比率及标准"表中"单位工资标准表"中的工资发放标准，确定员工"基本工资"和"岗位工资"。

在 F3 单元格中输入公式"=VLOOKUP(E3,计算比率及标准!$B$3:$D$6,2,FALSE)"，按回车键，获取该员工基本工资。同样，在 G3 单元格中输入公式"=VLOOKUP(E3,计算比率及标准!$B$3:$D$6,3,FALSE)"以获取员工的岗位工资。复制公式，获得其他员工的基本工资。

提示：Vlookup 是垂直查找函数，它能根据一个查找值在一个区域中查找到匹配的记录，然后返回某一列的值。其具体用法在本节主要知识点中说明。

（4）计算员工的工龄工资。

员工的工龄工资是根据员工在单位工作时间的长短而设立的工资项。员工在单位的工龄越高，所得的工龄工资就越高。例如，每增加一年工龄，其工龄工资将增加 20 元。

在 H3 单元格中输入公式"=员工档案信息!I3*20"，按回车键即可根据员工的工龄计算出员工的工龄工资。利用公式填充功能计算出所有员工的工龄工资。

（5）根据"计算比率及标准"表中"员工补贴标准表"中的员工补贴标准，确定员工"住房补贴""交通补贴"和"医疗补贴"。

在 I3 单元格中输入公式"=VLOOKUP(D3,计算比率及标准!$F$3:$I$6,2,FALSE)"获取该员工住房补贴。同样，在 J3 单元格中输入公式"=VLOOKUP(D3,计算比率及标准!$F$3:$I$6,3,FALSE)"以获取员工的交通补贴；在 K3 单元格中输入公式"=VLOOKUP(D3,计算比率及标准!$F$3:$I$6,4,FALSE)"以获取员工的医疗补贴。复制公式，获得其他员工的基本工资。

（6）计算员工的应发小计。

在员工工资表中，应发小计为所有工资和补贴的总和，因此，在 L3 单元格中输入

"=SUM(F3:K3)"即可，复制公式，获得其他员工的应发小计。

（7）计算每位员工应扣的养老保险、医疗保险、住房公积金保险金额。

应扣各项保险金额是根据员工的基本工资，乘上国家规定的计算系数，从而得到应扣金额。在此，根据"计算比率及标准"表中"社会保险及住房公积金表"所列系数进行计算。

在 N3 单元格中输入公式"=ROUND(F3*计算比率及标准!$H$12,2)"，按回车键，即可计算出该员工养老保险金额。利用公式填充功能，可计算出其他员工的养老保险金额。

按照上述方法，在 O3 单元格中输入公式"=ROUND(F3*计算比率及标准!$H$13,2)"，可计算员工医疗保险金额；在 P3 单元格中输入公式"=ROUND(F3*计算比率及标准!$H$14,2)"，可计算员工住房公积金保险金额。

（8）计算个人所得税。

个人所得税金额=应税额*应税薪金税率。应税额=应发工资-起征点（在"员工工资表"中"应发小计"即为应发工资，根据国家规定，目前个人所得税起点征为 3500 元），应税薪金税率按"计算比率及标准"表中"个人工资应税薪金税率表"所对应比率进行计算。

因此，首先计算出"应税额"，在单元格 M3 中输入"=IF(L3<=3500,0,L3-3500)"。然后在个人所得税单元格 Q3 中输入：

=IF(M3<=1500,M3*0.03,IF(M3<=4500,45+(M3-1500)*0.1,IF(M3<=9000,345+(M3-4500)*0.2,
IF(M3<=35000,1245+(M3-9000)*0.25,IF(M3<=55000,7745+(M3-35000)*0.3,IF(M3<=80000,13745
+(M3-55000)*0.35,22495+(M3-80000)*0.45))))))

提示： 在使用 IF 函数时要注意，IF 函数多层嵌套时括号要成对出现；公式中的符号必须使用英文输入法下的符号。

（9）计算"应扣金额"和"实发小计"。

应扣金额为养老保险、医疗保险、住房公积金保险和个人所得税的总和，因此，在 R3 单元格中输入"=SUM(N3:Q3)"即可。

实发小计=应发小计-应扣金额，在 S3="=L3-R3"。复制公式，获得其他员工的应发小计。

6. 制作"员工工资条"工作表

单位在发放工资的同时，还需要制作个人工资条，打印发给每个人。制作工资条的方法很多，在本例中使用编辑宏的方法实现由工资表到工资条的转换。

（1）创建宏

选择"员工工资条"工作表，选择"视图"选项卡→"宏"→"录制宏"命令，打开"录制新宏"对话框，在"宏名"文本框中输入"salary"，在"快捷键"文本框中输入"q"，将"保存在"列表框设置为"当前工作簿"，如图 4-71 所示。

单击"确定"按钮，返回到"员工工资条"工作表，选择"视图"→"宏"→"停止录制"命令。这样就创建了一个宏。

（2）编辑宏

选择"视图"选项卡→"宏"→"查看宏"命令，打开"宏"对话框，如图 4-72 所示。

选择"salary"宏，单击"编辑"按钮，打开如图 4-73 所示的 Visual Basic 编辑器。

图 4-71 "录制新宏"对话框   图 4-72 "宏"对话框

图 4-73 Visual Basic 编辑器窗口

在编辑器中输入如下所示的命令代码。

```
Sub salary()
Dim row_1 As Integer '源表格中的行定位变量
Dim row_2 As Integer '目的表格中的行定位变量
Dim row_str As String   '源表格中的定位变量
Dim column As String   '列定位变量
Dim m As Integer    '整型变量 m，用作循环
Dim n As String    '字符型变量 n
row_1 = 3      '从源表格中的第 3 行开始
```

```
row_2 = 2              '从目的表格的第 2 行开始
Do
  row_str = LTrim(RTrim(Str(row_1)))
  If Worksheets("工资表").Range("A" & row_str) = "" Then Exit Do
  '编号为空白时不再读入
  For m = 1 To 19
    column = Chr(64 + m)     '源表格的数据从 A 列开始
    n = Worksheets("工资表").Range(column & "2")
    Worksheets("员工工资条").Range(column & row_2) = n
    n = Worksheets("工资表").Range(column & row_str)
    Worksheets("员工工资条").Range(column & row_2 + 1) = n
Next
  row_1 = row_1 + 1
  row_2 = row_2 + 3
Loop
End Sub
```

输入完成后，单击编辑器工具栏中的“视图 Microsoft Excel”按钮，完成宏的编辑。

（3）运行宏

在“员工工资条”工作表中，打开如图 4-72 所示的“宏”窗口，在窗口中选择“salary”宏后，单击“执行”按钮，即可生成工资条，如图 4-74 所示。

	A	B	C	D	E	F	G	H	I	J	K	L	M	N	O	P	Q	R	S
1																			
2	月份	编号	姓名	部门	职位	基本工资	岗位工资	工龄工资	住房补贴	交通补贴	医疗补贴	应发小计	应税额	养老保险	医疗保险	住房公积金	个人所得税	应扣金额	实发小计
3	3月	1	方 浩	办公室	职工	2600	400	380	400	150	180	4110	610	208	52	208	18.3	486.3	3623.7
4																			
5	月份	编号	姓名	部门	职位	基本工资	岗位工资	工龄工资	住房补贴	交通补贴	医疗补贴	应发小计	应税额	养老保险	医疗保险	住房公积金	个人所得税	应扣金额	实发小计
6	3月	2	邓子建	后勤部	临时工	1600	200	360	400	100	150	2810	0	128	32	128	0	288	2522
7																			
8	月份	编号	姓名	部门	职位	基本工资	岗位工资	工龄工资	住房补贴	交通补贴	医疗补贴	应发小计	应税额	养老保险	医疗保险	住房公积金	个人所得税	应扣金额	实发小计
9	3月	3	陈华伟	制造部	部门经理	4000	600	360	360	100	120	5540	2040	320	80	320	99	819	4721
10																			
11	月份	编号	姓名	部门	职位	基本工资	岗位工资	工龄工资	住房补贴	交通补贴	医疗补贴	应发小计	应税额	养老保险	医疗保险	住房公积金	个人所得税	应扣金额	实发小计
12	3月	4	杨 明	销售部	职工	2600	400	340	500	300	200	4340	840	208	52	208	25.2	493.2	3846.8
13																			
14	月份	编号	姓名	部门	职位	基本工资	岗位工资	工龄工资	住房补贴	交通补贴	医疗补贴	应发小计	应税额	养老保险	医疗保险	住房公积金	个人所得税	应扣金额	实发小计
15	3月	5	张铁明	销售部	部门经理	4000	600	160	500	300	200	5760	2260	320	80	320	121	841	4919
16																			
17	月份	编号	姓名	部门	职位	基本工资	岗位工资	工龄工资	住房补贴	交通补贴	医疗补贴	应发小计	应税额	养老保险	医疗保险	住房公积金	个人所得税	应扣金额	实发小计
18	3月	6	谢桂芳	后勤部	职工	2600	400	360	400	100	150	4010	510	208	52	208	15.3	483.3	3526.7
19																			
20	月份	编号	姓名	部门	职位	基本工资	岗位工资	工龄工资	住房补贴	交通补贴	医疗补贴	应发小计	应税额	养老保险	医疗保险	住房公积金	个人所得税	应扣金额	实发小计
21	3月	7	刘济东	后勤部	部门经理	4000	600	200	400	100	150	5450	1950	320	80	320	90	810	4640
22																			
23	月份	编号	姓名	部门	职位	基本工资	岗位工资	工龄工资	住房补贴	交通补贴	医疗补贴	应发小计	应税额	养老保险	医疗保险	住房公积金	个人所得税	应扣金额	实发小计
24	3月	8	廖时静	后勤部	临时工	1600	200	340	400	100	150	2790	0	128	32	128	0	288	2502
25																			
26	月份	编号	姓名	部门	职位	基本工资	岗位工资	工龄工资	住房补贴	交通补贴	医疗补贴	应发小计	应税额	养老保险	医疗保险	住房公积金	个人所得税	应扣金额	实发小计
27	3月	9	陈 果	销售部	职工	2600	400	260	500	300	200	4260	760	208	52	208	22.8	490.8	3769.2

主界面 员工档案信息 计算比率及标准 员工工资条

就绪 90%

图 4-74　在工作表上运行宏

（4）格式化“员工工资条”工作表

工资条生成后，某些格式并不符合要求，根据需要按照以前的方法调整单元格的格式，如编号列的数据类型、标题的颜色和底纹、对齐方式、表格的边框、列宽的调整等。进行适当的调整后，效果如图 4-59 所示。

至此，工资条制作完成，以后每月打印工资条时，只需运行一次已制作好的“Salary”宏即可。

7. 打印"员工工资条"工作表

在制作好员工工资条之后，可以将该工作表打印出来。在打印前需要对工作表进行必要的页面设置和打印预览。

选择"页面布局"选项卡→"页面设置"工具组→"纸张方向"→"横向"命令，"纸张大小"设置为"A4"，其他保留默认设置；在"页边距"选择"自定义边距"，打开"页面设置"对话框，如图 4-75 所示，"居中方式"中选"水平"。在"页眉/页脚"选项卡下，单击"自定义页眉"按钮，打开"页眉"对话框，如图 4-76 所示。在中间编辑框中输入自定义页眉"员工个人工资条"，单击"确定"按钮即可。

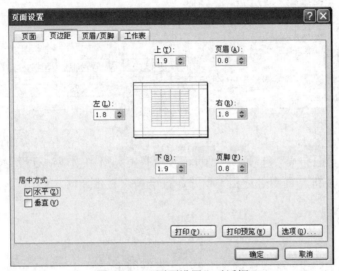

图 4-75　"页面设置"对话框

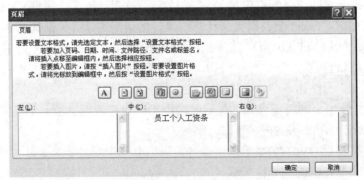

图 4-76　"页眉"对话框

在"页脚"下拉列表框中选择页脚格式为"第 1 页，共?页"，如图 4-77 所示；在"工作表"选项卡中，设置打印区域、打印标题、打印顺序等。

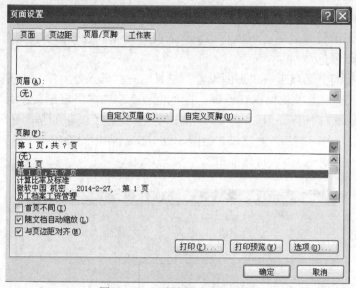

图 4-77　"页眉/页脚"选项卡

选择"文件"→"打印"命令，在打印预览窗口可以看到表格的页面设置效果，如果不太满意，可以在"页面布局"选项卡→"页面设置"工具组中重新进行设置，也可在打印窗口单击"页面设置"按钮，直接进行相关设置，直至满意为止。

4.4.3　主要知识点

1. 公式与函数

使用公式与函数是 Excel 表格区别于 Word 表格的主要特点之一。在数据报表中，计算与统计工作是必不可少的，Excel 在这方面体现了强大的功能。在单元格中输入了正确的公式或函数后，计算结果会立即在单元格中显示。如果修改了公式与函数，或工作表中与公式、函数有关的单元格数据时，Excel 会自动更新计算结果，这是手工计算无法比拟的。

在 Excel 中，公式的建立由用户根据需要自行编辑输入，方法是首先选中存放公式计算结果的单元格，在编辑栏输入"="号，再输入公式的运算符和运算对象，然后按回车键，或单击编辑栏中的"√"号按钮，即在选中单元格中显示计算结果。

函数是 Excel 预定义的内置公式，使用时可由用户直接调用。函数形式如下：

函数名（[参数 1]，[参数 2]……）

它是由函数名和括号内的参数组成，括号内可以有一个或多个参数，参数间用逗号分隔。参数可以是数据、单元格或单元格区域。

函数也可以没有参数（如 today(),now()），但函数名后面的圆括号是必需的。

Excel 中常用的函数调用方法有 4 种：

（1）选择"公式"选项卡→"函数库"工具组→"fx 插入函数"命令，弹出"插入函数"对话框，在对话框中选择所需函数，单击"确定"按钮后打开"函数参数"对话框，在对话框中确定函数参数。

（2）单击"开始"选项卡→"编辑"工具组→"自动求和" Σ ▾ 按钮右侧的下拉按钮，可进行"求和"、"平均值"、"计数"、"最大值"、"最小值"等快速运算选择。如果还需调用其他函数，则点击下拉按钮中的"其他函数"，打开"插入函数"对话框，其他操作同上。

（3）在编辑区输入"="号，在编辑栏左侧名称框内出现函数列表，从中选择相应的函数后，打开"函数参数"对话框，做进一步设置。

（4）选择"公式"选项卡→"函数库"工具组→" Σ 自动求和"命令，其他操作同（2）。

对于一些简单函数，可以像编辑公式一样，直接在单元格内输入。

2．常用函数介绍

在 Excel 中，常用的函数有 200 多个，为方便使用，在函数向导中将它们分为常用函数、日期时间函数、财务函数、信息函数、逻辑函数、查找和引用函数、数学和三角函数、统计函数、文本函数以及数据库函数共 11 类。

下面在表 4-7 中列举几个常用函数和本教材中所使用函数，当用到其他函数时，可利用函数向导来了解和学习它们的用法。

表 4-7　电子表格的常见类型

函数名	功能
SUM(A1,A2,…)	求各参数的和。A1，A2 等可以是数值或含有数值的单元格引用，至多 30 个
AVERAGE(A1,A2,…)	求各参数的平均值。A1，A2 等可以是数值或含有数值的单元格引用
MAX(A1,A2,…)	求各参数中的最大值
MIN(A1,A2,…)	求各参数中的最小值
COUNT(A1,A2,…)	求各参数中数值型参数和包含数值的单元格个数
COUNTA(A1,A2,…)	求各参数中非空单元格的个数
COUNTBLANK(A1,A2,…)	求各参数中空白单元格的个数
COUNTIF(A,B)	求参数 A 中满足指定条件 B 的单元格个数，A 可以为一个或者多个连续数据区域，B 为指定的满足条件的表达式
ROUND(A1,A2)	对数值项 A1 进行四舍五入。 其中：A2>0 表示对数值 A1 保留 A2 位小数； A2=0 表示对数值 A1 保留整数； A2<0 表示对数值 A1 从个位向左对第｜A2｜位进行四舍五入
IF(P,T,F)	其中 P 为逻辑表达式，结果为真（TRUE）或假（FALSE）。T 和 F 是表达式。若 P 为真（TRUE），则取 T 表达式的值；否则，取 F 表达式的值。IF 函数可以嵌套使用，最多可嵌套 7 层

续表

函数名	功能
TODAY()	返回当前的系统日期（以电脑自身时钟日期显示），为一个无参数函数。显示出来的日期格式，可以通过单元格格式进行设置
YEAR(A)、MONTH(A)、DAY(A)	返回日期型参数 A 中所对应的年、月、日。返回值为数值型数据
NOW()	返回当前系统的时间，为一个无参数函数
MID(S,A,B)	取子串函数，从文本字符串 S 的第 A 位开始提取 B 个特定的字符
CANCATENATE(A1,A2,A3…)	字符串合并函数，将 A1,A2,A3 等多个文本字符串合并为一个文本字符串
RANK(number,ref,order)	排序函数，指数字 number 在一组数 Ref 中进行排序。其中 number 为需要排位的数字，Ref 为包含一组数字的数组或引用，Ref 中的非数值型参数将被忽略。Order 为一数字，指明排位的方式，如果 order 为 0 或省略，将 ref 按降序排列。如果 order 不为零，将 ref 按升序排列
FREQUENCY(A,B)	频率分布函数，是一个数组函数，A 为要进行数据统计的区域，B 为统计依据所在的区域,指在数据区域 A 中按 B 区域所列条件进行频度统计分析 具体操作步骤见本教材第 5 章课后实训题

3. 相对引用与绝对引用

在使用公式或函数时，可以引用本工作表、本工作簿中单元格的数据，还可以引用其他工作表、工作簿中单元格的数据。此时，应该输入的是单元格的地址，而不是单元格中具体的值，这就是单元格的引用。引用后，公式或函数的运算值随着被引用单元格的值的变化而变化。为了提高数据计算的速度和效率，可以对单元格中的公式或函数进行复制。复制的结果与单元格的引用方式有关，常用的单元格引用有三种：

（1）相对引用

在公式或函数的复制过程中，所引用的单元格地址随着目标单元格的变化而变化。变化的规律是：在复制公式时，如果目标单元格的行（列）号增加 1，则公式中引用的单元格地址的行（列）也对应的增加 1。

例如，在员工基本工资表中，在 L3 单元格中输入公式"=SUM(F3:K3)"，按回车键，计算出该员工的工资合计额。当将该单元格中公式复制到 L4 单元格时，H4 中显示公式为：=SUM(F4:K4)。公式在复制时，列号不变，行号增加 1。

（2）绝对引用

在公式或函数的复制过程中，所引用的单元格地址不随目标单元格的变化而变化。绝对引用时，需要将被引用单元格的行号和列号前加上"$"符号，如$A$2，$B$4:$D$6 等。

例如，在员工基本工资表中，若将 L3 单元格中公式变为"=SUM($F$3:$K$3)"，当将该公式复制到 L4 时，L4 中显示结果与 L3 一致。

本实例"员工社会保险"工作表中员工"养老保险"金额在计算时，计算比率及标准值是一个固定值，因此，在引用时要采用绝对引用。

（3）混合引用

在公式引用时，根据需要单元格的行号和列号有一个为相对引用，而另外一个为绝对引用。复制公式后，相对引用的行号或列号随着目标单元格的变化而变化，而绝对引用的行号或列号不随着目标单元格的变化而变化。

例如，若在员工基本工资表中，将 L3 单元格中的公式改为"=SUM($F3:$K3)"，则当将公式复制到 L4 单元格时，公式变为"=SUM($F4:$K4)"，当将公式复制到 M3 单元格时，公式为"=SUM($F3:$K3)"。

在同一个工作表中的引用称为内部引用，而对工作表以外的单元格（包括本工作簿和其他工作簿）的引用称为外部引用。

引用同一个工作簿内不同工作表中的单元格，其格式为"工作表名！单元格地址"。例如，员工基本工资表中 A3 单元格内的公式"=员工基本信息!A3"。

引用不同工作簿中的工作表的单元格，其格式为"[工作簿名]工作表名！单元格地址"。

提示：利用 F4 功能键能够实现三种引用方式表达方法之间的快速切换。

4. 函数中跨工作表以及跨工作簿的单元格引用

在办公实践的许多情况下，有时公式中可能要用到另一工作表单元格中的数据，引用同一个工作簿内不同工作表中的单元格，其格式为[工作表名！单元格地址]。如 Sheet1 工作表 F4 的公式如果为"=(C4 +D4+E4)*Sheet2!B1"，其中"Sheet2！B1"表示工作表 Sheet2 中的 B1 单元格地址。这个公式表示计算当前工作表 Sheet1 中的 C4、D4 和 E4 单元格数据之和与 Sheet2 工作表的 B1 单元格数据的乘积，结果存入当前工作表 Sheet1 中的 F4 单元格。

函数中还可以进行跨工作簿的单元格引用，此时地址的一般形式为：

[工作簿名]工作表名！单元格地址

综上所述，跨工作簿、工作表的单元格地址引用的方法分别如下：

（1）在当前工作表中引用本工作表中的单元格，只需输入单元格的地址即可。

（2）在当前工作表中引用本工作簿中其他工作表的单元格时，需首先输入被引用的工作表名和一个感叹号"！"，然后再输入那个工作表中的单元格地址。

（3）在当前工作表中引用另外工作簿中工作表的单元格时，需要首先输入由中括号"[ ]"包围的引用的工作簿名称，然后输入被引用的工作表名称和一个感叹号"！"，最后再输入那个工作表中的单元格的地址。

5. Excel 中公式出错的处理

在 Excel 中输入计算公式或函数后，经常会因为某些错误，在单元格中显示错误信息。现将最常见的一些错误信息，以及可能发生的原因和解决方法列表如下，见表 4-8，供读者参考。

表 4-8 Excel 中错误提示信息的含义及解决办法

序号	错误类型	错误原因	解决办法
1	#####	输入到单元格中的数值太长或公式产生的结果太长，单元格容纳不下	适当增加列的宽度
2	#DIV/0!	当公式被零除时产生的错误信息	修改单元格引用，或在用作除数的单元格中输入不为零的值
3	#N/A	当在函数或公式中没有可用的数值时产生的错误信息	如果工作表中某些单元格暂时没有数值，在其中输入#N/A，公式在引用这些单元格时，将不进行数值计算，而是返回#N/A
4	#NAME?	在公式中使用了 Excel 不能识别的文本	如所需的名称没有列出，则添加相应的名称；如名称存在拼写错误，则修改错误
5	#NULL!	当试图为两个并不相交的区域指定交叉点时，将产生错误	如果要引用两个不相交的区域，使用合并运算符
6	#NUM!	当公式或函数中某些数字有问题时，将产生该错误信息	检查数字是否超出限定区域，确认函数中使用的参数类型是否正确
7	#REF!	当单元格引用无效时，将产生错误信息	更改公式，或在删除或粘贴单元格之后立即单击"撤消"按钮以恢复单元格
8	#VALUE!	使用错误参数或运算对象类型，或者自动更改公式功能不能更正公式	确认公式或函数所需的参数或运算符是否正确，并确认公式引用的单元格均有效

6. 分页和分页预览

（1）分页预览。在 Excel 的普通视图中，整张工作表没有明显的分页标记，这时可以使用分页预览。选择"视图"选项卡→"工作簿视图"→"分页预览"命令，出现分页预览视图，如图 4-78 所示，视图中蓝色粗实线表示分页情况，不同的页上显示有半透明文字"第×页"，将鼠标指针移到打印区域的边界，指针变为双向箭头时，拖拽鼠标就可以改变打印区域的大小；将鼠标指针移到分页线上，指针变为双向箭头时，拖拽鼠标可以改变分页符的位置。

（2）插入分页符。对于超过一页的工作表，系统能够自动设置分页，但有时用户希望按自己的需要对工作表进行人工分页。人工分页的方法就是在工作表中插入分页符，分页符包括垂直人工分页符和水平人工分页符。选定要开始新的一页的单元格，选择"页面布局"选项卡→"页面设置"工具组→"分隔符"下拉列表中的"插入分页符"命令，如图 4-79 所示，在该单元格的上方和左侧就会各出现一条虚线表示分页成功，如图 4-80 所示。

（3）删除分页符。要删除人工分页符时，应选定分页虚线下一行或右一列的任一单元格，选择"页面布局"选项卡→"页面设置"工具组→"分隔符"下拉列表中的"删除分页符"命令即可。如果要删除全部分页符，应选中整个工作表，然后在"分隔符"下拉列表中选择"重设所有分页符"命令即可，如图 4-81 所示。

编号	姓名	性别	学历	身份证号	出生日期	年龄	工作时间	工龄	部门	职位	家庭住址	联系电话
					员工档案信息表							
0001	方 浩	男	中学	342604197204160537	1972年04月16日	42	1995年05月02日	19	办公室	职工	社区1栋401室	13803832010
0002	邓建	男	小学	342802197305060354	1973年05月06日	41	1996年03月12日	18	后勤部	临时工	社区1栋406室	13920145678
0003	陈华伟	男	中学	342104197204260213	1972年04月26日	42	1996年02月03日	18	制造部	部门经理	社区2栋402室	13025478562
0004	杨 明	男	本科	342501197509050551	1975年09月05日	39	1997年12月01日	17	销售部	职工	社区11栋308室	13654657825
0005	张铁明	男	研究生	342607197803170540	1978年03月17日	36	2006年03月01日	8	销售部	部门经理	社区8栋405室	13123568545
0006	谢桂芳	女	中学	342205197610160527	1976年10月16日	38	1996年08月01日	18	后勤部	职工	社区7栋302室	13562456245
0007	刘济东	男	研究生	342604197506100224	1975年06月10日	39	2004年10月01日	10	后勤部	部门经理	东方园2栋407室	13456258785
0008	廖时静	女	中学	342401197912120210	1979年12月12日	17	1997年06月01日	17	后勤部	临时工	华夏社区1栋503室	13125647851
0009	陈 果	男	本科	342707198008160517	1980年08月16日	34	2001年03月01日	13	销售部	职工	社区4栋406室	13745621254
0010	赵 丹	女	中学	343002197907250139	1979年07月25日	35	1999年04月01日	15	销售部	职工	社区2栋208室	15024586526
0011	赵小麦	男	本科	382101198011080112	1980年11月08日	34	2001年03月02日	13	销售部	职工	利花园3栋801室	15235647589
0012	高丽莉	女	中学	342104198110220126	1981年10月22日	33	2002年02月03日	12	办公室	职工	大华村88号	15635865487
0013	刘小东	男	中学	342402197902180750	1979年02月18日	35	1999年01月04日	15	制造部	部门经理	社区1栋208室	18623568745

图 4-78 分页预览视图

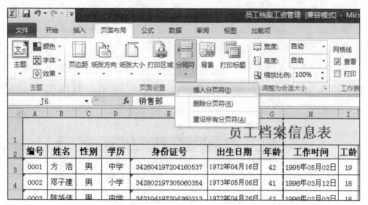

图 4-79 插入分页符

编号	姓名	性别	学历	身份证号	出生日期	年龄	工作时间	工龄	部门	职位	家庭住址	联系电话
					员工档案信息表							
0001	方 浩	男	中学	342604197204160537	1972年04月16日	42	1995年05月02日	19	办公室	职工	社区1栋401室	13803832010
0002	邓建	男	小学	342802197305060354	1973年05月06日	41	1996年03月12日	18	后勤部	临时工	社区1栋406室	13920145678
0003	陈华伟	男	中学	342104197204260213	1972年04月26日	42	1996年02月03日	18	制造部	部门经理	社区2栋402室	13025478562
0004	杨 明	男	本科	342501197509050551	1975年09月05日	39	1997年12月01日	17	销售部	职工	社区11栋308室	13654657825
0005	张铁明	男	研究生	342607197803170540	1978年03月17日	36	2006年03月01日	8	销售部	部门经理	社区8栋405室	13123568545
0006	谢桂芳	女	中学	342205197610160527	1976年10月16日	38	1996年08月01日	18	后勤部	职工	社区7栋302室	13562456245
0007	刘济东	男	研究生	342604197506100224	1975年06月10日	39	2004年10月01日	10	后勤部	部门经理	东方园2栋407室	13456258785
0008	廖时静	女	中学	342401197912120210	1979年12月12日	17	1997年06月01日	17	后勤部	临时工	华夏社区1栋503室	13125647851
0009	陈 果	男	本科	342707198008160517	1980年08月16日	34	2001年03月01日	13	销售部	职工	社区4栋406室	13745621254
0010	赵 丹	女	中学	343002197907250139	1979年07月25日	35	1999年04月01日	15	销售部	职工	社区2栋208室	15024586526
0011	赵小麦	男	本科	382101198011080112	1980年11月08日	34	2001年03月02日	13	销售部	职工	利花园3栋801室	15235647589
0012	高丽莉	女	中学	342104198110220126	1981年10月22日	33	2002年02月03日	12	办公室	职工	大华村88号	15635865487
0013	刘小东	男	中学	342402197902180750	1979年02月18日	35	1999年01月04日	15	制造部	部门经理	社区1栋208室	18623568745

图 4-80 在分页预览视图中查看分页符

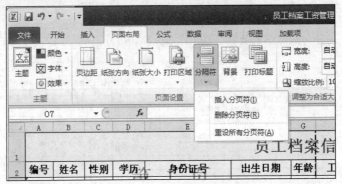

图 4-81　重设所有分页符

7. 设置顶端标题行和打印选定区域

用 Excel 分析处理数据后，如果要求在打印工作表时，每页都有表头和顶端标题行。操作步骤如下：

（1）设置顶端标题行。选择"页面布局"选项卡→"页面设置"工具组→"打印标题"命令，在打开的"页面设置"对话框中选择"工作表"选项卡，单击"顶端标题行"文本框右侧的"压缩"按钮，在工作表中选定表头和顶端标题所在的单元格区域，再单击该按钮，返回到"页面设置"对话框，如图 4-82 所示，单击"确定"按钮。打印时，即可在每页的顶端出现所选定的表头和标题行。

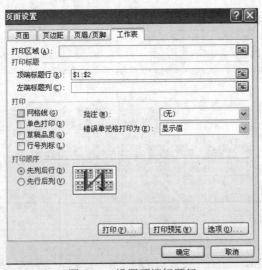

图 4-82　设置顶端标题行

（2）打印区域的选择。有两种方法，一是在工作表中选定要打印的单元格区域，选择"页面布局"选项卡→"页面设置"工具组→"打印区域"命令即可。二是打开"页面设置"对话框，在"工作表"选项卡的"打印区域"中选择需要打印的区域，确定即可。

8. 冻结窗格

在数据库表格中，由于数据记录的行数很多，向下滚动翻看时上面的标题行会显示不出来，这样会给用户造成很大的困扰，可以使用冻结窗格法使前面的标题行在记录滚动时固定不动，以本例中的员工档案信息工作表为例，若想使前两行保持不动，方法如下：

将光标定位在第三行，选择"视图"选项卡→"窗口"工具组→"冻结窗格"下拉列表中的"冻结拆分窗格"命令，如图 4-83 所示，结果就会将前两行的框架冻结，这时向下滚动时前两行的标题和字段名就会固定。

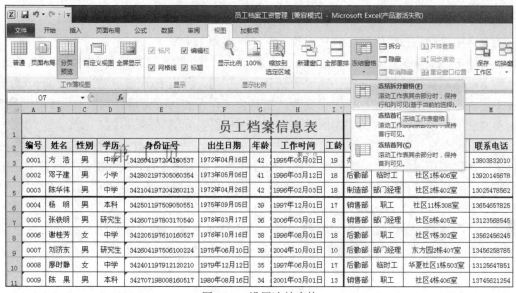

图 4-83　设置冻结窗格

如果想取消冻结窗格，则在下拉列表中选择"取消冻结拆分窗格"，如图 4-84 所示，就可将工作表恢复成冻结窗格以前的状态。

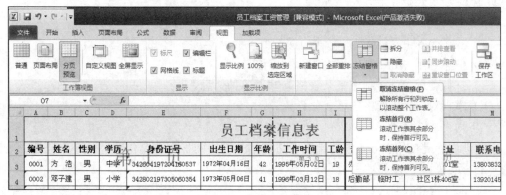

图 4-84　取消冻结窗格

本章小结

本章介绍了利用 Office 组件中 Word 文档处理软件和 Excel 电子表格制作软件实现办公中常用表格的制作。

在制作表格时，首先要了解常用表格的类型，对于规则的文字表格和不参与运算的数字表格，以及复杂的文字表格常采用 Word 软件中表格制作功能来实现。对于包含大量数字且需要进行公式、函数运算的数字表格，以及数据统计报表和数据关联表格，最好使用 Excel 制作。

利用 Word 制作表格时，要求掌握在 Word 中插入表格与绘制表格的混合使用，及在已制作好的表格中能够进行编辑和格式化设置。

在利用 Excel 制作工作表时，主要内容有建立工作表结构、调整行高列宽，为了有效地显示及输入数据，设置特殊单元格格式及数据有效性规则、利用 Excel 功能技巧性的输入数据、设置工作表边框与底纹、进行打印设置等，在制作工作表的同时还可以利用 Excel 制作图表，根据不同的情况制作出不同类型的图表，有利于数据更直观的显示。

利用 Excel 的公式与函数可以充分发挥 Excel 所具有的强大的数据处理功能，在工作表中进行快速计算来获取数据。正确地编制和使用公式，可以简化工作，大大提高工作效率。在利用公式与函数进行计算时，要充分理解并能够正确使用单元格地址的相对引用、绝对引用和混合引用。

此外，在本章中介绍了编辑宏制作工资条的方法。掌握一些宏知识也是必要的，通过编写 Visual Basic 命令代码，可以开发出一些小工具，拓展 Excel 的功能，方便工作。

实　　训

实训一　制作一张转账凭证

1. 实训目的

（1）熟悉 Word 表格的编辑操作。

（2）熟悉利用 Word 制作表格的两种方法。

（3）掌握使用 Word 制作复杂表格，输入各种信息。

（4）掌握对 Word 表格的格式化设置。

2. 实训内容及效果

本实训内容是使用 Word 中的绘制表格和插入表格两种方法制作的一张转账凭证，效果图如图 4-85 所示。

转 账 凭 证

年　　月　　日　　字　　第　　号

摘要	总账科目	明细科目	借方金额									贷方金额								
			百	十	万	千	百	十	元	角	分	百	十	万	千	百	十	元	角	分
合计																				
账务主管		记账		出纳			审核			制单										

图 4-85　转账凭证表格的效果图

3. 实训要求

（1）在页面设置中设置纸张为 A4，横向。

（2）输入表格标题内容。

（3）先插入一个五行四列的表格，然后使用"绘制表格"模拟效果图进行详细绘制。

（4）在表格中输入文字内容，输入如图 4-85 中的文字，并适当设置其单元格对齐方式。

（5）为边框加粗。按照效果图的效果对表格中的某些边框线进行加粗设置。

实训二　制作学生成绩统计表格和图表

1. 实训目的

（1）熟悉利用 Excel 创建工作表框架。

（2）掌握在 Excel 中利用输入技巧输入数据。

（3）熟练掌握对工作表进行格式化设置。

（4）熟练掌握图表的制作。

（5）熟练掌握格式化图表。

2. 实训内容及效果

本实训中首先制作一个学生成绩统计表格，再根据表格中的数据制作一个柱状图。

3. 实训要求

（1）制作一个成绩统计表格并输入相应的数据，其中"总分"列使用自动求和按钮计算。

（2）合并第一行输入标题，并将标题格式化为：16 号字，宋体，红色，底纹为线青绿。

（3）将字段名一行格式化为蓝色，字体为粗体，将整个表格的单元格对齐方式设置为水平和垂直方向均为"居中"。

（4）根据学生成绩统计表中的 B3:F7 制作一个柱状图，图表中的格式化按如下要求：

- 绘图区的填充颜色为渐变色：天蓝色向白色的渐变。
- 图表标题区的格式为：底纹为浅黄色，边框为单实线，红色，加粗。
- 坐标轴标题格式为：底纹为浅青绿，边框为黑色单实线。
- 坐标轴格式为：字体为蓝色，加粗。

实训三　制作员工档案工资管理表

1．实训目的

（1）掌握 Excel 的输入技巧以及数据有效性的设置。

（2）掌握工作表之间的关联操作。

（3）熟悉工作表中公式和函数的使用。

（4）了解宏在 Excel 中的使用。

2．实训内容及效果

（1）主界面效果如图 4-55 所示。

（2）员工档案工资管理表中各表框架效果如图 4-56～4-59 所示。

3．实训要求

（1）按照教材 4.4.2 操作步骤新建员工档案工资管理工作簿。

（2）制作各工作表框架。按下列要求进行格式设置：

● 标题行合并单元格使标题文字居中，字体为宋体、24 号，行高 40，线青绿色底纹。

● 字段名行文字居中，字体为仿宋、12 号，浅黄色底纹。

● 设置除标题行外其余单元格外边框为黑实线、1.5 磅，内边框为细实线、0.5 磅，行高为"最适合的行高"。

（3）利用公式和函数完成"员工档案基本信息"表中出生日期、年龄、工龄等字段的信息输入以及工资表中各字段的计算。

（4）按表 4-3 到表 4-6 中数据，制作并填充"计算比率及标准"表及数据信息。

（5）利用"员工工资表"制作员工个人工资条。

5

办公中的数据处理

本章教学目标：

- 熟悉 Excel 中数据的输入方法
- 掌握 Excel 中图表、数据透视表的制作方法
- 熟练掌握工作表中数据的排序、筛选和分类汇总操作

本章教学内容：

- 利用 Excel 数据库处理学生成绩
- 利用 Excel 分析企业产品销售
- 实训

5.1 利用 Excel 数据库处理学生成绩

Excel 具有强大的数据库功能，所谓"数据库"是指以一定的方式组织存储在一起的相关数据的集合。在 Excel 中，可以在工作表中建立一个数据库表格，对数据库表中的数据进行排序、筛选、分类汇总等各种数据管理和统计分析。数据库表中每一行数据被称为一条记录，每一列被称为一个字段，每一列的标题为该字段的字段名。使用 Excel 的数据库管理功能在创建 Excel 工作表时，必须遵循以下准则：

（1）避免在一张工作表中建立多个数据库表，如果工作表中还有其他数据，数据库表应与其他数据间至少留出一个空白列和一个空白行。

（2）数据库表的第一行应有字段名，字段名使用的格式应与数据表中其他数据有所区别。

（3）字段名必须唯一，且数据库表中的同一列数据类型必须相同。

（4）任意两行的内容不能完全相同，单元格内容不要以空格开头。

本节介绍利用 Excel 数据库管理功能实现对学生成绩的管理。

5.1.1　学生成绩处理实例

在学校的教学工作中，对学生的成绩进行统计分析是一项非常重要的工作。利用 Excel 强大的数据处理功能，可以迅速完成对学生成绩的处理。本实例要求对学生的期末成绩作如下处理：

（1）制作本学期成绩综合评定表。在综合评定表中包含学生的各科成绩、综合评定、综合名次、奖学金等。效果如图 5-1 所示。

学号	姓名	性别	英语	数学	计算机	写作	邓论	体育	音乐	操行分	综合评定分	综合名次	奖学金
\multicolumn{14}{c}{2013级××××班学生期末成绩综合评定表}
2013020101	张新欣	女	90	85	88	98	86	89	82	23	93.55	2	二等奖
2013020102	王晓彤	女	85	47	80	78	85	80	87	23	88.85	9	
2013020103	张少彬	男	78	99	54	75	85	75	78	16	74.95	34	
2013020104	陈宝强	男	78	98	75	98	65	98	70	21	85.40	17	
2013020105	宁洲博	男	96	85	85	86	87	89	60	28	92.05	4	三等奖
2013020106	杨 伟	男	87	80	68	58	65	85	75	21	77.40	33	
2013020107	张玲玲	女	80	86	80	80	82	81	83	21	86.05	16	
2013020108	黄迎春	女	56	87	75	82	94	68	65	24	84.85	18	
2013020110	赵晓晓	女	75	76	87	87	82	86	86	28	96.50	1	一等奖
2013020111	吕玲玲	女	85	76	80	91	85	87	82	18	86.60	14	
2013020112	李 丽	女	68	78	69	97	86	76	68	26	88.80	10	
2013020113	叶 兰	女	75	68	84	86	82	65	82	22	87.95	12	
2013020114	赵鑫丹	女	80	84	82	83	87	80	82	27	93.20	3	二等奖
2013020115	孙静远	女	98	62	93	91	67	98	67	23	88.75	11	
2013020116	梁 靓	女	87	86	84	90	85	83	81	19	86.50	15	
2013020117	王 科	男	85	86	75	86	28	86	78	18	74.85	35	
2013020118	杨延雷	男	69	68	76	87	81	86	78	27	91.20	6	三等奖

图 5-1　成绩综合评定表

（2）筛选出优秀学生名单和不及格学生名单。效果如图 5-2、5-3 所示。

英语	数学	计算机	写作	邓论	体育	音乐	综合名次						
>=80	>=80	>=80	>=80	>=80	>=80	>=80							
							<=3						
学号	姓名	性别	英语	数学	计算机	写作	邓论	体育	音乐	操行分	综合评定分	综合名次	奖学金
2013020101	张新欣	女	90	85	88	98	86	89	82	23	93.55	2	二等奖
2013020107	张玲玲	女	80	86	80	80	82	81	83	21	86.05	16	
2013020110	赵晓晓	女	75	76	87	87	82	86	86	28	96.50	1	一等奖
2013020114	赵鑫丹	女	80	84	82	83	87	80	82	27	93.20	3	二等奖
2013020116	梁 靓	女	87	86	84	90	85	83	81	19	86.50	15	

图 5-2　优秀学生筛选表

（3）单科成绩统计分析。统计单科成绩的最高分、最低分、各分数段人数与比例等，效果如图 5-4 所示。

（4）单科成绩统计图。以饼图的形式直观地显示各门课程 90 分以上人数的比例。效果如图 5-5 所示。

英语	数学	计算机	写作	邓论	体育	音乐
<60						
	<60					
		<60				
			<60			
				<60		
					<60	
						<60

学号	姓名	性别	英语	数学	计算机	写作	邓论	体育	音乐	操行分	综合评定分	综合名次	奖学金
2013020102	王晓彤	女	85	47	80	78	85	80	87	23	88.85	9	
2013020103	张少彬	男	78	99	54	75	85	75	78	16	74.95	34	
2013020106	杨 伟	男	87	80	68	58	65	85	75	21	77.40	33	
2013020108	黄迎春	女	56	87	75	82	94	68	65	24	84.85	18	
2013020117	王 科	男	85	86	75	86	22	86	78	18	74.85	35	
2013020120	孟 倩	女	82	69	72	46	60	86	68	19	72.20	36	
2013020122	马 亮	男	84	86	79	57	76	61	76	26	82.15	22	
2013020124	樊美克	男	76	81	86	68	48	67	78	23	78.95	28	
2013020127	毛鹏飞	男	78	28	78	81	86	90~	75	16	81.25	23	
2013020128	张 飞	男	79	76	69	73	82	86	59	26	84.30	19	
2013020131	刘化强	男	76	81	86	68	48	67	78	23	78.95	28	
2013020134	陈克明	男	79	76	69	73	82	86	59	26	84.30	19	

图 5-3　不及格学生筛选表

单科成绩统计分析

	英语	数学	计算机	写作	邓论	体育	音乐
应考人数	36	36	36	36	36	36	36
最高分	98	99	98	98	94	98	92
最低分	56	28	54	46	28	61	59
90分以上人数	6	2	3	7	3	7	2
比例	16.67%	5.56%	8.33%	19.44%	8.33%	19.44%	5.56%
80~90分人数	12	18	11	12	23	16	9
比例	33.33%	50.00%	30.56%	33.33%	63.89%	44.44%	25.00%
70~80分人数	15	7	13	8	3	2	15
比例	41.67%	19.44%	36.11%	22.22%	8.33%	5.56%	41.67%
60~70分人数	2	7	8	6	4	11	8
比例	5.56%	19.44%	22.22%	16.67%	11.11%	30.56%	22.22%
60分以下人数	1	2	1	3	3	0	2
比例	2.78%	5.56%	2.78%	8.33%	8.33%	0.00%	5.56%

图 5-4　单科成绩分析表

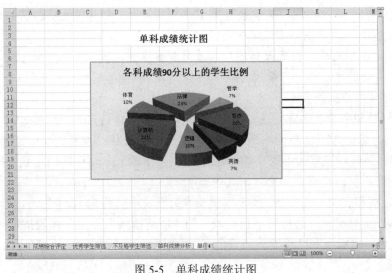

图 5-5　单科成绩统计图

5
Chapter

177

实例制作要求：

（1）为了便于在屏幕上查看，需要将数据表格中单元格文字、数字的格式（字体、边框、底纹等）进行适当处理。

（2）为了保障数据准确，各类原始成绩数据输入前要进行数据有效性设置。

（3）为了直观显示优秀和不及格学生的考试成绩，利用数据的条件格式化对高于 90 分和低于 60 分的成绩采用不同字体颜色显示。

（4）名次和奖学金以及单科成绩分析中的数据需要使用公示和函数进行计算得出。

（5）为了输入优秀学生和不及学生的名单，使用高级筛选将符合条件的名单显示出来。

在本例中，将主要解决如下问题：

● 如何利用数据的有效性输入数据。

● 如何利用公式和函数对数据进行计算、统计和分析。

● 如何实现数据的自动筛选和高级筛选。

5.1.2 操作步骤

1. 新建"学生成绩处理"工作簿

启动 Excel，插入两张新的工作表，将五个工作表的名称依次更改为："成绩综合评定"、"优秀学生筛选"、"不及格学生筛选"、"单科成绩分析"、"单科成绩统计图"。工作表命名结束后，以"学生成绩处理"为名保存工作簿。

2. 制作"成绩综合评定"表

（1）制作标题和字段名

在"学生成绩处理"工作簿中选择"成绩综合评定"表，在 A2:N2 单元格区域中依次输入各个字段标题（分别为学号、姓名、性别、英语、数学、计算机、写作、邓论、体育、音乐、操行分、综合评定、综合名次、奖学金等共 16 个），然后，合并单元格区域 A1:N1 并输入标题"2013 级×××班学生期末成绩综合评定表"。

提示：在输入标题时，由于开始不知道表格有多少列，因此一般先输入字段名，再根据字段名的列数来合并单元格进行输入标题。

（2）表框架的格式设置

1）设置标题和字段名格式。选定 A1 单元格，设置字体格式为：宋体、20 号、加粗、红色；行高为 40。选定 A2:N2 单元格区域，将字体格式设置为：14 号、加粗。为了区分考试课与考查课，将相关课程设置为不同字体：英语、数字、计算机、写作四门考试课用黑体、蓝色；邓论、体育、音乐三门考查课用楷体、红色。

2）设置边框和底纹。选中 A2:N38 区域（本例假设班里有 36 名学生），选择"开始"选项卡→"字体"工具组→"边框"下拉列表中的"所有框线"，为工作表指定区域设置边框。选中标题单元格，将标题底纹设置为浅黄色；选中字段名单元格区域，将字段项底纹设置为浅蓝色。

3）设置所有单元格内容垂直方向和水平方向居中对齐。

制作效果如图 5-1 所示。

（3）为"学号"设置特殊单元格格式

在该表中的"学号"字段，需要设置特殊的数字类型，选择该列，右击，在弹出的菜单中选择"设置单元格格式"命令，弹出"设置单元格格式"对话框，如图 5-6 所示，选择"数字"选项卡，在"分类"列表框中选择"文本"，单击"确定"按钮。此时就可以顺利输入学号了。

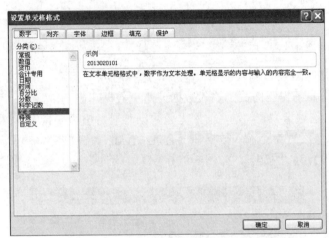

图 5-6　"设置单元格格式"对话框

提示： 在 Excel 中，输入的数据类型一般为常规，常规类型的意思是系统根据用户输入的数据来判断是哪种类型，如数字默认为数值型等。因此，如果输入的数据和希望得到的结果不一致，就需要改变单元格的类型。

（4）设置数据有效性

在信息输入之前，为了保证数据输入的正确和快捷，可以利用数据的有效性来对单元格进行设置，如需要保证 7 门成绩中能输入 0～100 之间的数字，还有一些字段的数据来源于一定的序列，如性别，可以在设置序列有效性后选择序列中的某一项，而不用一一输入，这样既保证了正确性，又提高了效率。本例中，各门课程对应的成绩范围应在数字 0～100 之间，性别设置范围为"男，女"。具体操作步骤如下：

1）设置各科成绩的数据有效性。选择单元格区域 D3:J38，选择"数据"选项卡→"数据工具"工具组→"数据有效性"命令，打开"数据有效性"对话框。如图 5-7 所示。在"设置"选项卡中设置"允许"为"小数"、"数据"为"介于"、"最小值"为"0"、"最大值"为"100"。

在"输入信息"选项卡中，勾选"选定单元格时显示输入信息"；在"标题"文本框中输入"输入成绩"；在"输入信息"文本框中输入"请输入对应课程成绩（0～100 之间）"，如图 5-8 所示。

5
Chapter

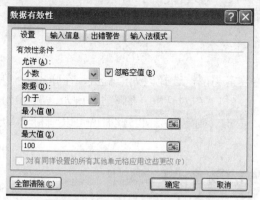

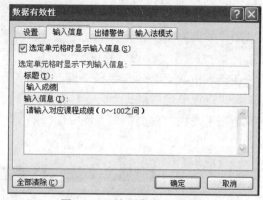

图 5-7 "数据有效性"对话框

图 5-8 "输入信息"选项卡

单元格或单元格区域设置输入提示信息后，选择对应单元格，系统就会出现提示信息，用户可以根据输入信息的提示向其中输入数据，避免数据超出范围。

在"出错警告"选项卡中，勾选"输入无效数据时显示出错警告"；将"标题"设置为"出错"；将"错误信息"设置为"输入数据超出合理的范围"，"样式"中共有 3 个选项：停止、警告、信息，通常设置为"停止"，如图 5-9 所示。

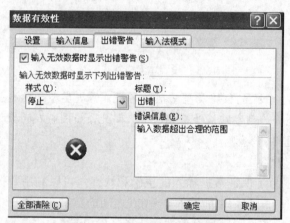

图 5-9 "出错警告"选项卡

在单元格或单元格区域设置出错警告信息后，选择对应单元格，输入超出范围的数据，系统将会发出警告声音，同时自动出现错误警告信息。

"输入法模式"选项卡中有随意、打开和关闭（英文模式）3 种输入法模式。选择"打开"将会使选择的单元格或区域被选中时，自动切换为中文输入状态；"关闭"与它相反，而"随意"不受限制。本例中，将其设置为"随意"。设置完成后，单击"确定"按钮即可。

这样，当输入各科成绩时，在单元格右下角会出现相应的提示信息，如图 5-10 所示。当输入的数据不正确时会出现"出错"对话框，如图 5-11 所示。

学号	姓名	性别	英语	数学	计算机
2013020101	张新欣	女			
2013020102	王晓彤	女			
2013020103	张少彬	男			
2013020104	陈宝强	男			
2013020105	宁渊博	男			
2013020106	杨 伟	男			

图 5-10　输入提示信息示意图

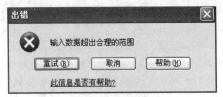

图 5-11　"出错"对话框

2）设置性别的序列有效性。方法同上，在"数据有效性"对话框的"设置"选项卡中"允许"为"序列"、"来源"为"男,女"，如图 5-12 所示。注意此时序列项之间的逗号为英文输入法下的逗号。确定后，即可为单元格设置序列有效性，输入时就可以直接选择，如图 5-13 所示。

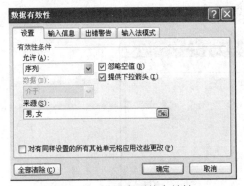

图 5-12　设置序列的有效性

	A	B	C	D	E
1					2013级
2	学号	姓名	性别	英语	数学
3	2013020101	张新欣		90	85
4	2013020102	王晓彤	男女	85	47
5	2013020103	张少彬		78	99
6	2013020104	陈宝强		78	98
7	2013020105	宁渊博		96	85
8	2013020106	杨 伟		87	80

图 5-13　选择序列项

提示：数据有效性的设置应该在数据输入之前，否则不会起作用。取消有效性设置的方法为：先选定相应单元格，然后打开"数据有效性"对话框，单击"全部清除"按钮，最后单击"确定"按钮即可。

（5）利用条件格式化设置单元格内容显示格式

设置输入成绩显示格式，为了突出显示满足一定条件的数据，本例中将 95 分以上（优秀成绩）单元格数字设置为蓝色粗体效果，低于 60 分（不及格）单元格数字设置为红色斜体效果。操作步骤如下：

1）设置 60 分以下的条件格式。选中 D3:J38 单元格区域，点击"开始"选项卡→"样式"工具组→"条件格式"命令，在下拉列表中选择"突出显示单元格规则"中的"其他规则"，如图 5-14 所示，弹出"新建格式规则"对话框，如图 5-15 所示，设置为"小于"、"60"，单击"格式"按钮，在弹出的对话框中将字体格式设置为"红色"、"加粗，倾斜"，确定后选中区域中符合条件的数据就会更改为设置过的格式。

2）设置 95 分以下的条件格式。方法同上步，不同的是设置条件为"大于或等于"、"95"，格式为"蓝色"、"加粗"，确定后成绩区域就有两种数据的条件格式。

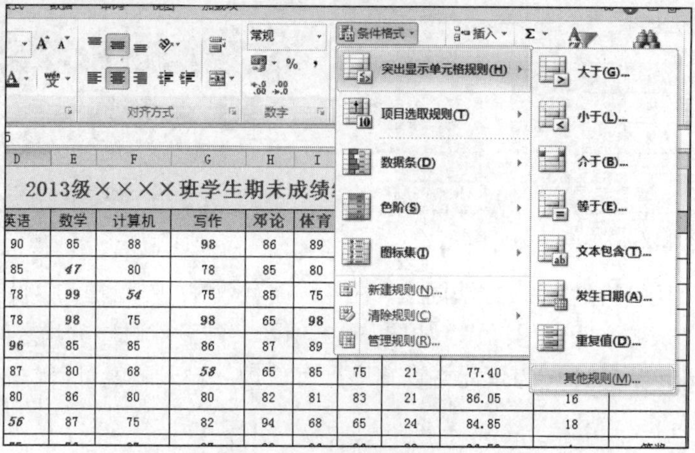

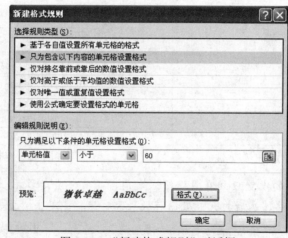

图 5-14　设置条件格式

图 5-15　"新建格式规则"对话框

3）删除条件格式。选择"开始"选项卡→"样式"工具组→"条件格式"下拉列表中的"清除规则"命令，此时可以根据需要选择"清除所选单元格的规则"或"清除整个工作表的规则"来删除条件格式。

提示： 同一区域可多次设置条件格式，对于设置好条件格式的单元格，在数据输入之前，表面上没有任何变化，但当输入数据后，数字的字体格式会自动按照设定样式进行改变，并且会随着内容的变化自动调整格式。

（6）数据输入

完成各项设置后，即可进行数据信息的输入。本例中数据输入是指学生基本信息（学号、姓名、性别）和原始数据（7 门考试、考查课成绩以及操行分）的录入，其他列的内容都需要使用公式和函数计算。在本例中，数据可以直接输入，即逐个字段输入数据。此时，单元格的有效性设置、条件格式等都将发挥作用。同时，可以充分利用 Excel 的序列填充等技巧加快数据输入速度。但要注意输入时必须与课程列对应。

（7）利用公式计算综合评定、综合名次、奖学金等字段值

1）计算综合评定成绩。综合评定成绩计算方法是：四门考试课平均分×60%＋三门考查课成绩平均分×20%＋操行分。此处需要使用 AVERAGE 函数。操作方法为：先选择 L3，在编辑栏中输入公式"=AVERAGE(D3:G3)*0.6+AVERAGE(H3:J3)*0.2+K3"。拖动填充柄复制得到每个学生的综合评定分数。

计算出评定分后还要设置其保留位数为 2 位的数值，方法如下：选择 L3:L38，打开"设置单元格格式"对话框，在"数字"选项卡中将"分类"设为"数值"，"小数位数"设为"2位"，确定即可将该区域中的数字全部设置为保留 2 位小数的数值。

2）排列综合名次。排列综合名次需要使用 Rank 函数。先选择 M3 单元格，在编辑栏中输入公式"=RANK(L3,$L$3:$L$38)"。拖动填充柄复制得到每个学生的综合名次。

提示：RANK 函数是专门进行排名次的函数，L3 为评定分所在单元格，$L$3:$L$38 为所有人总分单元格区域，第三个参数缺省则排名按降序排列，也就是分数高者名次靠前，与实际相符。需要注意的是$L$3:$L$38 采用绝对引用，主要是为了保证将来公式复制的结果正确——不管哪个人排列名次，都是利用其总分单元格在$L$3:$L$38 中排名，所以公式中前者为相对引用，而后者必须绝对引用。

3）确定奖学金等级。奖学金的评定方法为：一等奖 1 名，二等奖 2 名，三等奖 3 名。则在 N3 单元格中的公式为如下内容："=IF(M3<=1,"一等奖",IF(M3<=3,"二等奖",IF(M3<=6,"三等奖","")))"。

其中：IF 函数用来进行条件判断，因为共有 4 种情况，所以 IF 函数嵌套了 3 层。公式最后的""表示为空，即没有获奖学金学生对应单元格为空。

提示：在使用 IF 函数时，IF 函数多层嵌套时括号要成对出现；公式中的符号必须使用英文输入法下的符号。

（8）排列名次

将鼠标置于"综合名次"列中任意一个单元格，单击"数据"选项卡→"排序和筛选"工作组中的升序按钮，即可实现在学生成绩评定表中按名次升序排列。

3. 利用高级筛选制作"优秀学生筛选"表和"不及格学生筛选"表

下面以筛选优秀学生为例，说明高级筛选的操作。优秀学生的评定标准为：考试课和考查课各科成绩均在 80 分以上，或者综合名次在前 3 名以内。

操作时首先需要设置筛选条件，为此最好插入一个工作表，在其中单独设置筛选条件，以便在此表放置筛选出的结果。操作步骤如下：

（1）打开"优秀学生筛选"工作表，然后按照如图 5-16 所示，在 A1:H3 区域内设置筛选条件。

	A	B	C	D	E	F	G	H
1	英语	数学	计算机	写作	邓论	体育	音乐	综合名次
2	>=80	>=80	>=80	>=80	>=80	>=80	>=80	
3								<=3

图 5-16　设置条件区域

在设置筛选条件时，字段行最好能够从原表中复制得到。每个字段的条件若处于同一行中，则各条件间是逻辑"与"的关系，即必须同时满足条件的记录才被筛选出来；若处于不同行中，属于逻辑"或"关系，即只要一个条件成立就符合筛选要求。

（2）单击"优秀学生筛选"工作表中的任一单元格。选择"数据"选项卡→"筛选"工具组→"高级"命令，弹出"高级筛选"对话框。

在"方式"选项区域选中"将筛选结果复制到其他位置"，单击"列表区域"文本框，选择数据区域"成绩综合评定! $A$2: $P$38"；单击"条件区域"文本框，选择筛选条件的区域"优秀学生筛选!$A$1:$H$3"；单击"复制到"文本框，选择将结果复制到的区域的左上角单元格，本例选择"优秀学生筛选!$A$6"。单击"确定"按钮，如图 5-17 所示。

（3）对于不及格学生筛选表的制作来讲，主要是不及格学生筛选条件的建立。如图 5-18 所示为筛选不及格学生时条件区域的设置，读者可自行分析各条件之间的逻辑关系。不及格学生筛选结果如图 5-3 所示。

图 5-17　"高级筛选"对话框

	A	B	C	D	E	F	G
1	英语	数学	计算机	写作	邓论	体育	音乐
2	<60						
3		<60					
4			<60				
5				<60			
6					<60		
7						<60	
8							<60

图 5-18　不及格学生筛选条件

4. 建立"单科成绩分析"表

在"单科成绩分析"表中按效果图 5-4 所示创建表框架。利用公式和函数进行各项计算。

（1）在 B 列分别输入下列公式：

B3 中公式为"=COUNTA(成绩综合评定!$A$3:$A$38)"；

B4 中公式为"=MAX(成绩综合评定!D3:D38)"；

B5 中公式为"=MIN(成绩综合评定!D3:D38)"；

B6 中公式为"=COUNTIF(成绩综合评定!D3:D38,">=90")"；

B7 中公式为"=B6/B3"；

B8 中公式为"=COUNTIF(成绩综合评定!D3:D38,">=80")-B6"；

B9 中公式为"=B8/B3"；

B10 中公式为"=COUNTIF(成绩综合评定!D3:D38,">=70")-B6-B8"；

B11 中公式为 "=B10/B3";

B12 中公式为 "=COUNTIF(成绩综合评定!D3:D38,">=60")-B10-B8-B6";

B13 中公式为 "=B12/B3";

B14 中公式为 "=COUNTIF(成绩综合评定!D3:D38,"<60")";

B15 中公式为 "=B14/B3"。

（2）公式输入以后，将 B3:H3 单元格区域合并，选中 B4:B17 单元格，拖动填充柄向右填充至 H3:H15 即可。

（3）设置比例行的单元格格式。将所有比例行中的数据选中，在单元格格式中将类型设置为百分比，保留两位小数。

（4）格式化表格。选中整个表格，设置所有的边框线为黑色单实线，将标题行设置为宋体、18 号字、加粗，底纹为浅黄色，字段名单元格区域的字体加粗，底纹为浅红色，A3:A15 区域的底纹为浅青绿色。

5．创建单科成绩统计图，实现不连续区域图表的制作

在 Excel 中，可以利用图表的形式直观地反映学生成绩分布情况。例如：利用学生单科成绩统计分析表中数据，制作各门课程 90 分以上的学生人数比例的饼图，并且这张图表和原数据不在一张工作表上。

（1）打开"单科成绩图"工作表，合并单元格区域 D3:H4，输入文本"单科成绩统计图"，将其格式设置为宋体、18 号字、粗体。

（2）选择"插入"选项卡→"图表"工具组→"饼图"命令，如图 5-19 所示，在下拉列表中选择"分离型三维饼图"，此时会插入一个空白的图表，如图 5-20 所示。

图 5-19　插入分离型三维饼图

图 5-20　空白图表

选择"设计"选项卡→"数据"工具组→"选择数据"命令，弹出"选择数据源"对话框，如图 5-21 所示。将光标定位在图表数据区域中，选择"单科成绩分析"工作表中的 B2:H2 和 B6:H6 区域，确定后出现如图 5-22 所示的图表样式。

图 5-21　"选择数据源"对话框

在"图表标题"中输入"各科成绩 90 分以上的学生比例"，选中图表，选择"设计"选项卡→"图表布局"工具组→"布局 1"命令，结果如图 5-23 所示；选择"布局"选项卡→"三维旋转"命令，设置其 X 的旋转角度为 60°，结果如图 5-24 所示。最后设置图表的边框和填充颜色，结果如图 5-5 所示。

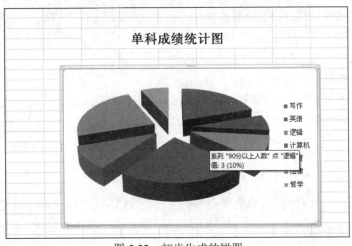

图 5-22　初步生成的饼图

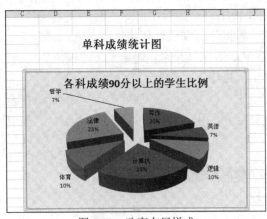

图 5-23　改变布局样式

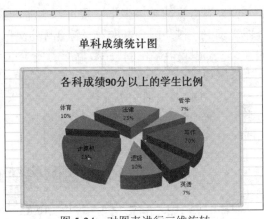

图 5-24　对图表进行三维旋转

5.1.3　主要知识点

1. 数据库中的排序操作

为了数据观察或查找方便，需要对数据进行排序。

（1）排序的依据

Excel 在排序时，根据单元格中的内容排列顺序。对于数据库而言，排序操作将依据当前单元格所在的列作为排序依据。

在按升序排序时，Excel 使用如下顺序（在按降序排序时，除了空格总是在最后外，其他的顺序反转）：

1）数字从最小的负数到最大的正数排序；

2）文本以及包含数字的文本，按下列顺序排序：

0 1 2 3 4 5 6 7 8 9 ' - (空格) ! " # $ % & ( ) * , . / : ; ? @ [\ ] ^ _ ` { | } ~ + < = > A B C D E F G H I J K L M N O P Q R S T U V W X Y Z .

3）在逻辑值中，FALSE 排在 TRUE 之前。

4）所有错误值的优先级等效。

5）汉字的排序可以按笔画排序、也可按字典顺序（默认）排序，这可以通过有关操作由用户设置。按字典顺序排序是依照拼音字母由 A~Z 排序，如"王"排到"张"前面，而"赵"排在"张"后面。

6）空格排在最后。

（2）简单排序

如果只对数据清单中的某一列数据进行排序，可以利用工具栏中的排序按钮，简化排序过程。操作方法为：将光标置于待排序列中的任一单元格，单击功能区上"升序"或"降序"按钮即可。

（3）多字段排序

如果对数据清单中多个字段进行排序，就需要使用自定义排序命令。例如在学生成绩综合评定表中，按"综合名次"、"综合评定分"、"计算机"三项进行依次排序。方法是：

1）将光标定位在待排序数据库的任一单元格中，选择"开始"选项卡→"编辑"工具组→"排序和筛选"下拉列表中的自定义排序，弹出"排序"对话框。

2）先在主要关键字中选择"综合名次"、次序中选择"升序"，连续单击"添加条件"按钮两次，增加两个次要关键字，分别选择"综合评定分"和"计算机"，次序均选择"降序"，如图 5-25 所示。

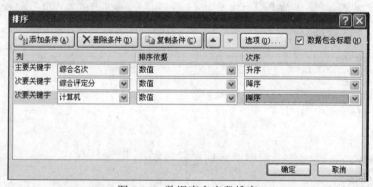

图 5-25　数据库多字段排序

3）选定所需的其他排序选项，然后单击"确定"按钮。

提示：按数据库多列数据排序时，只需单击数据库中任一单元格而不用全选表格，否则会引起数据的混乱。在"选项"对话框中，若不选择"方向"和"方法"，系统默认的排序方向为"按列排序"，默认的排序方式为"字母排序"。如选择"笔画排序"方法，就可实现按姓氏笔画排序效果，如开会代表名单、教材编写人员名单。

（4）自定义排序

用户可以根据特殊需要进行自定义排序。在如图 5-26 所示的表格中，如果按照职称对"职称"列排序，用上述的方法是无法排序的，这时只能用自定义排序法，方法如下：

1）定义自定义列表。打开"Excel 选项"对话框，如图 5-27 所示，在"高级"选项卡的"常规"选项中单击"编辑自定义列表"按钮，弹出"自定义序列"对话框，在"自定义序列"中选择"新序列"，在"输入序列"中输入"教授，副教授，讲师，助教"，如图 5-28 所示。单击"添加"按钮，即可将新的序列添加到"自定义序列"列表框中，如图 5-29 所示。

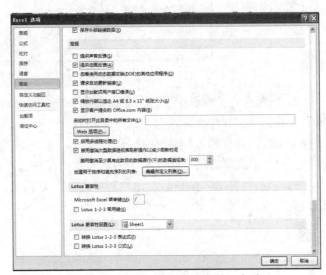

图 5-26　需要自定义排序的表格　　　　图 5-27　Excel 选项中"常用"选项

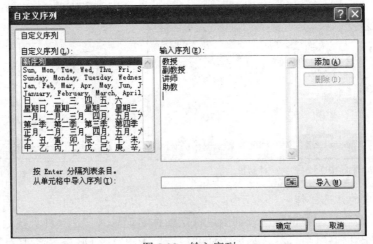

图 5-28　输入序列

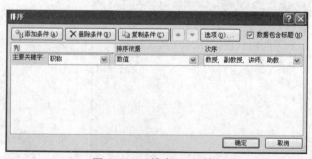

图 5-29　将序列添加到列表框中

2）按照自定义列表排序。选定需要排序的字段列的任一单元格，在"开始"选项卡→"编辑"工具组→"排序和筛选"下拉列表中选择"自定义排序"，弹出"排序"对话框，在主要关键字中选择"职称"，次序中选择"升序"，如图 5-30 所示。在弹出的"自定义序列"对话框中选择之前设置好的序列，确定后，返回"排序"对话框。

3）单击"确定"按钮后，返回到"排序"对话框，设置好关键字，然后单击"确定"按钮完成自定义排序，结果如图 5-31 所示。

	A	B	C
1	参加会议的人员名单		
2	姓名	性别	职称
3	宁渊博	男	教授
4	赵鑫丹	女	教授
5	叶 兰	女	教授
6	赵晓晓	女	副教授
7	马小霞	女	副教授
8	杨延雷	男	副教授
9	张刚强	男	副教授
10	董 旭	男	讲师
11	陈宝宝	男	讲师
12	王 颖	女	讲师
13	梁 靓	女	讲师
14	王 科	男	讲师
15	孙静远	女	助教
16	李 丽	女	助教
17	周军业	男	助教
18	黄迎春	女	助教

图 5-31　自定义序列结果

图 5-30　"排序"对话框

2. 数据库中的筛选操作

对数据进行筛选是在数据库中查询满足特定条件的记录，它是一种查找数据的快速方法。使用筛选可以从数据清单中将符合某种条件的记录显示出来，而那些不满足筛选条件的记录将被暂时隐藏起来；或者将筛选出来的记录送到指定位置存放，而原数据不动。

Excel 提供了两种筛选方法："自动筛选"和"高级筛选"。

（1）自动筛选

利用自动筛选可以筛选指定学生成绩、筛选单科成绩的分数段、筛选单科成绩前 10 名、筛选各科之间的"与"运算、筛选获奖学金学生情况等。

下面以筛选"英语成绩在 80 到 90 之间（包括 80，而不包括 90）的记录"为例，说明自动筛选的操作。操作步骤如下：

将鼠标定位到需要筛选的数据库中任一单元格。选择"开始"选项卡→"编辑"工具组→"筛选"命令，这时在每个字段名旁出现筛选器箭头，如图 5-32 所示。单击"英语"字段名旁的筛选器箭头，从弹出的菜单中选择"数字筛选"→"自定义筛选"命令，弹出如图 5-33 所示的"自定义自动筛选方式"对话框，按照图中样式设置筛选条件。

图 5-32　使用自动筛选器筛选记录

图 5-33　"自定义自动筛选方式"对话框

在图 5-33 所示的筛选器中选择具体数字，将只显示对应数字的记录；单击"全选"显示所有记录；单击"前 10 个"（默认 10 个，可以自行设置）可以显示最高或最低的一些记录。

在图 5-33 中，除了图中所示的运算符，还包括各种其他的数学关系运算，以及"始于"、

“止于”、“包含”、“开头是”、“开头不是”、“不包含”等字符关系运算。利用他们可以筛选姓“张”学生、名字中带“丽”字学生、最后一个字是“杰”的学生等记录。图中“或”表示两个条件只要有一个成立即可，而“与”要求两个同时成立。单击“确定”按钮，完成操作。图 5-34 为筛选出来的英语成绩在 80～90 分之间的学生记录。

	A	B	C	D	E	F	G	H	I	J	K	L	M	N
1	2013级××××班学生期未成绩综合评定表													
2	学号	姓名	性别	英语	数学	计算机	写作	邓论	体育	音乐	操行分	综合评定分	综合名次	奖学金
4	2013020102	王晓彤	女	85	47	80	78	85	80	87	23	88.85	9	
8	2013020106	杨 伟	男	87	80	68	58	65	85	75	21	77.40	33	
9	2013020107	张玲玲	女	80	86	80	80	82	81	83	21	86.05	16	
12	2013020111	吕玲玲	女	85	76	85	91	85	87	82	18	86.60	14	
15	2013020114	赵鑫丹	女	80	84	82	83	87	80	82	27	93.20	3	二等奖
17	2013020116	梁 靓	女	87	86	84	90	85	83	81	19	86.50	15	
18	2013020117	王 科	男	85	86	75	86	28	86	78	18	74.85	35	
20	2013020119	马小霞	女	84	82	74	87	79	67	79	25	86.85	13	
21	2013020120	孟 倩	女	82	69	72	46	60	86	68	19	72.20	36	
23	2013020122	马 亮	男	84	86	79	57	76	61	76	26	82.15	22	
31	2013020130	李阳阳	男	86	81	65	74	81	81	78	19	79.75	26	
37	2013020136	宁小菲	女	86	81	65	74	81	81	78	19	79.75	26	

图 5-34　筛选出来的英语成绩在 80～90 分之间的学生记录

提示：取消数据筛选的操作方法为：如果要取消对某一列的筛选，单击该列筛选器箭头，然后再单击“全部”。如果要取消对所有列的筛选，可选择“开始”选项卡→“编辑”工具组→“排序和筛选”→“清除”命令。如果要撤销数据库表中的筛选箭头，可选择开始”选项卡→“编辑”工具组→“排序和筛选”→“筛选”命令。

（2）高级筛选

从前面讲解已经看到，自动筛选可以实现同一字段之间的“与”运算和“或”运算，通过多次进行自动筛选也可以实现不同字段之间的“与”运算，但是它无法实现多个字段之间的“或”运算，这时就需要使用高级筛选。

本节实例中，对优秀学生的筛选和不及格学生筛选均采用高级筛选来完成。在使用高级筛选时，需要注意以下几个问题：

1）高级筛选必须指定一个条件区域，它可以与数据库表格不在一张工作表上，也可以在一张工作表上，但是此时它必须与数据库之间有空白行或空白列隔开。

2）条件区域中的字段名内容必须与数据库中的完全一样，最好通过复制得到。

3）如果“条件区域”与数据库表格在同一张工作表上，在筛选之前，最好把光标放置到数据库中某一单元格上，这样数据区域就会自动显示数据库所在位置，省去鼠标再次选择或者重新输入之劳。当二者不在同一张工作表，并且想让筛选结果送到条件区域所在工作表中时，鼠标必须先在条件区域所在工作表中定位，因为筛选结果只能送到活动工作表。

4）执行“将筛选结果复制到其他位置”时，在“复制到”文本框中输入或选取将来要放置位置的左上角单元格即可，不要指定某区域（因为事先无法确定筛选结果）。

5）根据需要，条件区域可以定义多个条件，以便用来筛选符合多个条件的记录。这些条件可以输入到条件区域的同一行上，也可以输入到不同行上。必须注意：两个字段名下面的同一行中的各个条件之间为"与"的关系；两个字段名下面的不同行中的各个条件之间为"或"的关系。

5.2　利用 Excel 分析企业产品销售

产品销售情况是每一个企业所关注的，是企业发展的根本。按季度或按月对产品销售数据进行统计、分析和处理，可以对企业后期的产品生产、销售及市场推广起到重要的作用。本节利用 Excel 表格处理功能统计原始销售数据，使用 Excel 的分类汇总、图表、数据透视等分析工具对销售数据进行统计分析，从而为企业决策者提供各类有用的数据信息，协助其作出正确决策。

5.2.1　分析企业产品销售实例

本实例包括以下内容：

（1）制作企业产品销售统计表。该表中包含产品销售的基础数据，主要字段有：编号、产品类别、产品名称、数量、单价、金额、销售员等，效果如图 5-35 所示。

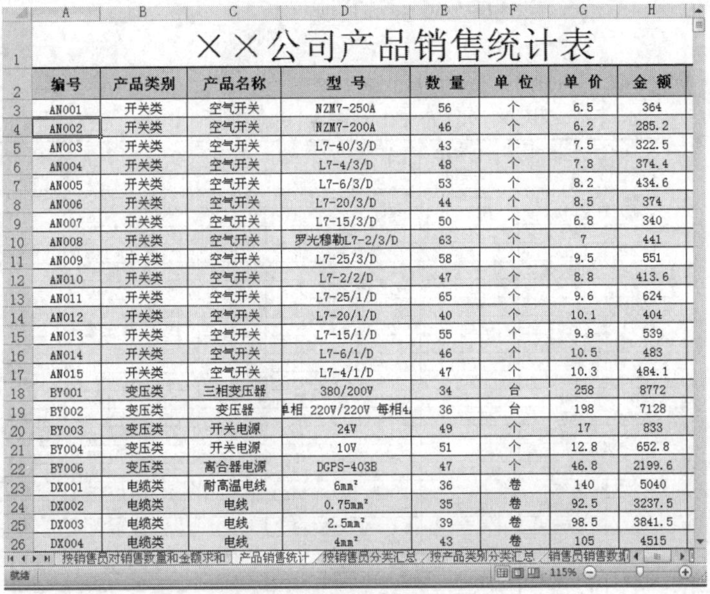

图 5-35　产品销售统计表

（2）利用分类汇总功能对销售数据进行分析。通过分类汇总功能可以对数据作进一步的总结和统计，从而增强表格的可读性，方便快捷地获取重要数据。按销售员分类汇总和按产品类别分类汇总操作效果分别如图 5-36、5-37 所示。

J12			f_x						
1 2 3		A	B	C	D	E	F	G	H	I

××公司产品销售统计表

编号	产品类别	产品名称	型号	数量	单位	单价	金额	销售员
AN001	开关类	空气开关	NZM7-250A	56	个	6.5	364	海燕
AN003	开关类	空气开关	L7-40/3/D	43	个	7.5	322.5	海燕
AN011	开关类	空气开关	L7-25/1/D	65	个	9.6	624	海燕
DX002	电缆类	电线	0.75mm²	35	卷	92.5	3237.5	海燕
DX010	电缆类	护套线	8*0.3mm²	38	卷	129.5	4921	海燕
AN007	开关类	空气开关	L7-15/3/D	50	个	6.8	340	海燕
DX006	电缆类	屏蔽线	2*0.3mm²	38	卷	115.5	4389	海燕
DX009	电缆类	屏蔽线	6*0.3mm²	41	卷	125.5	5145.5	海燕
DY004	电流表类	电流互感器	200/5A	43	个	75.5	3246.5	海燕
DY007	电流表类	电流表	50*50 10A	46	个	46.5	2139	海燕
JC006	接插件类	单相电源插头	橡皮 10A	600	个	0.4	240	海燕
JS005	金属软管类	电缆防水接头	PG9	51	个	62.6	3192.6	海燕
KZ012	控制类	研华模块	ADAM4018	41	块	59	2419	海燕
KZ013	控制类	研华模块	ADAM4080	41	块	43	1763	海燕
PD001	配电类	塑料线槽	50*80mm	120	根	6.8	816	海燕
PD002	配电类	塑料线槽	80*80mm	120	根	7.3	876	海燕
JS012	金属软管类	金属软管	3/4″	36	卷	67.5	2430	海燕
KZ006	控制类	触摸屏	TP270-10	41		138	5658	海燕
							42123.6	海燕 汇总
AN002	开关类	空气开关	NZM7-200A	46	个	6.2	285.2	方小浩
AN010	开关类	空气开关	L7-2/2/D	47	个	8.8	413.6	方小浩
JD003	接触器类	固态继电器	单相40A/400V	61	个	37.5	2287.5	方小浩
JD004	接触器类	固态继电器	三相40A/400V	61	个	43.8	2671.8	方小浩
AN004	开关类	空气开关	L7-4/3/D	48	个	7.8	374.4	方小浩
AN014	开关类	空气开关	L7-6/1/D	46	个	10.5	483	方小浩
BY003	变压类	开关电源	24V	49	个	17	833	方小浩
JS003	金属软管类	电缆防水接头	PG16	41	个	83.7	3431.7	方小浩
BY004	变压类	开关电源	10V	51	个	12.8	652.8	方小浩
KZ009	控制类	研华模块	ADAM-5017	41	块	48	1968	方小浩

图 5-36　按销售员分类汇总

1 2 3		A	B	C	D	E	F	G	H	I

××公司产品销售统计表

编号	产品类别	产品名称	型号	数量	单位	单价	金额	销售员
BY003	变压类	开关电源	24V	49	个	17	833	方小浩
BY004	变压类	开关电源	10V	51	个	12.8	652.8	方小浩
BY001	变压类	三相变压器	380/200V	34	台	258	8772	郭时节
BY006	变压类	离合器电源	DGPS-403B	47	个	46.8	2199.6	吴明华
BY002	变压类	变压器	220V/220V 每	36	台	198	7128	徐瑞年
	变压类 汇总						19585.4	
DX002	电缆类	电线	0.75mm²	35	卷	92.5	3237.5	海燕
DX010	电缆类	护套线	8*0.3mm²	38	卷	129.5	4921	海燕
DX006	电缆类	屏蔽线	2*0.3mm²	38	卷	115.5	4389	海燕
DX009	电缆类	屏蔽线	6*0.3mm²	41	卷	125.5	5145.5	海燕
DX004	电缆类	电线	4mm²	43	卷	105	4515	张新亮
DX005	电缆类	屏蔽线	3*0.3mm²	38	卷	122.8	4666.4	吴明华
DX007	电缆类	橡皮电线	*4mm²+1*2.5mm	37	卷	135	4995	吴明华
DX001	电缆类	耐高温电线	6mm²	36	卷	140	5040	吴明华
DX003	电缆类	电线	2.5mm²	39	卷	98.5	3841.5	徐瑞年
	电缆类 汇总						40750.9	
DY004	电流表类	电流互感器	200/5A	43	个	75.5	3246.5	海燕
DY007	电流表类	电流表	50*50 10A	46	个	46.5	2139	海燕
DY002	电流表类	电压表	96*96 450V AC	51	个	21.8	1111.8	张新亮
DY001	电流表类	电压表	0~25V	56	个	16.5	924	张新亮
DY008	电流表类	电流表	50*50 5A	51	个	42.8	2182.8	徐瑞年
DY003	电流表类	电流表	96*96 200A AC	53	个	18.5	980.5	徐瑞年
DY005	电流表类	电流表	番港 50*50 30A	46	个	54	2484	徐瑞年
DY006	电流表类	电流表	番港 50*50 20A	46	个	50	2300	徐瑞年
	电流表类 汇总						15368.6	
DX008	电缆类	电线	35mm²	33	卷	176.5	5824.5	徐瑞年
	电线类 汇总						5824.5	
JC006	接插件类	单相电源插头	橡皮 10A	600	个	0.4	240	海燕
JC002	接插件类	接线端子	4mm²	180	个	1.2	216	郭时节

图 5-37　按产品类别分类汇总

（3）利用函数得到不同的销售员销售汇总情况。如图 5-38 所示。

	A	B	C
1	销售员销售数据统计		
2	销售员	销售数量	销售金额（百元）
3	海燕	1505	421.236
4	方小浩	491	134.01
5	郭时节	578	128.8375
6	吴明华	819	386.416
7	徐瑞年	1342	518.5875

图 5-38　销售情况图表

（4）建立数据透视表。利用数据透视表对数据的交互分析能力，全面灵活地对数据进行分析、汇总，通过改变字段信息的相对位置，可得到多种分析结果。效果分别如图 5-39、5-40 所示。

求和项:数 量	销售员						
产品类别	郭时节	吴明华	徐瑞年	海燕	方小浩	张新亮	总计
接插件类	261		454	600			1315
金属软管类		295	208	87	41	70	701
控制类	43	162	164	123	41	37	570
配电类	100		102	240		51	493
开关类	140	157	63	214	187		761
电缆类		111	39	152		43	345
电流表类			196	89		107	392
接触器类		47	47		122		216
变压类	34	47	36		100		217
电线类				33			33
总计	578	819	1342	1505	491	308	5043

图 5-39　按产品类别统计销售员的销售数量

销售员	数据	产品类别										总计
		接插件类	金属软管类	控制类	配电类	开关类	电缆类	电流表类	接触器类	变压类	电线类	
郭时节	计数项:数量			3	1	3				1		8
	求和项:金 额	341.55		1827.5	620	1322.7				8772		12883.75
吴明华	计数项:数量		5	4		3	3		1	1		17
	求和项:金 额		7596.5	10673.2		1464	14701.4		2006.9	2199.6		38641.6
徐瑞年	计数项:数量	3	4	4	2	1	1	4		1	2	22
	求和项:金 额	792.55	10340.3	11268.1	2677.5	441	3841.5	7947.3	1598	7128	5824.5	51858.75
海燕	计数项:数量	1	2	1	2	4	5	3				18
	求和项:金 额	240	5622.6	9840	1692	1650.5	17693	5385.5				42123.6
方小浩	计数项:数量		1	1		4			2	2		10
	求和项:金 额		3431.7	1968		1556.2			4959.3	1485.8		13401
张新亮	计数项:数量		1	1			1	2				6
	求和项:金 额		437.5	2146	1810.5		4515	2035.8				10944.8
计数项:数 量汇总		6	14	15	6	15	10	9	3	5	1	81
求和项:金 额汇总		1374.1	27428.6	37722.8	6800	6434.4	40750.9	15368.6	8564.2	19585.4	5824.5	169853.5

图 5-40　按销售员统计销售数量和销售金额

在本例中，将主要解决如下问题：

● 如何利用 Excel 实现对数据的分类汇总。

● 如何制作数据透视表和数据透视图。

● 如何利用公式获取图表数据源制作图表。

5.2.2 操作步骤

1. 创建工作表框架

新建一个工作簿，命名为"企业产品销售统计"，在原有的 3 张工作表上再插入一张工作表，将 4 张工作表的名称依次更改为："产品销售统计"、"按销售员分类汇总"、"按产品类型分类汇总"、"销售员销售数据统计"。

2. 创建产品销售统计工作表

（1）打开"产品销售统计"。在该工作表中输入标题"××公司产品销售统计表"和各字段。设置标题、字段格式、行高和列宽、单元格对齐方式、边框与底纹等，创建好工作表框架。

（2）输入产品销售数据到对应的字段列，并计算出各产品的销售金额。在 H3 单元格输入公式"=E3*G3"，复制公式完成其他产品销售金额计算。

（3）冻结窗格。当销售数据记录太多，使用鼠标向下滚动翻看数据时，标题行就不会显示。如果想让标题行始终可见，可以使用 Excel 提供的"冻结窗格"功能来实现。将光标定位到 A3 单元格（即所要冻结行的下一行中任一单元格），选择"视图"选项卡→"窗口"工具组→"冻结窗格"命令，即可实现标题与字段行的冻结。在翻滚数据时，标题行始终可见。

（4）为使数据显示清晰，浏览记录方便，可将数据表中相邻行之间设置成阴影间隔效果。如图 5-35 所示。设置方法有两种：

1）复制格式法。操作步骤如下：

● 在图中选择 A4:I4 区域，将该区域设置为浅绿色底纹效果。

● 复制区域 A3:I4。选择数据库中记录区域 A3:I53（假定有 50 条记录）。

● 选择"开始"选项卡→"剪贴板"工具组→"粘贴"→"选择性粘贴"命令，在打开的"选择性粘贴"对话框中选中"格式"，如图 5-41 所示，确定后即可实现 5-35 图中的效果。

2）条件格式化方法。操作步骤如下：

● 选定整个数据库区域。

● 选择"开始"选项卡→"样式"→"条件格式化"下拉列表中选择"突出显示单元格规则"→"其他规则"命令，打开"新建格式规则"对话框。

● 如图 5-42 所示，在"选择规则类型"中选择"使用公式确定要设置格式的单元格"，在"为符合此公式的值设置格式"下面的文本框中设置公式为"=MOD(ROW(),2)=0"。

单击"格式"按钮，弹出"设置单元格格式"对话框，选择"填充"标签，设置颜色为浅青绿，单击"确定"按钮关闭。返回"条件格式"对话框，单击"确定"按钮，即可得到如图 5-35 所示效果。

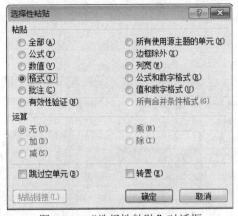

图 5-41　"选择性粘贴"对话框

图 5-42　"新建格式规则"对话框

提示：第一种方法当数据移动时候，效果会变得很不规则。而后一种方法具有智能化特征，不管数据记录如何变动总能保持效果。第二种方法中公式"=MOD(ROW(),2)=0"中的MOD 为求余数函数，ROW()测试当前行号，公式含义为"当行号除于 2 的余数为 0"就执行设置的条件格式。

3. 利用分类汇总功能汇总销售数据

本例中，数据汇总可以按销售员分类汇总，也可以按产品类别分类，还可以按其他需要的字段进行。在执行分类汇总之前，首先应该对数据库进行排序，将数据库中关键字相同的一些记录集中到一起，然后再进行分类汇总。

下面以按销售员分类汇总为例来汇总每位销售员的总销售金额，操作步骤如下：

（1）打开"按销售员分类汇总"工作表。将"产品销售统计"表复制到"按销售员分类汇总"表中，并将标题更改为："××公司产品销售按销售员分类汇总"。

（2）将光标置于"销售员"列下任一单元格，对销售员列进行升序或降序排列。

（3）选择"数据"选项卡→"分级显示"工具组→"分类汇总"命令，打开"分类汇总"对话框，在"分类字段"列表框中选择"销售员"；在"汇总方式"列表中选择"求和"；在"选定汇总项"列表中选中"金额"，如图 5-43 所示，单击"确定"按钮，结果如图 5-36 所示。

（4）打开"按产品类型分类汇总"工作表，按产品类别分类汇总时，分类字段为"产品类别"；汇总方式和选定汇总项同上。结果如图 5-37 所示。

4. 使用函数显示每位销售员的销售数量和销售金额

对数据分类汇总除上面的方法之外，还可以利用函数来实现。操作步骤如下：

打开"销售员销售数据统计"工作表。输入标题、字段名，效果如图 5-44 所示。

在 B3 单元格中输入公式："=SUMIF(产品销售统计!\$I\$3:\$I\$83,A3,产品销售统计!\$E\$3:\$E\$83)"，按回车键可统计出销售员"海燕"的产品销售数量。

在 C3 单元格中输入公式："=SUMIF(产品销售统计!\$I\$3:\$I\$83,A3,产品销售统计!\$H\$3:\$H\$83)/100"，按回车键统计出该销售员的产品销售总金额。

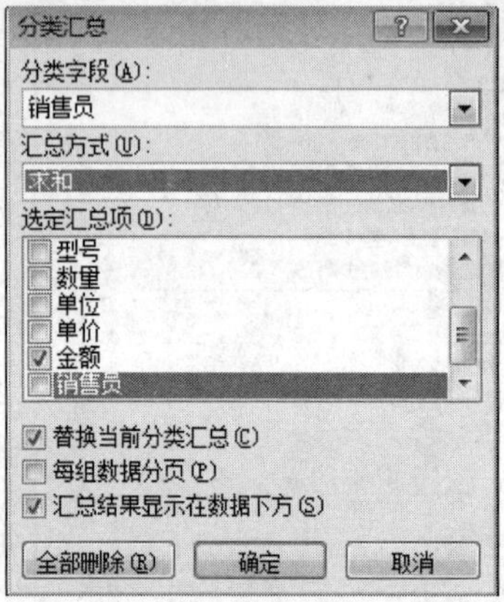

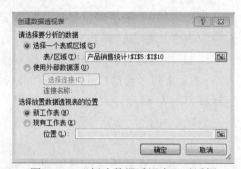

图 5-43 “分类汇总”对话框

	A	B	C
1	销售员销售数据统计		
2	销售员	销售数量	销售金额(百元)
3	海燕	1505	421.236
4	方小浩		
5	郭时节		
6	吴明华		
7	徐瑞年		

图 5-44 销售员销售数据统计表

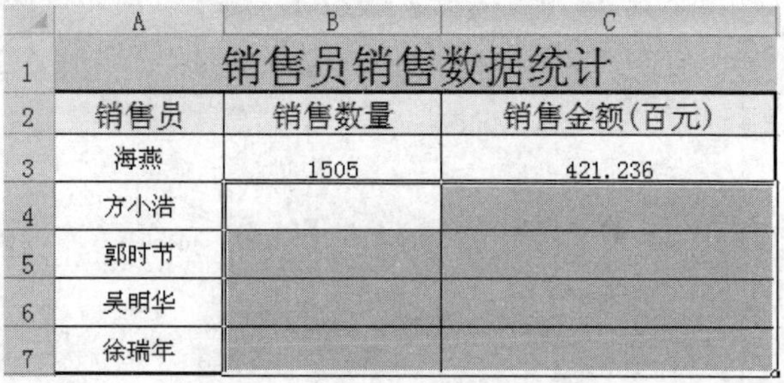

利用公式复制功能得出其他销售员的销售数量和销售金额。

提示：SUMIF（range,criteria,[sum_range]）为在 Range 指定的范围内对满足条件 criteria 的单元格求和函数。若存在 sum_range 项，则指在 sum_range 所指定范围内求和；否则，在 range 指定范围内求和。

5. 销售数据的透视分析

数据透视可以对大量数据进行快速汇总和建立交叉列表来重新组织和显示数据。有关数据透视的详细介绍参见本节主要知识点。在此，介绍利用 Excel 的数据透视功能建立按产品类别统计销售员的销售数量和销售金额，以及按销售员统计其销售数量和销售金额。

（1）建立按产品类别统计销售员的销售数量数据透视表

将光标定位在“产品销售统计”表中需要透视分析数据中的任一单元格上，选择“插入”选项卡→“数据透视表”命令，打开“创建数据透视表”对话框。在对话框的“请选择要分析的数据”区域中，确保选中“选择一个表或区域”单选按钮，在“表或区域”文本框中输入要进行分析的数据范围（一般情况下，系统会自动选择与当前光标所在单元格连续的数据区域或表格，此处为整个表）；在“选择放置数据透视表的位置”区域中确定放置数据透视表的位置，新工作表或现有工作表，本例选择“新工作表”。

图 5-45 “创建数据透视表”对话框

单击“确定”按钮，系统便会在一个新工作表中插入空白的数据透视表，如图 5-46 所示，由蓝色的线条分出 4 个区域，分别为页字段、行字段、列字段和数据项区域；同时还显示“数据透视表字段列表”。

将“数据透视表字段列表”中的“产品类别”字段拖放到“行字段”处，将“销售员”字段拖放到“列字段”处，将“数量”拖放到“数据项”处。在行列字段交叉单元格内（即左上角"求和项：数量"所在的 A3 单元格）双击，弹出"值字段设置"对话框，如图 5-47 所示。选择汇总方式为"求和"后单击"确定"按钮，则在"数据透视表字段列表"中的行标签和列标签分别显示"销售员"和"产品类别"，在"数值"中显示"求和项：数量"，如图 5-48 所示。最后将工作表更名为"按产品类别统计销售员的销售数量"，如图 5-39 所示。

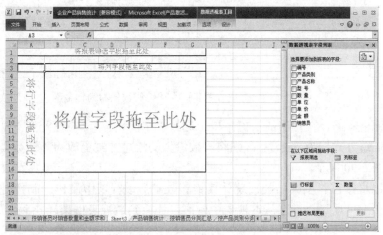

图 5-46　"数据透视表"框架

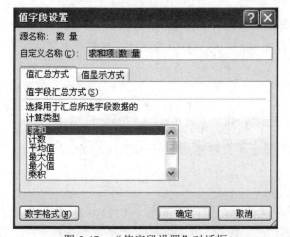

图 5-47　"值字段设置"对话框

图 5-48　"数据透视表字段列表"对话框

（2）按销售员统计销售商品的销售数量和销售金额

　　按前面介绍的建立数据透视表方法，建立一个以"按销售员统计销售商品的销售数量和销售金额"命名的空白数据透视表，将"销售员"字段拖动到"行字段"处，将"产品类别"拖放到"列标签"处，将"数量"及"金额"字段依次拖放到"数据项"区域。单击"确定"按钮，结果如图 5-49 所示。

销售员	数据	产品类别 接插件类	金属软管类	控制类	配电类	开关类	电缆类	电流表类	接触器类	变压类	电线类	总计
郭时节	求和项:数量	261		43	100	140				34		578
	求和项:金额	341.55		1827.5	620	1322.7				8772		12883.75
吴明华	求和项:数量		295	162		157	111		47	47		819
	求和项:金额		7596.5	10673.2		1464	14701.4		2006.9	2199.6		38641.6
徐瑞年	求和项:数量	454	208	164	102	63	39	196	47	36	33	1342
	求和项:金额	792.55	10340.3	11268.1	2677.5	441	3841.5	7947.3	1598	7128	5824.5	51858.75
海燕	求和项:数量	600	87	123	240	214	152	89				1505
	求和项:金额	240	5622.6	9840	1692	1650.5	17693	5385.5				42123.6
方小浩	求和项:数量		41	41		187			122	100		491
	求和项:金额		3431.7	1968		1556.2			4959.3	1485.8		13401
张新亮	求和项:数量		70	37	51		43	107				308
	求和项:金额		437.5	2146	1810.5		4515	2035.8				10944.8
求和项:数量汇总		1315	701	570	493	761	345	392	216	217	33	5043
求和项:金额汇总		1374.1	27428.6	37722.8	6800	6434.4	40750.9	15368.6	8564.2	19585.4	5824.5	169853.5

图 5-49 按销售员统计销售商品的销售数量和销售金额

在 B5 单元格右击，在弹出的快捷菜单上选择"字段设置"，在打开的"字段设置"对话框中，选择"汇总方式"为"计数"，则将"数量"的汇总方式更改为"计数"。单击"确定"按钮，效果如图 5-40 所示。

本例也可以直接在"按产品类别统计其销售数量"透视表中制作。制作时，将行字段项"产品类别"和汇总项"数量"从透视表中脱离，还原到透视表框架样式后再进行操作。

5.2.3 主要知识点

1. 分类汇总

实际应用中，经常要用到分类汇总，其特点是首先要进行分类，即将同一类别的数据放在一起，然后再进行统计计算。Excel 中的分类汇总功能可以进行分类求和、计数、求平均值等。

（1）分类汇总数据的分级显示

进行分类汇总后，Excel 会自动对列表中的数据分级显示。从图 5-36 可以看出，在显示分类汇总结果的同时，分类汇总的左侧自动显示一些分级显示按钮。单击左侧的"+"和"-"按钮分别可以展开和隐藏细节数据；"1"、"2"、"3"按钮表示显示数据的层次，"1"只显示总计数据，"2"显示部分数据以及汇总结果，"3"显示所有数据；"|"形状为级别条，用来指示属于某一级别的细节行或列的范围。

（2）嵌套汇总

如果要对同一数据进行不同汇总方式的分类汇总，可以再重复分类汇总的操作。例如，在图 5-36 所示的结果中还希望得到汇总的平均值，操作方法是：选择"数据"选项卡→"分级显示"工具组→"分类汇总"命令，在打开的"分类汇总"对话框"汇总方式"下拉列表中选择汇总方式为"平均值"，在"选定汇总项"窗口中选择要求平均值的数据项，并取消选中"替换当前分类汇总"选项，即可叠加多种分类汇总。

（3）取消分类汇总

分类汇总效果可以清除，打开如图 5-43 所示的分类汇总对话框，然后单击"全部删除"按钮即可；但是为了保险，在汇总之前最好进行数据库备份。

2. 数据透视表

分类汇总适用于按一个字段进行分类汇总，如果需要按多个字段进行分类汇总时就会用到数据透视表。数据透视表是一种让用户可以根据不同的分类、不同的汇总方式、快速查看各种形式的数据汇总报表。简单来说，就是快速分类汇总数据，能够对数据表中的行与列进行交换，以查看源数据的不同汇总结果。它是一种动态工作表，通过对数据的重新组织与显示，提供了一种以不同角度观察数据清单的方法。

（1）数据透视表结构

数据透视表一般由报表筛选字段、行字段、列字段、值字段和数据区域等 5 部分组成。

● 报表筛选字段：是数据透视表中指定为报表筛选的源数据清单中的字段。
● 行字段：数据透视表中指定为行方向的源数据清单中的字段。
● 列字段：数据透视表中指定为列方向的源数据清单中的字段。
● 值字段：是指含有数据的源数据清单中的字段
● 数据区域：数据透视表中含有汇总数据的区域。

（2）创建数据透视图

建立数据透视表以后， Excel 功能区就会增加"选项"和"设计"两个功能区，如图 5-50 所示，在"选项"功能区中，用户可以增减不同的内容设置，如可以在透视表的基础上添加一个数据透视图或数据源发生变化时更新数据。

图 5-50　数据透视表工具

在创建数据透视图前一般会创建一个数据透视表，或者同时创建数据透视表和数据透视图。本例中使用前一种方法，方法如下：

将光标定位在"按产品类别统计销售员的销售数量"工作表的数据透视表中，选择"选项"功能区→"工具"工具组→"数据透视图"命令，打开"插入图表"对话框，选择一种图表的类型，确定后即插入一张图表。如图 5-51 所示。此时，数据透视图的数据更新和数据透视表是同步的，即数据透视表中的数据有变化，数据透视图中的数据也随之发生变化。

（3）数据透视表的编辑与修改

对于制作好的数据透视表，有时还需要进行编辑操作。编辑操作包括设置数据透视表的格式、修改布局、添加/删除字段等。

数据透视表的许多编辑操作都可以通过"选项"和"设计"功能区来实现。例如，可以利用"设计"选项卡中的"数据透视表样式"来设置，如图 5-52 所示，选择其中一种样式，应用后如图 5-53 所示。此外，还可以利用"选项"功能区中的"更改数据源"来重新选择数据源。

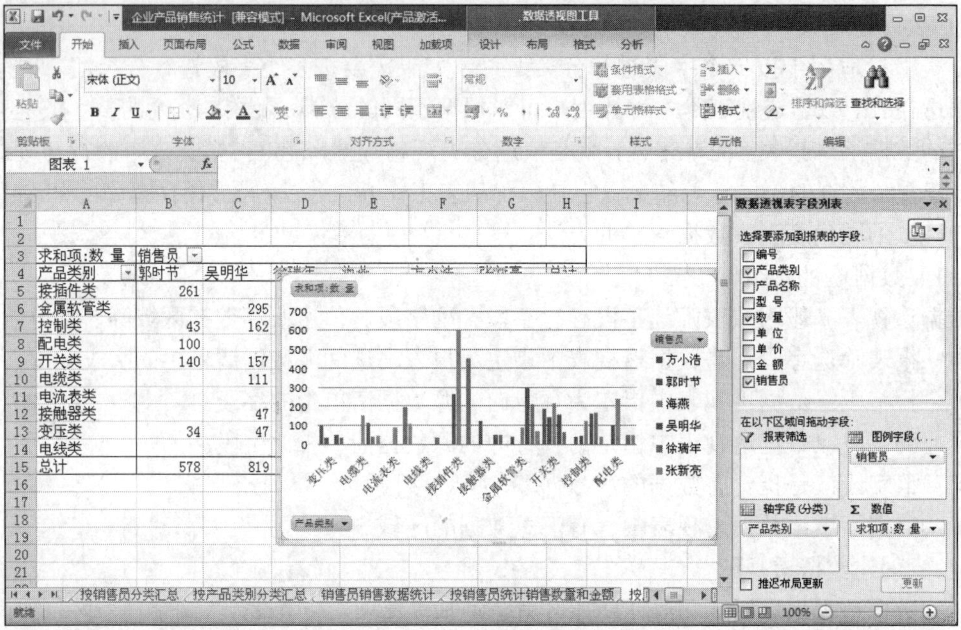

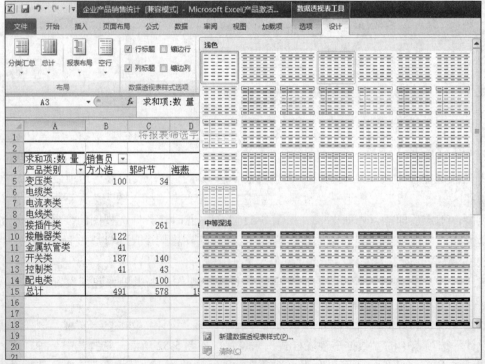

图 5-51　数据透视图

图 5-52　设置数据透视表样式

	A	B	C	D	E	F	G	H
1				将报表筛选字段拖至此处				
2								
3	求和项:数 量	销售员 ▼						
4	产品类别 ▼	方小浩	郭时节	海燕	吴明华	徐瑞年	张新亮	总计
5	变压类	100	34		47	36		217
6	电缆类			152	111	39	43	345
7	电流表类			89		196	107	392
8	电线类					33		33
9	接插件类		261	600		454		1315
10	接触器类	122			47	47		216
11	金属软管类	41		87	295	208	70	701
12	开关类	187	140	214	157	63		761
13	控制类	41	43	123	162	164	37	570
14	配电类		100	240		102	51	493
15	总计	491	578	1505	819	1342	308	5043

图 5-53　设置过样式的数据透视表

有时建立的数据透视表布局并不满意，结构中的行、列、数据项等需要修改，Excel 具有动态视图的功能，允许用户随时更改透视表的结构，可以直接单击数据透视表中要调整的字段，按住鼠标左键将其拖放到合适的位置来修改透视表。例如行列字段位置互换时，将行字段拖放到列字段中，列字段拖放到行字段即可。还可以通过拖动的方法添加字段和删除字段，添加字段时将需要添加的字段从字段列表中拖放到数据透视表的适当位置；删除字段时可将要删除的字段名拖放到透视表数据区以外即可。删除某个字段后，与之相关的数据会从数据透视表中删除。需要时，可再次添加已删除的字段。

如果要删除数据透视图，可单击要删除的数据透视表中的任一单元格。选择"选项"功能区→"操作"工具组→"选择"→"整个数据透视表"命令，如图 5-54 所示。选择"选项"功能区→"操作"工具组→"清除"→"全部清除"命令，即可删除数据透视表，如图 5-55 所示。

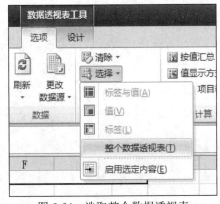

图 5-54　选取整个数据透视表

图 5-55　删除数据透视表

（4）数据透视表的数据更新

数据透视表的数据来源于数据库表，不能在透视表中直接修改；即使源数据库中的数据被修改了，透视表中的数据也不会自动更新，必须执行更新数据操作，数据透视图也是这样。

这一点与 Excel 中图表制作时数据变动会引起对应图表的自动更新不同。

更新数据透视表有两种方法：一是"选项"功能区→"数据"工具组→"刷新"命令；二是在数据区域中右击，在弹出的快捷菜单中选择"刷新"命令。

本章小结

所谓数据库，就是与特定主题和目标相联系的信息集合，它是一种二维的数据表格，并且在结构上遵循一定的基本原则。在向 Excel 数据库表格中输入数据时，需要一些录入技巧，对于某些列还需要进行数据有效性设置；对于制作好的数据表格，为了数据显示效果清晰、醒目，有时需要进行条件格式化以及记录底纹阴影间隔效果的设置。

对数据库的操作主要包括数据计算、数据排序、数据筛选、分类汇总以及数据透视分析等。数据计算主要通过使用 Excel 的公式和函数进行，操作时需要注意几个方面：函数多层嵌套时的括号匹配；公式中的符号必须使用英文状态下的符号；各个函数的正确使用；单元格引用方式（可用 F4 键在绝对、相对、混合方式间切换）。

在对数据排序时，可以依据单个字段或多个字段进行排序。数据筛选分为自动筛选和高级筛选两种，自动筛选可以对单个字段或多个字段之间的"与"条件进行筛选，而高级筛选可实现对多个字段多个条件的"与"或"或"关系进行筛选。在进行高级筛选时，要注意正确设置筛选的条件区域。

数据分类汇总可以将数据库中的数值，按照某一项内容进行分类核算，使得汇总结果清晰明了，操作时注意必须首先按照汇总字段排序。数据透视表是一种对大量数据快速汇总和建立交叉列表的动态工作表，而数据透视图是形象生动的图表，还可以根据数据透视表制作不同格式的数据透视报告。

对于本章的学生成绩数据处理和公司产品销售数据处理实例，要求读者掌握操作的方法、步骤、注意问题，能利用 Excel 快速创建数据库表格、进行特殊格式设置，并能够熟练掌握数据排序、筛选、统计、分析、汇总等操作。

实　　训

实训一　学生成绩表的数据处理

1. 实训目的

（1）掌握在数据库表中条件格式化和数据有效性的设置方法。

（2）掌握在数据库表中公式和函数的使用。

（3）熟练掌握 Excel 中的排序和筛选操作方法。

（4）熟练掌握 Excel 中图表的制作。

2．实训内容及效果

（1）制作学生成绩表，并练习学生成绩表中各项数据的处理。

（2）各工作表效果如图 5-1～5-5 所示。

3．实训要求

（1）按照本书 5.1 节所述实例及操作步骤，制作学生成绩综合评定表、优秀学生筛选表及不及格学生筛选表、单科成绩统计表和单科成绩统计图。

（2）在学生成绩综合评定表数据处理完成后，练习以下操作。

● 按照学习成绩总分降序排序；

● 同时按照计算机、英语、写作成绩升序排序；

● 按照班级学生名单姓氏笔画排序。

（3）利用 FREQUENCY()频率分布函数求出各科成绩段分布表。

操作步骤如下：

1）在学生成绩综合评定表的空白处构建各科成绩分布表结构。如图 5-56 所示。输入考试成绩的统计分段点。如在本例中采用的统计分段点为：60、69、79、89，即统计 60 分以下、61～69、70～79、80～89、90 分以上五个成绩区段的人数分布情况，当然你也可以根据自己的实际需要在不同位置进行设置。

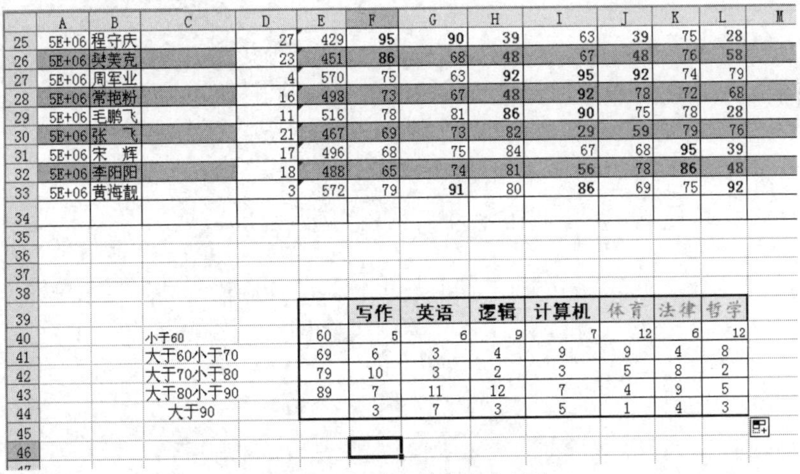

	A	B	C	D	E	F	G	H	I	J	K	L	M
25	5E+06	程守庆		27	429	95	90	39	63	39	75	28	
26	5E+06	樊芙克		23	451	86	68	48	67	48	76	58	
27	5E+06	周军业		4	570	75	63	92	95	92	74	79	
28	5E+06	常挹粉		16	493	73	67	92	92	78	72	68	
29	5E+06	毛鹏飞		11	516	78	81	86	90	75	78	28	
30	5E+06	张　飞		21	467	69	73	82	29	59	79	76	
31	5E+06	宋　辉		17	496	68	75	84	67	68	95	39	
32	5E+06	李阳阳		18	488	65	74	81	56	78	86	48	
33	5E+06	黄海靓		3	572	79	91	80	86	69	75	92	
34													
35													
36													
37													
38													
39					写作	英语	逻辑	计算机	体育	法律	哲学		
40		小于60		60	5	6	9	7	12	6	12		
41		大于60小于70		69	6	3	4	9	9	4	8		
42		大于70小于80		79	10	3	2	3	5	8	2		
43		大于80小于90		89	7	11	12	7	4	9	3		
44		大于90			3	7	3	5	1	4	3		
45													
46													

图 5-56　各科成绩分布表结构

2）选中单元格区域 F40 至 F44，输入公式"=FREQUENCY(F3:F33,$E$40:$E$44)"，由于该公式为数组公式，在输入完上述内容后，必须同时按下"Ctrl+Shift+Enter"键，为公式内容自动加上数组公式标志即大括号"{}"。

提示："{}"不能手工键入，必须按下"Crtl+Shift+Enter"组合键由系统自动产生。

3）在 F40:F44 单元格内显示不同成绩段学生人数。选中 F40:F44 连续单元格，可利用公式复制的方法获得其他课程成绩段学生人数分布情况。

实训二　产品销售表的数据处理

1. 实训目的

（1）熟悉数据透视表与数据透视图的制作。

（2）掌握 Excel 数据库表中的数据分类汇总操作。

2. 实训内容及效果

（1）按照本书 5.2 节所述实例及操作步骤制作产品销售表，并进行各项操作。

（2）各工作表效果如图 5-35～5-40 所示。

3. 实训要求

在产品销售统计表中进行如下操作。

（1）利用排序功能实现按产品销售数量进行降序排序。

（2）利用筛选功能筛选出产品类别为"电线"的数据记录。

（3）筛选出销售数量>=40，销售金额>=3000，销售员为"海燕"的销售记录。

（4）筛选出销售数量>=40 或者销售金额>=3000 或者销售员为"海燕"的销售记录。

（5）利用分类汇总统计出不同产品类别的销售数量和销售金额。

6

办公中演示文稿的制作

本章教学目标：

- 了解演示文稿的基础知识
- 熟悉 PowerPoint 2010 中创建演示文稿的方法
- 掌握幻灯片的编辑与修饰的方法
- 熟练掌握演示文稿的放映设置方法

本章教学内容：

- 制作公司简介演示文稿
- 制作音画同步的音乐幻灯片
- 实训

6.1　制作公司简介演示文稿

在企业交流和对外宣传中，为了让合作伙伴和客户更好地了解自己，经常要用 PowerPoint 2010 来制作图文并茂、生动美观的演示文稿，直观地展示企业风采。

6.1.1　制作公司简介文稿实例

本实例以制作某公司简介来介绍简单的演示文稿的制作方法，效果如图 6-1 所示。

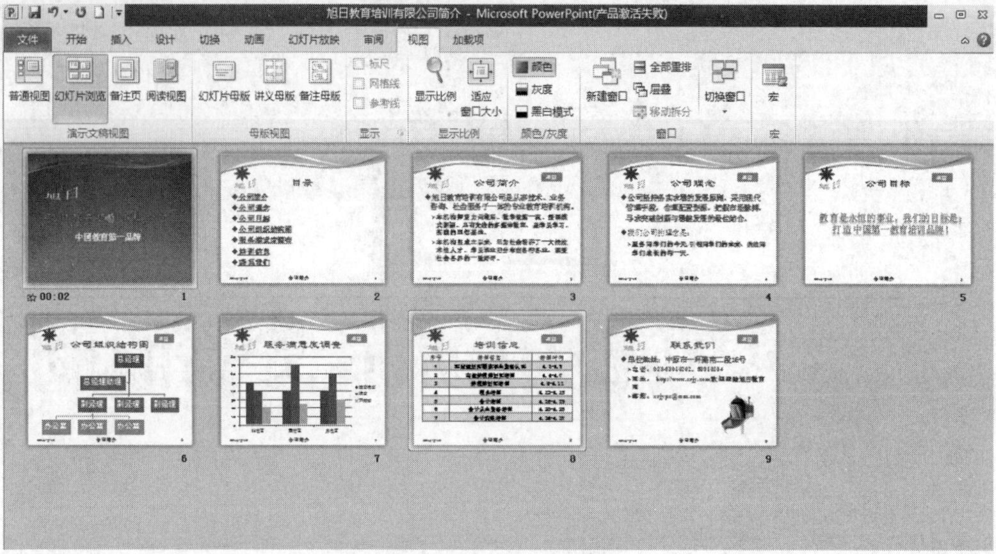

图 6-1　公司简介效果图

本实例中，将主要解决如下问题：

- 如何创建演示文稿
- 如何在幻灯片中插入和编辑文字、图片、组织结构图、图表等对象
- 如何选取幻灯片版式和模板
- 如何利用母版
- 如何设置幻灯片的动画方案
- 如何利用幻灯片切换与超链接功能进行设置
- 如何设置幻灯片的放映方式

6.1.2　操作步骤

在制作公司简介演示文稿之前，准备好相关的文本资料和图片素材。

1．创建公司简介演示文稿

启动 PowerPoint 2010，创建一个空白演示文稿，以"旭日教育培训有限公司简介"为名保存该演示文稿。默认生成的空白演示文稿背景是白色的，文本是黑色的，可以选择演示文稿模板改变主题。

（1）设置幻灯片设计模板。选择"设计"选项卡→"主题"工具组下拉列表中的"流畅"主题，如图 6-2 所示。

（2）制作标题幻灯片。通常，演示文稿是由多页幻灯片组成，而默认生成的第一页幻灯片称为"标题幻灯片"。"标题幻灯片"具有显示主题、突出重点的作用。此处在"标题幻灯片"中添加标题，并利用母版插入公司图标。

图 6-2　选择设计模板

1）添加标题。单击"单击此处添加标题"占位符，输入标题"旭日教育培训有限公司"。在"单击此处添加副标题"占位符中输入"中国教育第一品牌"，效果如图 6-3 所示。

图 6-3　标题幻灯片

2）利用母版制作公司图标和修改文本对象的格式。选择"视图"选项卡→"母版视图"命令，打开幻灯片母版视图。单击左侧列表框中"标题母版"缩略图，在"标题母版"上利用自选图形和艺术字的组合设计制作图标，并调整其大小及位置，如图 6-4 所示，将大标题的文本格式修改为楷体、48 号字、加粗、深黄色，居中对齐，副标题的文本格式修改为楷体、32号字、加粗，浅黄色，居中对齐，并将大标题和小标题的位置都向下移动到合适的位置，切换到普通视图后，效果如图 6-5 所示。

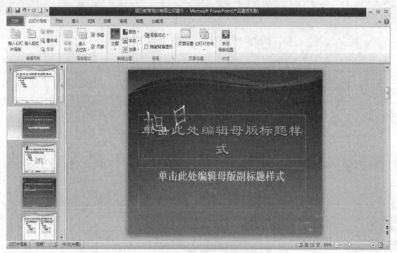

图 6-4　设置标题幻灯片母版

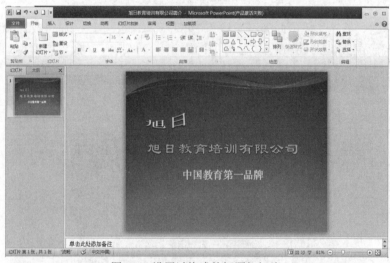

图 6-5　设置过格式的标题幻灯片

（3）设置标题和内容的幻灯片母版。在"幻灯片母版"下单击左侧母版缩略图中"标题和内容"，将在"标题母版"中制作好的公司图标复制到"幻灯片母版"中，并调整大小和位置。则当插入新幻灯片时，该图标将同时出现在各个新幻灯片中。还要修改幻灯片的标题和正文内容的格式，如图 6-6 所示，本例中将标题格式改为楷体、40 号字、深黄色，将正文中的第一级文本改为楷体、32 号字、线黄色、加粗，第二级文本改为宋体、28 号字、粉色、加粗，第三级文本改为宋体、24 号字、青色、加粗，项目符号改为效果图中的样式。

　　将视图切换到普通视图，即"标题和内容"母版设置好后，需要不断的插入新幻灯片以完成其他页的制作。

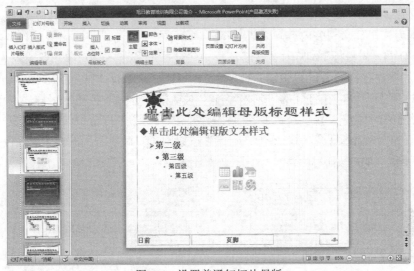

图 6-6　设置普通幻灯片母版

（4）制作"目录"幻灯片。选择"开始"选项卡→"新建幻灯片"命令，插入一张"标题和内容"版式的新幻灯片，在标题占位符中输入标题文本"目录"；在下方的文本占位符中，输入如图 6-7 所示的目录内容。

提示：在 PowerPoint 2010 中也可以利用组合键生成目录幻灯片。方法是首先选择多张幻灯片，同时按下 Alt+Shift+S 组合键，即可将所选中的幻灯片标题提取出来形成目录幻灯片。

（5）制作"公司简介"幻灯片。选择"开始"选项卡→"新建幻灯片"命令，插入一张"标题和内容"版式的新幻灯片，在标题占位符中输入标题文本"公司简介"；在下方的文本占位符中，输入有关公司介绍的内容。为文本中需要降级的内容降级，降级的方法如下：打开左边列表中的"大纲"选项卡，将光标放在需要降级的文本处，右击，在弹出的快捷菜单中选择"降级"命令即可。制作完成的"公司简介"幻灯片效果如图 6-8 所示。

图 6-7　"目录"幻灯片

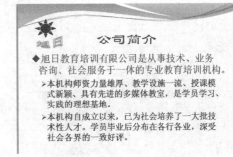

图 6-8　"公司简介"幻灯片

提示："大纲"选项卡可以为正文内容升、降级，也可以移动文本。另外，把光标放在需要升、降级的文本中，按 Shift+Tab 和 Tab 键就可以完成升级和降级了。

（6）制作"公司理念"幻灯片。利用上面的方法再插入一张新的幻灯片，标题为"公司理念"，文本为公司理念相关内容。效果如图 6-9 所示。

（7）制作"公司目标"幻灯片。该幻灯片中包含标题和艺术字对象。当插入一张新的"仅标题"幻灯片后，在标题占位符中输入标题"公司目标"。选择"插入"选项卡→"文本"工具组→"艺术字"命令，在打开的"艺术字库"对话框中选择一种艺术字样式，单击"确定"按钮后，在占位符中输入"教育是永恒的事业，我们的目标是：打造中国第一教育培训品牌！"，并进行字体、字号等格式设置后，单击"确定"按钮即可。对新添加的艺术字进行位置、大小及方向等的调整，如图 6-10 所示。

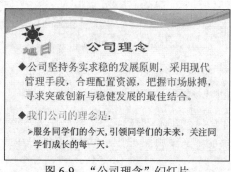

图 6-9　"公司理念"幻灯片

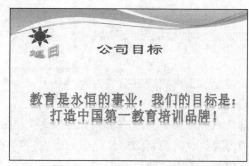

图 6-10　"公司目标"幻灯片

（8）制作"公司组织结构"幻灯片。组织结构图是用来反映组织内部人员结构和组织层次的图示，利用组织结构图可以清晰地描述组织内部的各种关系，使复杂的信息简单化。操作步骤如下：

1）插入新幻灯片，插入一张"标题和内容"的幻灯片，如图 6-11 所示，单击"插入 SmartArt 图形"图标，在打开的"选择 SmartArt 图形"对话框中选择左边列表中的"层次结构"选项，然后选择如图 6-12 所示的图示类型。单击"确定"按钮，在幻灯片中插入组织结构图形状，如图 6-13 所示，打开组织结构图框架。

图 6-11　插入 SmartArtt 图形

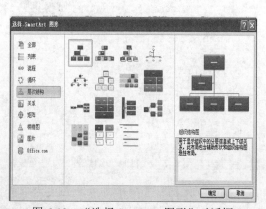

图 6-12　"选择 SmartArt 图形"对话框

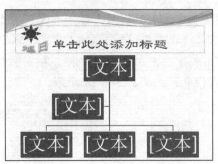

图 6-13 创建组织结构图框架

2）在组织结构图框架中也可以使用"设计"选项卡→"创建图表"工具组→"添加"命令为指定的框在"前面"、"后面"、"上方"、"下方"等位置插入对象，如图 6-14 所示，设置好组织结构图框架，调整"布局"为"标准"。

图 6-14 插入不同的对象

3）输入内容。为各文本框输入内容的方法是直接单击文本框即可输入文字。选择整个组织结构图，将文本设为宋体、24 号字，在"设计"选项卡中将 SmartArt 样式设置为"白色轮廓"，更改其颜色为"彩色—强调文字颜色"，效果如图 6-15 所示。

图 6-15 "公司组织结构"效果图

（9）制作"服务满意度调查"图表幻灯片。插入一张新的"标题和内容"幻灯片，在标题占位符处输入标题"服务满意度调查"。单击"插入图表"占位符，在打开的"插入图表"对话框中选择"簇状柱形图"，确定后，如图 6-16 所示，根据需要修改源数据表，生成相应的图表。对图表进行合适的格式设置，效果如图 6-17 所示。

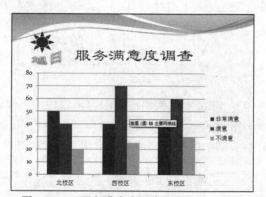

	A	B	C	D
1		非常满意	满意	不满意
2	北校区	50	40	20
3	西校区	40	70	25
4	东校区	40	60	30

图 6-16　图表数据表内容　　　　　图 6-17　"服务满意度调查"幻灯片效果图

提示：一般情况下，图表或表格会在 Excel 或 Word 中做好后直接复制到幻灯片中。

（10）制作"培训信息"幻灯片。插入一张版式为"标题和内容"的新幻灯片，将标题修改为"培训信息"，内容中插入表格，表格内输入相关的内容如图 6-18 所示。

（11）制作"联系我们"幻灯片。插入一张版式为"标题和内容"的新幻灯片，在标题占位符输入标题内容，在内容占位符中，单击"插入图片"图标，在打开的"插入图片"对话框中选择要插入的图片后单击"确定"按钮即可。图片插入后，可以根据需要对图片、文本位置及大小进行适当调整。效果如图 6-19 所示。

图 6-18　"培训信息"幻灯片　　　　　图 6-19　"联系我们"幻灯片

2．在幻灯片中添加页眉页脚

本例中，要为除了标题幻灯片之外的每张幻灯片添加页脚，并且设置页眉页脚的格式，具体操作步骤下：

（1）选择"插入"选项卡→"文本"工具组→"页眉和页脚"命令，打开"页眉和页脚"对话框。

（2）选择"幻灯片"选项卡，设置幻灯片中页眉页脚包含的内容：将日期和时间设置为自动更新、勾选"幻灯片编号"按钮，勾选"页脚"复选框并输入"公司简介"文本，勾选"标题幻灯片中不显示"复选框，如图6-20所示，单击"全部应用"按钮即可为除标题幻灯片之外的每张幻灯片添加上页眉和页脚，效果如图6-21所示。

图6-20　"页眉和页脚"对话框

图6-21　添加过页眉页脚的幻灯片

（3）设置页眉页脚的格式。如图6-21所示，初步设置好的页眉页脚字体非常小，可能不符合要求，但是如果逐个修改也比较麻烦而且不容易统一，修改页眉页脚格式的方法如下：选择"视图"选项卡→"幻灯片母版视图"命令，在"幻灯片母版视图"编辑区，如图6-22所示，将下方页脚区的日期/时间、页脚和数字三项的字体设置为20号，粗体，居中对齐，关闭母版视图返回普通视图后，效果如图6-23所示。

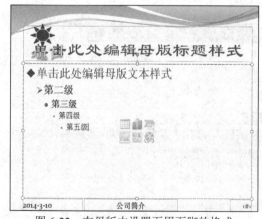
图6-22　在母版中设置页眉页脚的格式

图6-23　设置过页眉页脚格式的幻灯片

提示：在页眉页脚对话框中，还可以设置备注，讲义的页眉、页脚。

3. 放映幻灯片

幻灯片放映有两种方式，一是从头开始放映，二是从当前的幻灯片开始放映。

（1）从头放映幻灯片。选择 "幻灯片放映"选项卡→"开始放映幻灯片"工具组→"从头开始"命令（或按 F5 键），即可开始放映幻灯片。可以采用以下任何一种方法进行幻灯片的切换与放映：

● 利用单击鼠标切换到下一页。

● 利用键盘上的翻页键 Page Up 和 Page Down 进行切换。

● 利用键盘上的方向键进行切换。按←或↑键切换到上一张幻灯片，按→或↓键切换到下一张幻灯片。

● 利用快捷菜单进行切换。在幻灯片的任意位置右击，从弹出的快捷菜单中选择"上一张"或"下一张"命令进行切换。

● 通过按空格键或回车键切换到下一张。

（2）从当前幻灯片开始放映。选择"幻灯片放映"选项卡→"开始放映幻灯片"工具组→"从当前幻灯片开始幻灯片放映"命令（或按 Shift+F5 键），可以从当前幻灯片开始放映。

（3）退出放映状态。如果中途要退出放映状态，可以按 Esc 键结束放映。

4. 建立超链接

在幻灯片播放过程中，可以通过设置超链接从目录幻灯片切换到演示文稿中各个相应幻灯片，也可以由后面相应的幻灯片中切换回目录幻灯片。具体步骤如下：

（1）打开目录幻灯片，选中"公司简介"文本，右击，在弹出的菜单中选择"超链接"命令，打开"插入超链接"对话框，如图 6-24 所示，在左边"链接到"中选择"本文档中的位置"，右边选择"公司简介"幻灯片，确定后为"公司简介"添加了超链接。用同样的方法，为目录中其他的文本插入超链接，分别链接到"公司理念"、"公司目标"、"公司组织结构"、"服务满意度调查"、"培训信息"、"联系我们"等幻灯片。如图 6-25 所示。

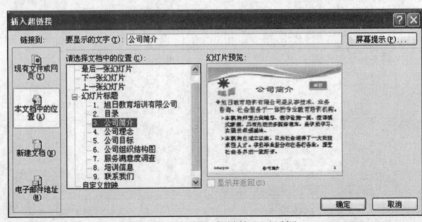

图 6-24 "插入超链接"对话框

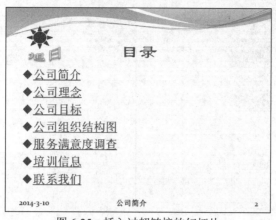

图 6-25　插入过超链接的幻灯片

（2）更改超链接文本的颜色。本例中初步制作好的超链接文本的颜色不符合要求，所以要更改文本的颜色。但使用传统的方法是不能更改的，这里只能使用更改主题颜色的方法进行制作。操作方法如下：选择"设计"选项卡→"主题"工具组→"颜色"命令，如图 6-26 所示，在其下拉列表选择"新建主题颜色"，在打开的"新建主题颜色"对话框中，将"超链接"设置为蓝色，"已访问的超链接"设置为红色，如图 6-27 所示。单击"保存"按钮即可设置成功。在放映的过程中，没有访问的超链接文本是蓝色的，已访问过的超链接文本是红色的。

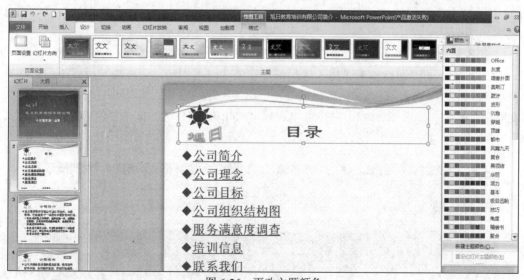

图 6-26　更改主题颜色

（3）制作返回目录幻灯片的超链接按钮。打开"公司简介"幻灯片，选择"插入"选项卡→"插入形状"命令，选择"圆角矩形"形状，在幻灯片的右上角拖画出一个图形，添加文字"返回"，并适当设置该形状图形的样式和文本的格式，结果如图 6-28 所示。

图 6-27 "新建主题颜色"对话框

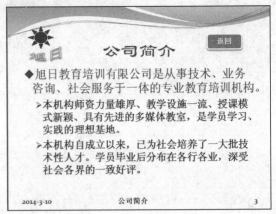

图 6-28 制作"返回"按钮

选中该形状按钮，选择"插入"选项卡→"链接"工具组→"超链接"命令，打开"插入超链接"对话框，在左边"链接到"中选择"本文档中的位置"，右边选择"目录"幻灯片，确定后为"公司简介"添加超链接。鼠标指针移动到该按钮上将变成小手状，单击可以返回到"目录"幻灯片中。

复制该按钮，分别在"公司理念"、"公司目标"、"公司组织结构"、"服务满意度调查"、"培训信息"、"联系我们"幻灯片中粘贴即可，这样从第三张幻灯片开始，每张幻灯片都有一个能返回到"目录"幻灯片的按钮，也就是说"目录"幻灯片和后面的几张幻灯片可以随意使用超链接切换。

5. 设置幻灯片的切换动画

（1）设置不同的切换效果。为了让幻灯片在放映时更生动，可以为其设置不同的切换效果。选择第一张幻灯片，在"切换"选项卡→"切换到此幻灯片"工具组中选择合适的切换动画效果，如本例中选择"时钟"，在声音中选择"照相机"，持续时间为"01:00"，换片方式为"单击鼠标时"，如图 6-29 所示。这样放映第一张幻灯片时就可以看到设置的切换效果。

图 6-29 设置幻灯片的切换效果

使用上面的方法，为后面几张幻灯片设置不同的切换效果，这样整个演示文稿都可以有不同的切换效果。

（2）设置相同的切换效果。除了设置不同的切换效果之外，还可以设置相同的切换效果，方法如下：选择演示文稿中的任一幻灯片，选择"切换"选项卡→"计时"工具组→"全部应用"命令，就可以为所有的幻灯片设置相同的切换效果。

提示：一般情况下，商务幻灯片的切换效果不易过多，通常只有两种，标题幻灯片是一种，非标题幻灯片是另一种，如果用户想对幻灯片中的各个对象设置不同的动画效果，则需要用到自定义动画，自定义动画设置将在下一个实例中使用。

6. 自动放映幻灯片

一般情况下幻灯片切换是"单击鼠标时"，但是也可以设置固定的时间段切换，方法如下：在"切换"选项卡→"计时"工具组→"换片方式"中选择"设置自动换片时间"，在后面的文本中设置幻灯片切换相隔的时间，如图6-30所示，设置时间间隔为2秒。如果为每张幻灯片设置相同的时间间隔和动画效果，则单击 "全部应用"按钮即可。

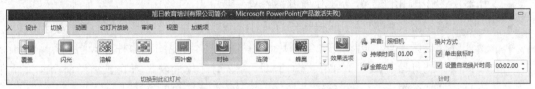

图6-30   设置幻灯片自动切换的时间

6.1.3   主要知识点

1. PowerPoint 功能介绍

PowerPoint 是一个易学易用、功能丰富的演示文稿制作软件，用户可以利用它制作图文、声音、动画、视频相结合的多媒体幻灯片，并达到最佳的现场演示效果。

（1）PowerPoint 用途

PowerPoint 有两个主要用途：

用于公开演讲、商务沟通、经营分析、页面报告、培训课件等正式工作场合。

用于电子相册、搞笑动画、自测题库等娱乐休闲场合。

（2）演示文稿和幻灯片

由 PowerPoint 创建的文件称为演示文稿，PowerPoint 2010 是以".pptx"为扩展名保存的文件，一个演示文稿中包含多张幻灯片，每张幻灯片在演示文稿中既相互独立又相互联系。幻灯片是由不同的对象组成的，通常包括文字、图片、图表、表格、动画等。

2. PowerPoint 的界面组成

PowerPoint 2010 的主界面如图6-31所示，窗口主要包括功能区、幻灯片编辑区、幻灯片列表区、备注窗格、状态栏等。

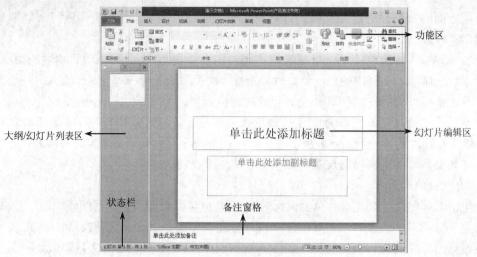

图 6-31　PowerPoint 2010 主界面

- 功能区：作用和操作方法与其他办公软件一样，不再赘述。
- 幻灯片编辑区：用来显示或编辑幻灯片中的文字、字符、图表、图片等内容。
- 幻灯片列表区：该区可以在"幻灯片视图"和"大纲视图"两种方式间切换，单击该区中的"幻灯片"或"大纲"选项卡即可。"幻灯片列表"方式显示当前演示文稿中所有幻灯片的缩略图，"大纲"方式显示当前演示文稿的文本大纲。
- 备注窗格：可以为每张幻灯片添加备注，备注在放映时不显示，但是可以打印。
- 状态栏：显示当前操作的状态，如光标位置、当前编辑的幻灯片序列号、整个文稿所包含的幻灯片的页数以及文稿中所用模板的名称等信息。

3. 创建演示文稿框架

选择"文件"选项卡→"新建"命令，打开"可用的模板和主题"窗口，可以选择创建多种演示文稿的类型。

（1）创建空演示文稿

在"可用的模板和主题"列表区中选择"空白演示文稿"，如图 6-32 所示，即可创建一个空白演示文稿文件，此文件中的幻灯片具有白色背景，且文字默认为黑色，不具备任何动画效果。

（2）根据现有模板创建演示文稿

在"可用的模板和主题"列表区选择"样本模板"，如图 6-33 所示，用户可以选择任一种模板创建演示文稿，这样创建的演示文稿已经具备一定的内容提示。

（3）根据在线模板创建演示文稿

除了本机上安装的内容模板之外，PowerPoint 2010 还有一个强大的功能就是可以下载在线的模板，方法如下：在"可用的模板和主题"列表区中的"Office.com 模板"中选择需要的一种模板，如选择"贺卡"，然后在弹出的列表中选择其中的一种贺卡，如图 6-34 所示，单击"下载"按钮即可下载并创建该内容的演示文稿。

图 6-32　新建空白演示文稿

图 6-33　根据现有模板创建演示文稿

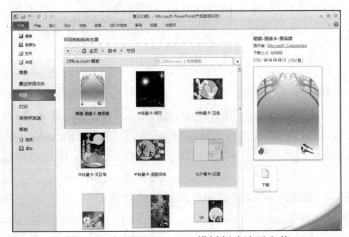

图 6-34　根据 Office.com 模板创建演示文稿

（4）根据主题创建演示文稿

主题包括预先设置好的颜色、字体、背景和效果，可以作为一套独立的选择方案应用于文件中。在"可用的模板和主题"列表中选择"主题"，如图 6-35 所示，然后即可选择一种主题创建演示文稿。

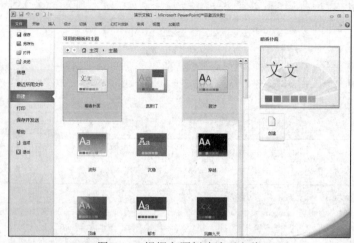

图 6-35　根据主题创建演示文稿

4. 幻灯片中文本的输入与编辑

演示文稿通常是由一系列具有主题的幻灯片组成，演示文稿能否充分反映主题，文本是最基本的手段，创建好演示文稿框架后，接着就要向幻灯片中输入文本。

（1）在幻灯片编辑区直接输入文本

幻灯片一般分为两个部分：标题区和主体区，标题区用于输入每张幻灯片的标题，主体区用于输入幻灯片要展示的文字信息。按照幻灯片中标题区及主体区占位符所指示位置，输入相应标题及文本。输入完成后，可根据需要对标题及主体区中文本的位置、字体等进行设置。

提示：幻灯片中的"单击此处添加标题"为占位符，放映时不显示，可以不用管它，如果觉得不合适可以删除。

（2）在幻灯片大纲区输入文本

在"幻灯片列表区"单击"大纲"选项卡，在弹出的大纲列表中输入标题。可以一次给多个幻灯片输入标题，方法是：输完一个幻灯片的标题后按 Enter 键，在系统自动增加的幻灯片中输入标题即可；若输入层次小标题，将光标移到标题的末尾，按 Enter 键，然后右击选择"➡"（降级）命令，在光标处输入标题，反复进行这样的操作可以给一个幻灯片最多建立五级标题。

提示：输入文字最快的方式就是在大纲列表区中输入，输入一个标题后接着输入下一个标题，通过"升级"/"降级"按钮可以实现标题级别的设置。

（3）幻灯片中文本的编辑

幻灯片中的文本可以进行复制、移动、删除等编辑操作，对文字的字体和颜色也可进行设置，其操作同其他软件中的文本编排类似，这里不再赘述。

5．演示文稿母版

母版是用来定义演示文稿格式的，它可以使一个演示文稿中每张幻灯片都包含某些相同的文本特征、背景颜色、图片等。当每一张幻灯片中都需要出现相同内容时，如企业标志、CI 形象、产品商标以及有关背景设置等，这些内容应该放到母版中，本例中，在母版上设计了一个公司图标图形后，这个图标将出现在每张幻灯片的相同位置，它使演示文稿具有了相同的风格。

（1）演示文稿母版类型

演示文稿的母版类型一般分为三种，幻灯片母版、讲义母版和备注母版，通常使用的是幻灯片母版。

幻灯片母版主要用来控制除标题幻灯片以外的幻灯片的标题、文本等外观样式，如果修改了母版的样式，将会影响到所有基于该母版的演示文稿的幻灯片样式。

标题母版控制的是以"标题幻灯片"版式建立的幻灯片，是演示文稿的第一张幻灯片，相当于演示文稿的封面，因此标题幻灯片在一个演示文稿中只对一张幻灯片起作用。

备注母版主要提供演讲者备注使用的空间以及设置备注幻灯片的格式。

讲义母版用于控制幻灯片以讲义的形式打印的格式，可增加页眉和页脚等。

（2）幻灯片母版设置

选择"视图"选项卡→"母版视图"工具组→"幻灯片母版"命令，可以打开幻灯片母版视图。幻灯片母版内容的设置和幻灯片版式相关，不同的版式应用不同的母版，若想要整个演示文稿都应用母版样式，必须为在演示文稿中出现的不同版式进行母版设置。

6．幻灯片版式

幻灯片版式是幻灯片中对象的布局，包括位置和内容的不同。单击"开始"选项卡→"版式"工具组→"新建幻灯片"下拉列表，显示如图 6-36 所示，该列表中列出了所有的版式。若想更改版式，在此列表中选择其中一个即可。

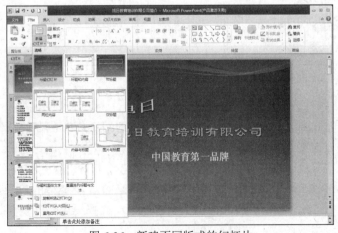

图 6-36　新建不同版式的幻灯片

7. 主题颜色方案的修改

主题颜色方案（又称配色方案）是由文本颜色、背景颜色、强调文本颜色、超链接、已访问的超链接等多种颜色组成的一组用于演示文稿的预设颜色方案。每一个主题都有多个不同的配色方案，一个配色方案可应用于一个或多张幻灯片，在设计幻灯片时可以改变其不同的配色方案，操作步骤如下：

（1）选择"设计"选项卡→"主题"工具组→"颜色"下拉列表，在列表中列出了该主题配备的多种颜色方案，可以任意选择其中一种。如果将该配色方案应用到一张幻灯片上，在该配色方案上右击，选择"应用于所选幻灯片"命令，如图 6-37 所示。此时所定的幻灯片的配色方案就被更改为所选配色方案。

（2）改变幻灯片中某一部分的主题颜色方案。操作方法如下：

如图 6-37 所示，单击列表下端的"新建主题颜色"，弹出如图 6-38 所示的对话框。单击"主题颜色"中任意选项右边的色彩下拉按钮，即可选择不同的颜色，最后单击"保存"按钮即可将本次新建的主题颜色进行应用和保存。

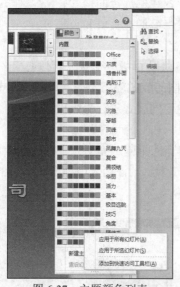

图 6-37　主题颜色列表

图 6-38　"新建主题颜色"对话框

8. 在幻灯片中插入声音

为了增加幻灯片的播放效果，还可以把声音添加到幻灯片中，在放映幻灯片时可以自动播放。插入声音的方法如下：

在幻灯片视图中打开一张幻灯片。选择"插入"选项卡→"媒体剪裁"工具组→"音频"命令，弹出如图 6-39 所示的下拉列表，这里可以选择来自 3 个类型的声音。一般情况下，选择"文件中的音频"，在弹出的"插入音频"对话框中，选择一个声音文件，确定后，会在幻灯片中插入一个音频播放图标，如图 6-40 所示。

图 6-39　插入声音

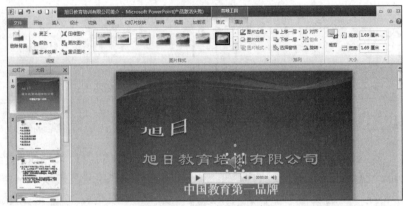

图 6-40　插入声音提示框

（1）声音的播放设置

插入声音图标的同时，功能区会多出"格式"和"播放"选项卡，其中"格式"选项卡是设置声音图标的格式，在此不再讲解；"播放"选项卡中可以设置声音的播放选项，如图 6-41 所示。

图 6-41　"播放"选项卡

- 音量：可以设置放映时播放的音量：低、中、高和静音。
- 开始：自动、单击时和跨幻灯片播放。
  - ➢ 自动：幻灯片中上一个动画结束后自动播放音频。
  - ➢ 单击时：幻灯片中上一个动画结束后单击鼠标时播放音频。
  - ➢ 跨幻灯片播放：可以在多张幻灯片中连续播放，相当于背景音乐。
- 放映时隐藏：幻灯片放映时隐藏声音图标。
- 循环播放，直到停止：声音一直循环播放，直到幻灯片停止。
- 播完返回开头：声音播放完后回到开始处。

（2）剪裁音频

剪裁音频是 PowerPoint 2010 中新增的功能，它可以自由设定插入音乐的播放开始和结束的时间，选择"播放"选项卡→"编辑"工具组→"剪裁音频"命令，弹出如图 6-42 所示的"剪裁音频"对话框，绿色的标识是开始播放的时间，红色的标识是结束的时间，可以通过拖动这两个标识进行自由剪裁音频，也可以通过"开始时间"和"结束时间"上方的文本框设定音乐开始和结束的时间。如图 6-43 所示，确定后即可对音频进行剪裁。此时播放幻灯片，就可以听到剪裁过的音频了。

图 6-42　剪裁前的音频

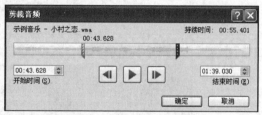

图 6-43　剪裁后的音频

由于音频是嵌入到幻灯片中的，所以音频就会占较大的空间，如果只保存剪裁过的音频就可以节省一部分空间，提取剪裁过的音频的方法如下：选择"文件"选项卡→"信息"命令，如图 6-44 所示，在"压缩媒体"下拉列表中选择"演示文稿质量"，会弹出如图 6-45 所示的"压缩媒体"对话框，此时表示节省了 1.1MB 的空间，这样媒体文件也从原来的 1.7MB 变成了 0.6MB，如图 6-46 所示。

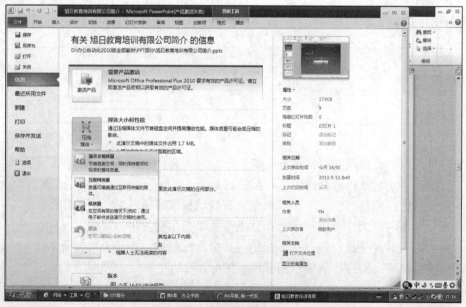

图 6-44　提取剪裁过的音频

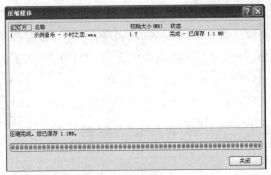

图 6-45   "压缩媒体"对话框

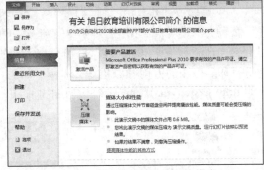

图 6-46   压缩后的媒体文件信息

9. 在幻灯片中插入视频

在幻灯片中还可以添加视频影片，方法如下：选择"插入"选项卡→"媒体"工具组→"视频"命令，如图 6-47 所示，在下拉列表中选择"文件中的视频"，在幻灯片中添加一个视频影片，影片的窗口大小可以调整，"播放"功能区中的设置和音频的设置相同，同样也可以剪辑视频，在此不再讲解，将开始时间设置为"自动"，幻灯片放映时会直接播放影片。

图 6-47   插入视频

10. 幻灯片的页面设置与打印

（1）页面设置是打印的基础，操作步骤如下：

选择"设计"选项卡→"页面设置"命令，打开如图 6-48 所示的"页面设置"对话框。在对话框中，可以分别对幻灯片、备注、讲义及大纲等进行各项设置，包括幻灯片的大小、宽度、高度、幻灯片编号起始值、方向等，单击"确定"按钮即可。

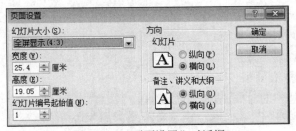

图 6-48   "页面设置"对话框

6
Chapter

227

（2）演示文稿的打印包括幻灯片、大纲、备注、讲义等的打印，操作步骤如下：

选择"文件"选项卡→"打印"命令，打开打印窗口。在此可以选择打印机；设置打印的份数；在"设置"中还可以设置打印幻灯片的范围（全部或指定的页数）、打印内容，是否逐份打印、打印的方向和颜色等。本例中将打印内容设置为"6 张水平放置的幻灯片"的讲义，如图 6-49 所示，单击"打印"按钮即可打印。

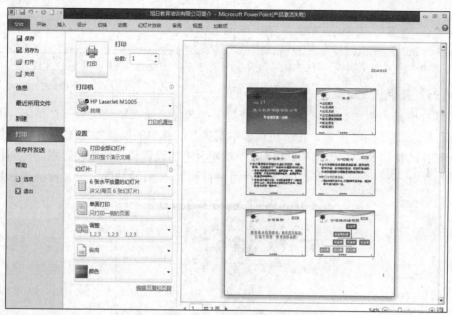

图 6-49　"打印"窗口

6.2　制作音画同步的音乐幻灯片

利用 PowerPoint 可以制作图文并茂、音画同步的精美音乐幻灯片，同时，还可以将制作完成的音乐幻灯片打包成 CD 数据包，在没有安装 PowerPoint 的计算机上进行放映。

6.2.1　制作音画同步的音乐幻灯片实例

本实例使用 PowerPoint 2010 制作音乐幻灯片。效果如图 6-50 所示。

在本例中，主要解决如下问题：

- 如何对幻灯片设置背景
- 如何添加背景音乐
- 如何为幻灯片中的对象添加自定义动画
- 如何设置排练计时

- 如何自定义放映
- 如何打包演示文稿

图 6-50　音乐幻灯片效果图

6.2.2　操作步骤

　　在制作音乐幻灯片之前，首先选择一首自己喜欢的音乐，收集音乐歌词和相关精美图片等素材，然后再进行具体的规划。各类素材在计算机的存放路径为：D:\音乐幻灯片。

　　1. 新建空白版式演示文稿

　　启动 PowerPoint 2010，将新建的空白演示文稿更名为"音乐幻灯片—旅行"并保存到 D:\音乐幻灯片文件夹中。在该演示文稿中添加若干张幻灯片，将所有幻灯片的版式均选择为"空白"版式。

　　2. 设置幻灯片背景

　　单击第一张幻灯片，选择"设计"选项卡→"背景"工具组→"背景样式"命令，在下拉列表中选择"设置背景格式"，打开"设置背景格式"对话框，如图 6-51 所示。该对话框中有"填充"、"图片更正"、"图片颜色"、"艺术效果"四个选项卡，在此选择"填充"为"图片或纹理填充"，单击"文件"按钮，在"插入图片"对话框中选择需要背景填充的图片，单击"确定"按钮，关闭"设置背景格式"对话框，即将图片设置为第一张幻灯片的背景，如图 6-52 所示。后面的每一张幻灯片都执行同样的操作，让每一张幻灯片都具有不同的背景。

6
Chapter

图 6-51 "设置背景格式"对话框   图 6-52 为第一张幻灯片添加背景

　　需要说明的是，在该"设置背景格式"对话框中有"全部应用"按钮。如果单击"全部应用"按钮，所选定的背景图片将应用到演示文稿中的每一张幻灯片。在此，可为演示文稿选择一张背景图片应用到所有幻灯片，然后根据需要再为单张幻灯片选择不同的图片设置个性化背景。在"设置背景格式"对话框中还可以根据需要设置渐变填充、纹理填充、图案填充等效果。

　　另外，还可以对背景设置特殊的颜色和艺术效果，使普通的图片具有一定的艺术效果，增加幻灯片放映时的美感。

　　提示：在幻灯片中，图片既可以以一个独立的对象插入到幻灯片中，也可以作为幻灯片的背景存在。当作为一个对象插入到幻灯片中时，可以在幻灯片的编辑状态下进行位置、大小等调整。如果将图片设置为幻灯片背景，则图片像画在幻灯片上一样，不可编辑。

　　3．在幻灯片中插入对象

　　根据需要插入图片、图形、艺术字等对象，对幻灯片做个性的美化与设置。

　　（1）插入艺术字

　　要实现音画同步的效果，就要把歌词输入到幻灯片中，歌词可以直接输入也可以添加艺术字，在本例中，根据每张幻灯片的背景意境，将歌词利用艺术字的形式，添加显示在每张相应幻灯片中，并适当地调整艺术的样式和颜色。艺术字的格式设置方法同 Word 中文本框的使用方法，在此不再阐述。

　　（2）插入静态图片

　　本演示文稿中有多张幻灯片需要插入静态图片，如选中第二张幻灯片，该幻灯片中已经设置图片背景。选择"插入"选项卡→"插图"→"图片"命令，打开"插入图片"窗口，选择一张静态小图片插入到幻灯片中。调整图片的边框控制点，放到幻灯片的适当位置。如图 6-53 所示。

　　（3）插入动态图片

　　在本例中，为了实现画面美仑美奂的效果，还插入了动态图片，在第 5 张幻灯片中，插入几张蝴蝶的 GIF 动画图片，调整每张图片的大小并旋转图片成不同的角度，以做到惟妙惟肖，如图 6-54 所示。

图 6-53　插入静态图片效果图

图 6-54　插入动画图片的效果图

提示： GIF 动画图片是一种相对比较简单、占空间比较小的动画，它插入到幻灯片中时，只有在放映的时候才可以呈现出动画状态。

（4）插入自定义图形

在幻灯片中，可以在绘制的不同形状的图形中填充照片、风景图片等来增加幻灯片的个性设置。本例在第 7 张幻灯片中插入了一个八角星图，在其中填充一张风景照。操作步骤为：

1）在"开始"选项卡→"插入"工具组→"形状"中的八角星图，在要插入图形的幻灯片中拖画出合适大小的八角星形状。

2）右击该图形，在快捷菜单中选择"设置形状格式"，打开"设置形状格式"对话框，将其填充效果设置为图片填充，选择"图片"文件夹中的一幅图片。

3）调整图形的格式。将形状图形的边框设置为粉红色，加粗，效果如图 6-55 所示。

图 6-55　添加过自选图形后的幻灯片

4．添加连续的背景音乐

在音乐幻灯片播放时，我们希望一首音乐能够贯穿始终，实现在演示文稿中连续播放的效果。操作方法是：选中首张幻灯片，选择"插入"选项卡→"媒体"工具组→"音频"下拉按钮，单击"文件中的音频（F）"，打开"插入音频"对话框。

选择要插入的音乐文件后，单击"插入"按钮，在当前幻灯片页面中就会出现一个小喇叭，此时会同时出现"播放"功能区，将"音频选项"工具组中的"开始"设置为"跨幻灯片播放"，选择"放映时隐藏图标"，此时放映幻灯片就可以自动连续跨幻灯片地播放背景音乐。

如果想查看音乐是否能自动播放，选择"动画"选项卡→"高级动画"工具组→"动画窗格"命令，打开如图 6-56 所示的任务窗格，"动画窗格"是显示当前幻灯片中对象的所有自定义动画效果的窗口。此时可以看到音频文件前面有个"0"，代表幻灯片出现后自动播放音乐。

图 6-56　在"动画窗格"中查看音频文件

5．利用自定义动画设置幻灯片中各个对象的动画效果

上一节运用了幻灯片切换设置来为幻灯片设置切换动画，本节将运用自定义动画来更加灵活地设置每一个对象的动画。本例中为了做到动画尽可能得美观，每一张幻灯片中的对象都要设置自定义动画。下面用其中一张幻灯片举例说明具体操作步骤：

（1）选择第 2 张幻灯片，这张幻灯片除了一张图片背景外，还有两个艺术字和一张静态图片对象，按照幻灯片放映时的顺序，首先选中"阵阵晚风吹动着松涛"艺术字，选择"动画"选项卡→"动画"工具组，将动画效果展开，如图 6-57 所示，选择"进入"中的"缩放"，在"计时"工具组中将"开始"设置为"单击时"，"持续时间"设置为"01.50"。单击"动画窗格"按钮，打开"动画窗格"任务窗格，如图 6-58 所示。

图 6-57 为艺术字设置自定义动画

图 6-58 设置过自定义动画的动画窗格

（2）再次选中静态图片，用同样的方法为其设置动画为"翻转式由远及近"，持续时间为"01.50"。

（3）选中"吹响这风铃声如天籁"艺术字，在"动画"工具组中将动画效果展开，如图 6-59 所示，选择"更多进入效果"，弹出如图 6-60 所示的对话框，选择"华丽型"中的"浮动"，确定后，将持续时间设置为"01.25"。

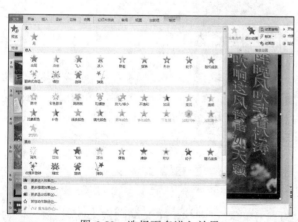

图 6-59 选择更多进入效果

图 6-60 设置动画为"浮动"

（4）再次选中该幻灯片中的静态图片，单击"高级动画"工具组→"添加动画"命令，在下拉菜单中选择"退出"中的"收缩并旋转"，如图 6-61 所示，就可以为图片再次设置一个退出的动画。

设置完这 4 个动画后，"动画窗格"任务窗格中就会出现每个动画以及其出现的序号，如图 6-62 所示。

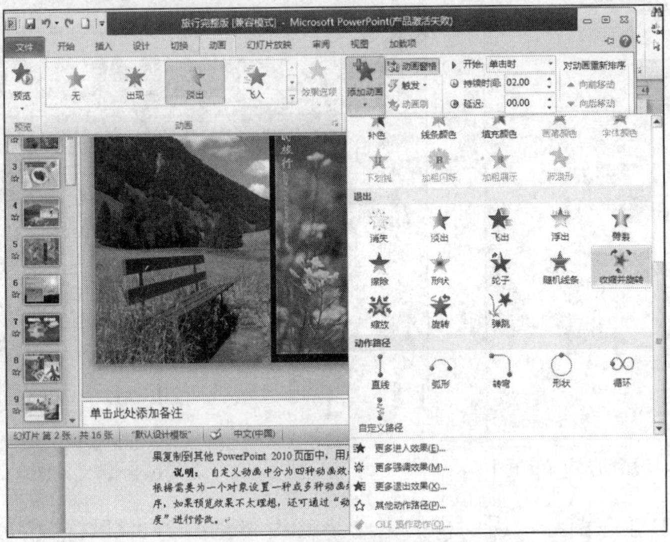

图 6-61　设置"退出动画"

图 6-62　添加过 4 种动画的"动画窗格"

按照上面介绍的方法，可以对其他幻灯片中的对象进行自定义动画效果的设置。

提示：自定义动画中分为 4 种动画效果：进入、强调、退出和动作路径。用户可以根据需要为一个对象设置一种或多种动画效果，也可以在"动画窗格"中调整播放的顺序，如果预览效果不太理想，还可通过"动画"功能区中的选项对各个对象的动画进行修改。

6．设置幻灯片的切换效果

为了让本音乐幻灯片放映时更生动、活泼，在"切换"功能区中为每一张幻灯片选择不同的换片动画效果。

7. 对幻灯片播放进行排练计时

根据音乐幻灯片中每句歌词演唱的时间不同，结合幻灯片的切换时间和幻灯片中各对象动画效果的显示时间，来对每张幻灯片进行排练计时，在排练计时操作时，要做到音画同步。

选择 "幻灯片放映"选项卡→"设置"工具组→"排练计时"命令，即开始播放幻灯片，同时打开"录制"工具栏，如图6-63所示。

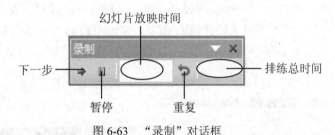

图6-63　"录制"对话框

在"录制"工具栏中的"幻灯片放映时间"文本框中显示当前幻灯片的放映时间，也可根据需要在文本框中输入放映时间。如果对当前幻灯片的放映时间不满意，可以单击"重复"按钮，重新放映计时。如果要播放下一张幻灯片，单击"下一步"按钮，或者在正播放的幻灯片任意位置单击，此时"幻灯片放映时间"文本框将重新计时。在"录制"工具栏最右边显示的是幻灯片放映总时间。

幻灯片放映结束时，单击"录制"工具栏中的"关闭"按钮，或单击最后一张幻灯片时，弹出提示对话框，如图6-64所示，询问是否保存排练计时的结果。单击"是"按钮，将排练结果保存起来。

图6-64　确认排练计时对话框

提示：对于幻灯片和对象比较多的演示文稿来说，一次排练计时不一定能达到要求，可以多做几次排练计时，后面的排练时间会自动替换之前的。因此，只要是最后一遍排练计时符合要求即可。

8. 放映幻灯片

排练计时制作好之后，单击"幻灯片放映"选项卡→"开始放映幻灯片"→"从头开始"命令，则音画同步的音乐幻灯片即以规定的时间和内容伴随着优美的音乐播放出来。

9. 将音乐幻灯片存储为可以直接放映的类型

如果将演示文稿制作完毕，又想直接放映，可以在保存演示文稿时，在"另存为"对话框的"保存类型"下拉列表中选择"PowerPoint 放映"类型，文件扩展名为.ppsx。若想放映该演示文稿,双击该文件名,幻灯片就会自动放映。

10. 音乐幻灯片打包

上面的方法可以将音乐幻灯片直接保存为放映模式,但是只能在安装 PowerPoint 2010 的计算机运行,若将演示文稿打包,可以在没有安装过 PowerPoint 2010 的计算机上运行。将已经制作完成的演示文稿打包处理的操作步骤如下:

(1)打开准备打包的演示文稿。选择"文件"选项卡→"保存并发送",如图 6-65 所示,在"文件类型"中选择"将演示文稿打包成 CD",单击右边的"打包成 CD"按钮,打开"打包成 CD"对话框,如图 6-66 所示。在"将 CD 命名为:"文本框中为 CD 命名,在此输入"音乐 PPT—旅行"。

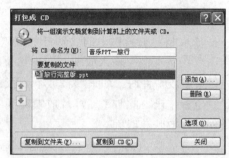

图 6-65　将文件打包　　　　　图 6-66　"打包成 CD"对话框

单击"选项"按钮,打开"选项"对话框,如图 6-67 所示。可根据需要选择打包成 CD 时要包含的文件,默认选中前两项。在该对话框中还可以设置 PowerPoint 2010 的保护密码。

提示:一般来说,选项中必须选中前两项,其中,打包 PowerPoint 2010 播放器可以实现在 PowerPoint 2010 环境播放;打包链接的文件可以不考虑幻灯片中超链接的媒体对象的位置,如音乐等。

(2)单击"复制到文件夹"按钮,打开"复制到文件夹"对话框,如图 6-68 所示。确定文件名和保存位置后,单击"确定"按钮即可。稍等片刻,完成打包,单击"关闭"按钮。同时会在指定位置生成文件名为"音乐 PPT—旅行"的文件夹。

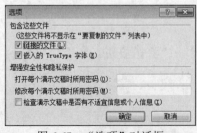

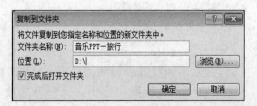

图 6-67　"选项"对话框　　　　　图 6-68　"复制到文件夹"对话框

（3）在没有安装 PowerPoint 2010 的计算机上如何运行。和低版本的 PowerPoint 不同，PowerPoint 2010 在打包后的文件夹中并没有包含播放器文件，因此，如果想在没有安装 PowerPoint 2010 的计算机上运行，必须下载安装 PowerPoint Viewer 2010 播放器。运行该播放器，此时会让选择打包的文件夹，如图 6-69 所示，选择需要播放的文件，单击"打开"按钮即可运行。

图 6-69　使用 Microsoft PowerPoint Viewer 播放打包的演示文稿

（4）如果在"打包成 CD"对话框中单击"复制到 CD"按钮，如果计算机上已安装刻录机，则将打包的文件直接刻录到了 CD 上。

6.2.3　主要知识点

1. 自定义动画

动画是 PowerPoint 中很具特色的一部分，动画可以让幻灯片放映增加许多活泼性和吸引力，一般情况下，动画分为两类：一是幻灯片的切换动画，二是幻灯片中对象的自定义动画。自定义动画是用户对幻灯片中的各个对象设置不同的动画方案，各对象按所设置的顺序进行演示。操作步骤如下：

（1）在幻灯片中选择需要设置动画的部分（标题、文本、多媒体对象等），选择"动画"功能区，打开动画下拉列表，如图 6-70 所示，对象的动画类型共 4 种：进入、强调、退出和路径，每一种类型下都有若干动画方案，可以选择下拉列表中显示的几种动画，也可以选择"更多××效果"命令在更多的动画效果中选择。如选择"更多强调效果"，会弹出如图 6-71 所示的对话框，用户可以做进一步选择。用这种方法也可以设置多个对象的动画效果。

（2）选择"预览"工具组中的"自动预览"命令，当设置一项动画方案后幻灯片会自动演示，即可以看到每个对象动画的效果。

图 6-70　设置动画效果　　　　　　　　　图 6-71　"更改强调效果"对话框

（3）设置完动画效果后，还可以在"计时"工具组中设置各个动画的开始方式、持续时间和延迟时间等。选择"动画"选项卡→"动画窗格"命令，会打开"动画窗格"任务窗格，此时刚刚设置过的动画会出现在该任务窗格中，各元素左侧会出现顺序标志1、2、3……，这些数码标志在普通视图方式下显示，如图 6-72 所示。在放映时将按所标记的顺序依次演示对应的元素，数码标志不会显示出来。单击"播放"按钮可以预览设置过动画的放映效果。此时，如果动画效果不满意，可以在此设置各个动画的开始方式、持续时间和延迟时间等；也可以在"效果选项"下拉列表中选择动画出现的序列、方向等；还可以通过功能区中"对动画重新排序"中的"向上移动"或"向下移动"命令对各个对象的动画播放次序进行调整。

图 6-72　"动画窗格"任务窗格

（4）如果为同一个对象设置不同的动画效果，需要选择"高级动画"工具组→"添加动画"命令，在打开的下拉列表中选择 4 种动画方案中的一种即可。

提示："计时"工具组"开始"选项中播放开始的时间有"单击时、之前、之后"3 种，"单击时"是指单击幻灯片或按向下方向键时才会播放动画，"之前"是上一个对象动画播放完之前开始播放，"之后"是在上一个对象动画播放完之后开始播放。因此"之前"比"之后"更早一些。

（5）在 PowerPoint 2010 中，新增了名为动画刷的工具，该工具允许用户把现成的动画效果复制到其他 PowerPoint 2010 页面中，用户可以快速地制作 PowerPoint 动画。PowerPoint 2010 的动画刷使用起来非常简单，选择一个带有动画效果的 PowerPoint 幻灯片元素，点击"动画"选项卡→"高级动画"工具组→"动画刷"按钮，或直接使用动画刷的快捷键 Alt+Shift+C，这时，鼠标指针会变成带有小刷子的样式，与格式刷的指针样式差不多。找到需要复制动画效果的页面，在其中的元素上单击鼠标，则动画效果已经复制下来了。

2. 幻灯片放映方式设置

为了使放映过程更方便灵活、放映效果更佳，可以对演示文稿的放映方式进行设置。设置放映方式的操作步骤如下：

（1）选择"幻灯片放映"选项卡→"设置"工具组→"设置幻灯片放映"命令，打开"设置放映方式"对话框，如图 6-73 所示。

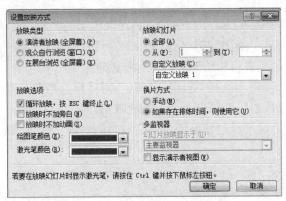

图 6-73　"设置放映方式"对话框

（2）根据下面介绍的特点，在"放映类型"的以下三种类型中选择一种：

● 演讲者放映（全屏幕）：全屏显示演示文稿，适用于演讲者播放演示文稿，演讲者完整的控制播放过程，可采用自动或人工方式放映，需要将幻灯片放映投射到大屏幕上时也采用此方式。

● 观众自行浏览（窗口）：在小型窗口显示演示文稿，适用小规模的演示，观众自行观看幻灯片放映。使用滚动条从一张幻灯片移到下一张幻灯片，在放映时可以移动、编辑、复制和打印幻灯片。

● 在展台浏览（全屏幕）：全屏自动显示演示文稿，结束放映用 Esc 键。

（3）在"放映幻灯片"、"放映选项"和"换片方式"区进行相应的选择设置。全部设置完成后，单击"确定"按钮即可。

3. 自定义放映的设置

自定义放映是用户将已有演示文稿中的幻灯片分组，创建多个不完全相同的演示文稿，放映时根据观众的需求不同，可放映演示文稿中的特定部分。操作步骤如下：

（1）选择"幻灯片放映"选项卡→"开始放映幻灯片"工具组→"自定义放映"命令，打开"自定义放映"对话框，如图 6-74 所示。然后单击"新建"按钮，弹出"定义自定义放映"对话框，如图 6-75 所示。在该对话框的左边列出了演示文稿中所有幻灯片的标题或序号。

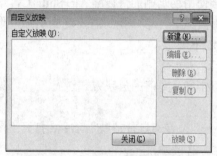 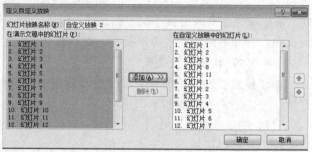

图 6-74　"自定义放映"对话框　　　　图 6-75　"定义自定义放映"对话框

（2）在"幻灯片放映名称"文本框中输入自定义放映的名称；在"在演示文稿的幻灯片"列表框中选择幻灯片；单击"添加"按钮，被选中的幻灯片自动添加到右侧列表框中。单击"删除"按钮，还可以对右侧列表框中的幻灯片进行撤消选取。

（3）单击"确定"按钮，返回"自定义放映"对话框，再单击"关闭"按钮。

（4）选择"幻灯片放映"选项卡→"开始放映幻灯片"工具组→"自定义放映"命令，在弹出的对话框中选中之前已经创建好的自定义放映的名称，单击"放映"按钮将能放映自定义的演示文稿。

4. 录制旁白

如果录制旁白，还需要声卡、话筒和扬声器。

（1）录制旁白。选择"幻灯片放映"选项卡→"设置"工具组→"录制幻灯片演示"命令，如图 6-76 所示，在下拉列表中选择"从头开始录制"或"从当前幻灯片开始录制"命令，打开"录制幻灯片演示"对话框，勾选"旁白和激光笔"复选框，如图 6-77 所示，在保证话筒正常工作的状态下，单击"开始录制"，进入幻灯片放映视图。此时会出现"录制"工具栏，单击进行幻灯片放映的同时，通过麦克风边说话边录制到每张幻灯片上，放映完毕或按 Esc 键退出后，旁白将自动保存到演示文稿中，同时也会保存排练计时的时间。

（2）清除旁白。如果想清除旁白，在"录制幻灯片演示"的下拉列表中选择"清除"→"所有幻灯片的旁白"命令，如果想把排练计时删除，则选择"所有幻灯片的计时"，如图 6-78 所示。

图 6-76　从头开始录制旁白

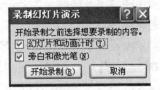

图 6-77　"录制幻灯片演示"对话框

图 6-78　清除旁白

5．放映演示文稿

幻灯片放映有 3 种方式：

（1）在 PowerPoint 工作窗口中放映幻灯片。可以从以下 2 种操作中任选一种放映方法：

选择"幻灯片放映"选项卡→"放映"工具组→"从头放映"或"从当前幻灯片开始"命令。

选择"视图"选项卡→"演示文稿"工具组→"幻灯片放映"命令。

（2）从 Windows 资源管理器中直接启动。在 Windows 资源管理器中找到要放映的演示文稿名，在文件名上右击，从弹出的菜单中选择"显示"命令，系统将会首先启动 PowerPoint，启动完成后自动放映该演示文稿。

（3）将演示文稿保存为"PowerPoint 放映"类型直接放映。

本章小结

Office 中的 PowerPoint 软件是专门用于制作演示文稿的软件，它所生成的幻灯片除文字、图片外，还可以包含动画、声音剪裁、背景音乐等多媒体对象，把所要表达的信息组织在一组图文并茂的画面中，不仅让观众能够清楚直观地了解所要介绍的内容，还能够做到生动活泼、引人入胜，达到一定的视觉效果。

本章通过利用 PowerPoint 制作"公司简介"幻灯片，介绍了 PowerPoint 制作演示文稿的基本方法和步骤。在音画同步的音乐幻灯片制作实例中充分利用背景设置、插入图形、艺术字效果、自定义动画、幻灯片切换效果、排练计时等功能实现了音乐与画面的同步播放。

制作演示文稿时，首先需要创建其框架结构，然后进行文字输入以及文字编排；根据需要，演示文稿的一些幻灯片中还可以进行图片与图形的添加，表格与图表的添加，组织结构图的添加，声音与影片的添加，以及进行幻灯片播放时旁白的录制。

演示文稿制作完成后，有时还需要进行调整和修饰，这就牵涉到幻灯片及其中对象的复制、移动、修改、删除等操作；根据需要还可以进行幻灯片模板的更换，修改幻灯片的母版设置，更改幻灯片的背景和幻灯片中各元素的配色方案等。

幻灯片放映时，需要进行切换效果设置，幻灯片中各元素的动画设置、动作按钮设置；在幻灯片中为了播放顺序以及导航设置的需要，还可以建立和应用超级链接；如果需要，用户可以自定义放映内容并对放映方式进行设置。

如果想让演示文稿可以脱离 PowerPoint 播放，就需要对其进行打包操作。根据需要，还可以设置演示文稿有不同的屏幕显示效果，可以进行各种打印操作。

通过本章的学习，读者可达到熟练创建各种风格的多媒体演示文稿，并能娴熟地对不同等级的观众放映演示文稿的水平。

实　　训

实训一　制作个人简介演示文稿

1. 实训目的
（1）熟悉创建演示文稿的三种方法和幻灯片的放映方式。
（2）掌握在幻灯片中插入与编辑文字、图形、图片等对象。
（3）掌握演示文稿模板的选择、版式的选取和母版的使用方法。
（4）掌握幻灯片的动画方案、切换效果和超链接的设置。

2. 实训内容
制作个人简介幻灯片，制作效果自由发挥。

3. 实训要求
制作个人简介幻灯片，按如下要求进行设计：
（1）演示文稿中至少包含七张幻灯片，包括首页、个人基本信息、教育经历、社团活动、获取证书（奖励、资格证等）、自我评价、结束页。
（2）通过插入图片、设置背景等达到图文并茂的效果。
（3）添加声音、动画，突出你的特长和优点。
（4）设计存在排练计时的幻灯片放映。

实训二　制作音画同步的音乐幻灯片

1. 实训目的

（1）了解演示文稿打包操作。

（2）掌握音乐幻灯片制作步骤及方法。

（3）掌握幻灯片背景设置及背景音乐的添加。

（4）掌握自定义放映幻灯片设置。

（5）熟练掌握自定义动画设置。

2. 实训内容

（1）自行收集音乐、图片等素材，参考本书 6.2 节的制作步骤，制作一个音画同步的音乐幻灯片。

（2）效果参见本书 6.2 节实例制作。

3. 实训要求

（1）收集制作幻灯片所需的相关素材，确定音乐幻灯片主题及框架。

（2）一首音乐的播放要贯穿整个演示文稿全过程，并能够通过排练计时的设置实现音画同步。

（3）将音乐幻灯片保存为.ppsx 格式实现单击后自动播放。

7

Office 办公组件的综合应用

本章教学目标：

- 了解 Office 各组件之间传输数据的方法和作用
- 熟悉 Office 中 Word、Excel、PowerPoint 等几个常用组件之间资源共享的方法
- 掌握 Office 各项工具的使用技巧及其在实际工作中的应用

本章教学内容：

- Word 与 Excel 资源共享
- Word 与 PowerPoint 资源共享
- Excel 与 PowerPoint 资源共享
- 实训

7.1 Word 与 Excel 资源共享

数据可以从一个应用程序通过剪贴板复制粘贴到另一个应用程序中，达到数据传送的目的。如果需要传送大量的数据，则可以使用对象的链接和嵌入技术来实现数据共享。

7.1.1 使用 Word 和 Excel 实现打印个人工资条

Excel 具有数据库功能，但是它不能像数据库软件那样逐条打印记录。Word 可以通过多种方式共享 Excel 数据，作为 Excel 数据输出的载体，弥补了 Excel 的不足。本节的实例使用 Word 合并 Excel 数据的方法打印个人工资条。实例的效果如图 7-1 所示。

图 7-1　个人工资条效果图

7.1.2　操作步骤

1. 建立文档模板

（1）在 Excel 工作表中输入工资表的相关项目，例如基本工资、奖金等，如图 7-2 所示。将工作表命名为"工资表"，然后将工作簿保存为"工资表"。

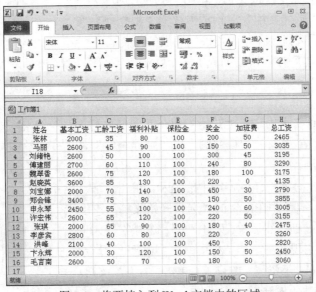

图 7-2　将要植入到 Word 文档中的区域

（2）在 Word 窗口中新建一个文档，根据工资表的相关项目制作一个表格，如图 7-3 所示。

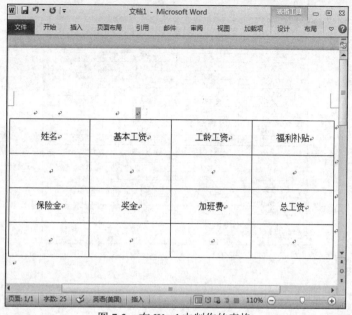

姓名	基本工资	工龄工资	福利补贴
保险金	奖金	加班费	总工资

图 7-3 在 Word 中制作的表格

（3）单击"文件"选项卡→"另存为"命令，在打开的"另存为"对话框中设置保存类型为"文档模板"，并命名为"工资条"。

（4）关闭"工资条"模板文档，单击"文件"选项卡→"新建"命令，在"新建文档"对话框中选择"根据现有文档新建"选项，然后选择保存"工资条"模板的位置。

（5）单击"创建"按钮，就创建了一个基于"工资条"模板的 Word 文档。

2. 使用"邮件合并"

（1）单击"邮件"选项卡→"开始邮件合并"工具组→"邮件合并"命令，在 Word 窗口右侧出现"邮件合并"任务窗格，如图 7-4 所示。

（2）根据"邮件合并"任务窗格中的提示，单击"下一步：正在启动文档"链接，在出现的"选择开始文档"中选择"使用当前文档"按钮，然后单击"下一步：选择收件人"。

（3）单击"使用现有列表"，然后单击"浏览"选择数据源。找到保存 Excel"工资表"的位置，单击"打开"按钮，打开如图 7-5 所示的"选择表格"对话框。

图 7-4 邮件合并任务窗格

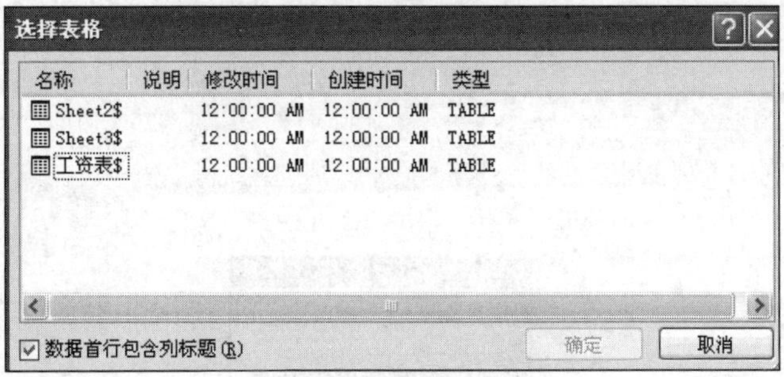

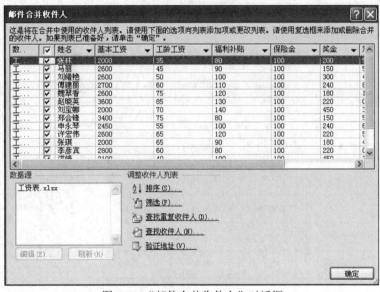

图 7-5　"选择表格"对话框

（4）选择"工资表"，然后单击"确定"按钮，打开"邮件合并收件人"对话框，如图 7-6 所示。如果需要，可以在该对话框中调整收件人列表。

图 7-6　"邮件合并收件人"对话框

（5）单击"确定"按钮，关闭对话框。在"邮件合并"任务窗格中单击"下一步：撰写信函"链接即可。

3. 生成工资条

（1）将光标定位在"姓名"单元格下方的单元格中，选择"邮件"选项卡→"编写和插入域"工具组→"插入合并域"，点击其下拉按钮，在下拉列表中选择"姓名"选项。

（2）将插入点放置到"基本工资"单元格的下方，用同样的方法插入"基本工资"合并域，如图 7-7 所示。

（3）重复上面的操作，添加所有合并域，然后在"邮件合并"任务窗格中单击"下一步：预览信函"链接，即可在 Word 文档中预览邮件合并的效果，如图 7-8 所示。

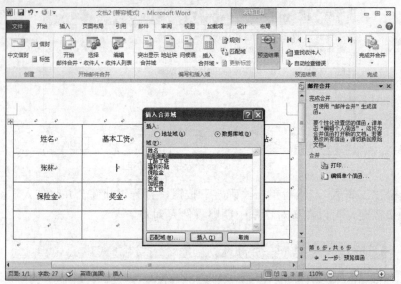

图 7-7　插入合并域

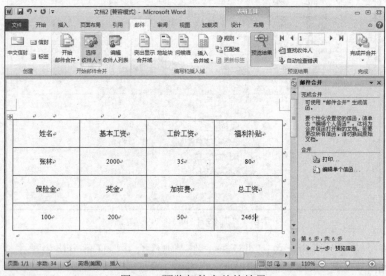

图 7-8　预览邮件合并的效果

（4）单击"下一步：完成合并"链接，在"邮件合并"任务窗格的"合并"区域中单击"编辑单个信函"链接，出现"合并到新文档"对话框，如图 7-9 所示。

（5）选中"全部"或者"从…到…"单选按钮，然后单击"确定"按钮，即可在新文档中看到邮件合并后的效果。

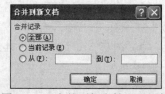

图 7-9　"合并到新文档"对话框

（6）用剪切、粘贴等方法将后面页面的表格放置到前面的页中，这样即可在一页中方便地打印多个员工的工资条，如图 7-1 所示。

7.1.3 主要知识点

1. 将 Excel 中的数据复制到 Word 中

Excel 和 Word 的结合是最常用的软件组合之一。用户可以使用 Word 建立链接，这种链接可以创立包含 Excel 数据的文档。

图 7-10 显示了 Excel 中的一个区域的数据被复制到剪贴板上之后，Word 中的"选择性粘贴"对话框的情况。用户粘贴的结果取决于是否选择"粘贴"或"粘贴链接"选项，也取决于用户对于要粘贴内容的类型选择。如果用户选择了"粘贴链接"选项，可以让表作为一个对象被粘贴。如果要激活源工作表，用户可以双击这个对象来实现。

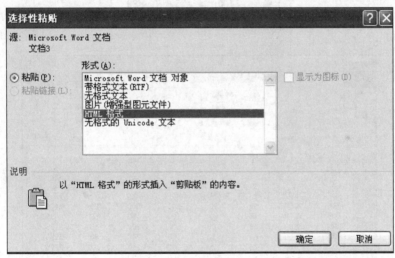

图 7-10 "选择性粘贴"对话框

（1）不带链接的粘贴

通常，用户复制数据的时候并不需要一个链接。如果用户在"选择性粘贴"对话框中选择"粘贴"选项，数据将不带链接地被粘贴到文档中。

图 7-11 显示了 Excel 中复制的一个区域在选择性粘贴时分别选择"图片（增强型图元文件）"和"Microsoft Office Excel 工作表对象"两种形式时在 Word 中的不同情况。

（2）粘贴链接

如果要复制的数据有可能被更改，就应该粘贴一个链接。如果用户选择"选择性粘贴"对话框中的"粘贴链接"，就可以在改变源文档的同时，使目标文档也自动改变。

2. 将一个 Excel 区域植入到一个 Word 文档中

本实例将图 7-12 中的 Excel 区域植入到一个 Word 文档中。

姓名	基本工资	工龄工资	福利补贴
张林	2000	35	80
马丽	2600	45	90
刘绪艳	2600	50	100
傅建丽	2700	60	110
魏翠香	2600	75	120
赵晓英	3600	85	130
刘宝娜	2000	70	140
郑会锋	3400	75	80

姓名	基本工资	工龄工资	福利补贴
张林	2000	35	80
马丽	2600	45	90
刘绪艳	2600	50	100
傅建丽	2700	60	110
魏翠香	2600	75	120
赵晓英	3600	85	130
刘宝娜	2000	70	140
郑会锋	3400	75	80

图 7-11   不同格式的选择性粘贴的显示情况

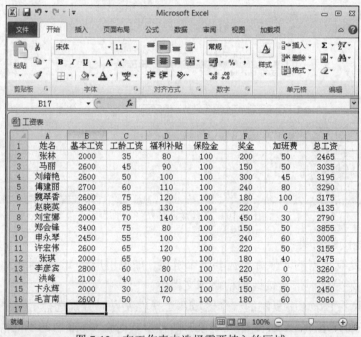

图 7-12   在工作表中选择需要植入的区域

选择 A1:H16 并将这个区域复制到剪贴板。打开 Word 文档，选择"开始"选项卡→"剪贴板"工具组→"粘贴"下拉按钮中的"选择性粘贴"命令，选中"粘贴"，在"形式"中选择"Microsoft Office Excel 工作表对象"格式，如图 7-13 所示。单击"确定"按钮，这个区域就显示在 Word 文档中。

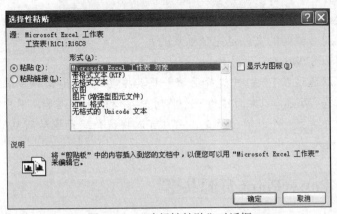

图 7-13　"选择性粘贴"对话框

　　粘贴的对象不是一个标准的 Word 表格。例如，用户不能选择或者格式化这个表中的某个单元格。因为它没有链接到 Excel 的源区域。如果用户改变了这个 Excel 工作表中的一个值，Word 中的数据不会自动更新。

　　如果用户双击这个对象，将发现有一些不同寻常的信息：Word 的菜单和工具条改变为 Excel 的菜单和工具条。此时，表格具有 Excel 中的行和列，用户可以在 Word 中使用 Excel 的命令来编辑这个对象。如图 7-14 所示。要返回 Word，单击该文档中的其他任何位置即可。

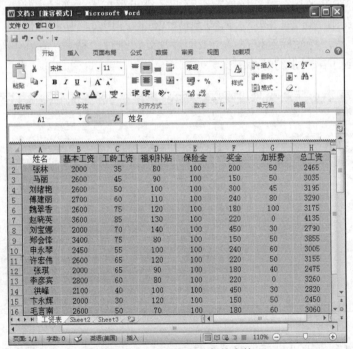

图 7-14　双击作为对象的表格

办公信息化实例教程

这里没有链接，如果用户在 Word 中改变表格中的内容，在原 Excel 表中这些改变不会出现。植入的对象相对于原始的文件是完全独立的。

这样，用户可以在 Word 中获得 Excel 的所有功能。

提示：用户可以通过在 Excel 中选择区域并将其拖动到 Word 文档中来实现对象的植入。事实上，用户可以将 Windows 桌面作为一个临时的存储地点。比如，用户可以拖动 Excel 中的一个区域到桌面并建立一个缓存。于是，用户可以将这个缓存拖动到 Word 文档中。结果是一个 Excel 对象被植入。

7.2 Word 与 PowerPoint 资源共享

我们通常用 Word 来录入、编辑文本，而有时需要将已经用 Word 编辑好的文本做成 PowerPoint 演示文稿，以供演示、讲座使用。

7.2.1 Word 文档快速转换为 PowerPoint 演示文稿

本节的实例利用 PowerPoint 的大纲视图快速完成 Word 文档的转换。

7.2.2 操作步骤

首先，打开 Word 文档，将要做成幻灯片的文本全部选中，选择"开始"选项卡→"剪贴板"工具组→"复制"命令。然后，启动 PowerPoint 2010，选择普通视图，单击"大纲"标签，如图 7-15 所示，将光标定位在第一张幻灯片处，执行"粘贴"命令，则将 Word 文档中的全部内容插入到了第一张幻灯片中。

图 7-15 切换到"大纲"选项卡

可根据需要进行文本格式的设置，包括字体、字号、字型、字的颜色和对齐方式等；然

252

后将光标定位到需要生成下一张幻灯片的文本处,直接按回车键,即可创建出一张新的幻灯片;如果需要插入空行,按 Shift+Enter 键。重复以上操作,很快就可以完成多张幻灯片的制作,如图 7-16 所示。最后,还可以使用"大纲"工具栏,利用"升级"、"降级"、"上移"、"下移"等按钮进一步进行调整。

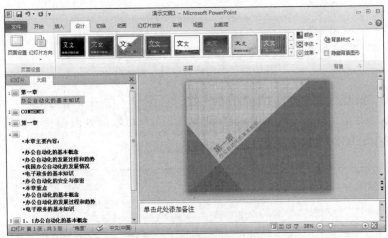

图 7-16　调整插入的幻灯片

提示:以上操作都是在普通视图下的大纲选项区中进行的。如果要将 PowerPoint 演示文稿转换成 Word 文档,同样可以利用"大纲"视图快速完成。方法是将光标定位在除第一张以外的其他幻灯片的开始处,按 Backspace 键,重复多次,将所有的幻灯片合并为一张,然后全部选中,通过复制、粘贴到 Word 中即可。

7.3　Excel 与 PowerPoint 资源共享

在使用 PowerPoint 制作幻灯片时,很多时候要用到 Excel 数据表格,本节介绍 Excel 共享 PowerPoint 的方法。

7.3.1　在 PowerPoint 中使用 Excel 数据

本例介绍在 PowerPoint 中嵌入 Excel 数据表格的方法。

7.3.2　操作步骤

(1)在 Excel 窗口中复制选中的单元格区域。

(2)切换到 PowerPoint 窗口,选择要插入 Excel 表格的幻灯片,单击"开始"选项卡→"剪贴板"工具组→"粘贴"下拉按钮中的"选择性粘贴"命令,打开"选择性粘贴"对话框,如图 7-17 所示。

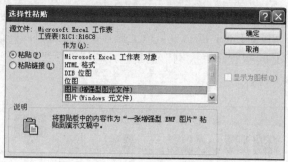

图 7-17 "选择性粘贴"对话框

（3）选中"粘贴"，在"作为"列表框中选择"图片（增强型图元文件）"选项。

（4）单击"确定"按钮。粘贴 Excel 表格后，用户可以像处理图片一样调整表格的大小和位置，结果如图 7-18 所示。

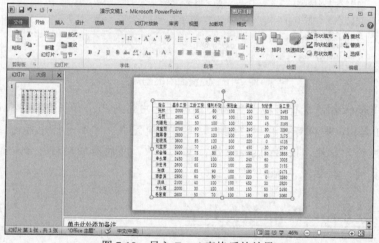

图 7-18 导入 Excel 表格后的效果

7.3.3 主要知识点

1. 在 PowerPoint 中链接 Excel 表格

用 PowerPoint 制作图表幻灯片是一件很容易的事，但让人很头疼的是图表中所用的数据如何输入。如果我们有原始数据，再次输入数据显得有点浪费时间，而且 PowerPoint 的数据表处理数据不像 Excel 表格那样方便。我们可以直接利用 Excel 表格里的数据建立图表来免去烦琐和重复的输入过程。

若要在 PowerPoint 2010 中插入链接的 Excel 图表，可执行以下操作：打开包含所需图表的 Excel 工作簿，选择图表。在"开始"选项卡→"剪贴板"工具组中，单击"复制" 按钮。打开所需的 PowerPoint 演示文稿，然后选择要在其中插入图表的幻灯片。在"开始"选项卡→"剪贴板"工具组中，单击"粘贴"下拉按钮，然后执行下列操作之一：如果要保留图表在 Excel 文件中的外观，请选择"保留源格式和链接数据" 📊 。如果希望图表使用 PowerPoint 演示文稿的外观，请选择"使用目标主题和链接数据" 📝 。

提示：必须首先保存工作簿，然后才能在 PowerPoint 文件中链接图表数据。如果将 Excel 文件移动到其他文件夹，则 PowerPoint 演示文稿中的图表与 Excel 电子表格中的数据之间的链接会断开。

2. 利用 Excel 中的数据创建图表幻灯片

若要利用 Excel 中的原始数据创建图表幻灯片的操作步骤如下：

首先打开 PowerPoint，新建一张空白幻灯片，在"插入"选项卡→"插图"工具组中，单击"图表"。在打开的图 7-19 所示的"插入图表"对话框中，单击箭头滚动图表类型。选择所需图表的类型，然后单击"确定"。PowerPoint 自动插入的 Excel 图表如图 7-20 所示。

图 7-19　更改图表类型

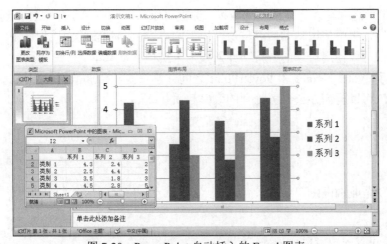

图 7-20　PowerPoint 自动插入的 Excel 图表

在 Excel 2010 中编辑数据，更改工作表中的数据，PowerPoint 的图表会自动更新，输入完毕后关闭 Excel，然后用户可以在"设计"选项卡→"图表布局"工具组和"设计"功能区→"图表样式"工具组中快速设置图表格式。本例采用图 7-2 工资表中的数据，数据编辑完后如图 7-21 所示。

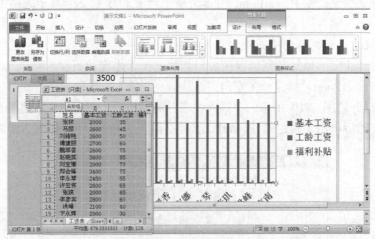

图 7-21　数据调整后生成的图表

提示：更改工作表中的数据，若要编辑单元格中的标题内容或数据，则在 Excel 工作表中，单击包含用户想更改的标题或数据的单元格，然后键入新信息；若要采用原始 Excel 表中的数据，需要选中 Excel 工作表中的数据，复制到 Excel 2010 中编辑数据区域中即可。

本章小结

Office 各组件之间可以方便的传递数据，数据可以从一个应用程序中复制到剪贴板上，然后在另一个应用程序中使用粘贴命令将剪贴板上的内容复制到新的应用程序中。如果需要传送大量的数据，则可以使用对象的链接和嵌入技术来实现数据共享。

本章介绍了 Word、Excel 和 PowerPoint 之间共享资源和传递数据的方法。在办公中合理地利用这些方法可以提高办公事务处理的效率和质量。

实　训

实训一　制作"企业询证函"

1. 实训目的

（1）掌握建立文档模板的方法。

（2）熟练掌握邮件合并的方法。

2．实训内容

根据 Excel 里面关于"往来账项明细表"的数据，制作企业询证函。

3．实训要求

（1）按照图 7-22 所示的格式制作"往来账项明细表.xls"。

图 7-22　往来账项明细表

（2）使用"邮件合并"制作如图 7-23 所示的企业询证函。

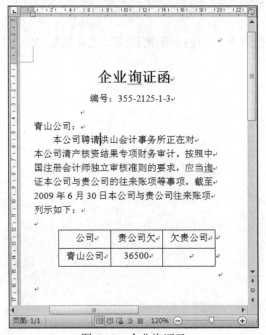

图 7-23　企业询证函

实训二　将 Excel 中的产品销售统计表复制到 Word 文档中

1. 实训目的

（1）了解将 Excel 中的数据复制到 Word 中的几种方式。

（2）掌握将 Excel 区域植入到 Word 文档中的方法。

2. 实训内容及效果

将"产品销售统计表"中的数据复制到 Word 文档中。

3. 实训要求

（1）按照图 7-24 所示的格式制作"产品销售统计表.xls"。

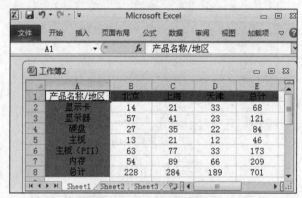

图 7-24　产品销售统计表

（2）将"产品销售统计表"中的产品销售统计表复制到 Word 文档中。

8

Internet 网络资源的应用

本章教学目标：

- 熟悉 Internet 的基本知识
- 掌握网络信息的搜索、保存，从 Internet 网络中下载资源、使用电子邮箱收发邮件等
  操作

本章教学内容：

- Internet 基础知识
- Internet 的基本应用
- 网络资源下载
- 实训

8.1　Internet 基础知识

Internet（因特网）是一个将全球的很多计算机网络进行连接而形成的计算机网络系统。
它使得各网络之间可以交换信息和共享资源。

8.1.1　Internet 简介

Internet最早来源于美国国防部高级研究计划局建立的 ARPANET，该网于 1969 年投入使用，
是美国国防部用来连接国防部军事项目研究机构与大专院校的工具，达到信息交换的目的。1983
年，ARPANET 分成两部分：一部分军用，称为 MILNET；另一部分仍称 ARPANET，供民用。
后来供民用的 ARPANET 逐渐发展成为 Internet 的主干网，90 年代，整个网络向公众开放。

从 1994 年开始至今，中国实现了和互联网的连接，从而逐步开通了互联网的全功能服务，互联网在我国进入飞速发展时期。

8.1.2 Internet 常用术语

1. IP 地址

正如每部电话必须具有一个唯一的电话号码一样，Internet 的每一个网络和每一台计算机都必须有一个唯一的地址，这就是 IP 地址。利用 IP 地址，信息可以在 Internet 上正确地传送到目的地，从而保证 Internet 成为向全球开放互联的数据通信系统。

IP 地址提供统一的地址格式，由 32 个二进制位（bit）组成。常用"点分十进制"方式来表示。例如：河南司法警官职业学院网站的 IP 地址是 218.28.138.35。

2. 域名（DN）

在 Internet 中可以用各种方式来命名计算机。为了避免重命名，Internet 管理机构采取了在主机名后加上后缀名的方法，这个后缀名称为域名（Domain Name），用来标识主机的区域位置。这样，在 Internet 网上的主机就可以用"主机名.域名"的方式唯一地进行标识。例如：www.hnsfjy.net。其中 www 是主机名，hnsfjy.net 为域名（hnsfjy 为河南司法警官职业学院名，net 为网络组织。这是按欧美国家的地址书写习惯，根据域的大小，从小到大排列）。域名系统需要通过域名服务器（DNS）的解析服务转换为实际的 IP 地址，才能实现最终的访问。 域名是通过合法申请得到的。

表 8-1 列出了常用的域名分类。表 8-2 列出了一部分国家和地区的域名。

表 8-1　常用的域名分类

域代码	服务类型	域代码	服务类型
com	商业机构	net	网络组织
edu	教育机构	mil	军事组织
gov	政府部门	org	非营利组织
int	国际机构		

表 8-2　部分国家和地区的域名

国家和地区代码	国家和地区名	国家和地区代码	国家和地区名
au	澳大利亚	hk	香港
br	巴西	It	意大利
ca	加拿大	Jp	日本
cn	中国	kr	韩国
de	德国	sg	新加坡
fr	法国	tw	台湾
uk	英国	us	美国

3．IP 地址、域名与网址（URL）的关系

域名与 IP 地址之间实际上存在一种作用相同的映射关系。我们可以通过一个形象的类比来表示：

- IP 地址可以类比为单位的门牌号码。例如：河南司法警官职业学院的门牌号码是"文劳路 3 号"，学校网站的 IP 地址是 218.28.138.35。
- 域名可以类比为单位的名称。例如，河南司法警官职业学院的单位名称是"河南司法警官职业学院"，学校网站的域名是 hnsfjy.net。
- 网址（URL）说明了以何种方式访问了哪个网页，例如，"我要坐公共汽车到河南司法警官职业学院，然后查看学院的院系设置"，通过"http 协议"来访问河南司法警官职业学院的院系设置情况，即http://www.hnsfjy.net/yxsz.asp。

8.1.3　接入 Internet 的方式

用户必须将自己的个人计算机与 ISP（Internet Service Provider，Internet 服务提供商）的主机相连接，接入 Internet，才能上网获取所需信息。用户的个人计算机与 ISP 主机的连接方式和所采用的技术，称为 Internet 接入技术。Internet 接入技术的发展非常迅速，带宽增加了，接入方式也由过去单一的电话拨号方式，发展成多种多样的有线和无线接入方式，接入终端也开始朝向移动设备发展，并且更新更快的接入方式仍在不断地被研究和开发。

根据接入后数据传输的速度，Internet 的接入方式可分为宽带接入和窄频接入。

1．常见的宽带接入方式

（1）ADSL 接入

ADSL（Asymmetric Digital Subscriber Line，非对称数字专线）接入带宽的上行速率最高为 640kbit/s，下行速率最高为 8Mbit/s。ADSL 技术利用原有普通电话线，采用新的调制解调技术，大大提高了数据传输速率。ADSL 对电话线路的要求也较高，使用 ADSL 比使用普通 Modem 拨号接入有许多优点，诸如：用户可享受高速的宽带网络服务、节省费用、上网时不需要另交电话费、上网时可同时拨打电话，互不影响等。

（2）有线电视上网接入

有线电视接入的带宽范围为 3Mbit/s～34Mbit/s。它是近几年随着网络应用的扩大而发展起来的，主要用于有线电视网的数据传输。在中国，广电部门在有线电视（CATV）网上开发的宽带接入技术已经成熟。CATV 网的覆盖范围广，入网用户较多，网络频谱范围宽，起点高，大多数新建的 CATV 网都采用光纤同轴混合网络，使用 550MHz 以上频宽的邻频传输系统，极适合提供宽带功能业务。

（3）光纤接入

光纤接入是以光纤作为传输媒体，传输速率比较高，光纤接入可以分为有源光接入和无源光接入。光纤用户网的主要技术是光波传输技术。光纤入网是一种经济有效的方式，特别是当带宽成为瓶颈时。

（4）无线（使用 IEEE 802.11 协议或使用 3G 技术）宽带接入

无线宽带接入的带宽范围为 1.5Mbit/s～540Mbit/s。无线局域网是有线局域网的一种延伸，没有线缆限制的网络连接，对用户来说是完全透明的，与有线局域网一样。需要的硬件有无线路由器和无线网卡。但是无线路由器有个缺点，就是信号覆盖范围比较小，而且遇到障碍较多的时候信号差。比如，有的无线路由器限制的范围在 100m 之内，穿过几堵墙基本就没什么信号了。

（5）卫星宽带接入

卫星宽带接入方式，是指用户直接通过卫星访问 Internet。目前卫星宽带接入速率一般为 400kbit/s，下载多媒体时速率可高达 3Mbit/s。它的优点是接入速率高，不受地域限制，真正实现了 Internet 的无缝接入，同时还可接收卫星电视。缺点是受气侯影响，特别是雨雪天气时，影响比较大，同时初期投入费用较高。

2. 常见的窄频接入方式

（1）电话拨号接入

电话拨号是通过公用电话交换网接入 Internet。拨号接入技术成熟，所需的硬件便宜，而且其硬件安装方便、简单，便于普及。由于上网的同时用户不能接听电话，而且拨号接入的速率较慢，所以这种上网方式已逐渐被其他方式取代。

（2）窄频 ISDN 接入

ISDN（Intergrated Services Digital Network，整合服务数字网络）是一种数字电话连结系统，这一系统可以让整个世界的点对点连结同时进行数据传输。ISDN 是最早为人们接受的宽带上网方式，除了具备 128 kbit/s 的传输速率外，ISDN 也能让使用者一边上网，一边打电话。然而除了上网外，有更多的 ISDN 用户是看上它具备语音与资料传输同时使用的特性，因此点对点的通讯是 ISDN 相当受欢迎的范畴，例如跨县市公司的视频会议系统、医院的远程医疗系统、学校的远程教学等。

（3）GPRS 手机上网

GPRS 手机上网接入的带宽最大为 53kbit/s。GPRS（Gerneral Packer Radio Service，通用无线分组业务），它是一项高速数据处理的科技，以分组的形式把数据传送到用户手上。GPRS 技术可以令手机上网省时、省力、省话费。打个比方，GPRS 就好比移动通信设备的 ADSL，而 GSM（全球移动通讯系统）就是普通固定电话线。

（4）UMTS 手机上网

UMTS（Universal Mobile Telecommunications System，通用无线通信系统）对于所有用户和无线环境都是一样的，即使用户从本地网络漫游到其他 UMTS 网络，也会感觉自己好像还在本地网络中，这就是虚拟本地环境，即不管用户位于何时何地，或以何种方式接入，虚拟本地环境都将保证业务提供者整个环境的传输（包括用户的虚拟工作环境）。UMTS 可支持高达 2Mbit/s 的数据速率，与 IP 结合将更好地支持交互式多媒体业务和其他宽带应用（如可视电话和会议电视等），实际上只要有足够的带宽，UMTS 可支持更高的速率。

（5）CDMA 手机上网

CDMA（Code Division Multiple Access，码分多址）是在数字技术的分支扩频通信技术上发展起来的一种崭新而成熟的无线通信技术。CDMA 1x 是现在联通 CDMA 网络所采取的技术。它指的是 CDMA2000 1x，与真正的 CDMA2000 相比，CDMA 1x 只能支持到 153.6 kbit/s 的数据速度，因此被称为是 2.5G 的技术，还不是真正 3G 的技术。

总的说来，不管采用哪种方式接入 Internet，先要做接入前的准备工作，包括上网所需要的电话线和计算机、购买调制解调器或网卡、手机等硬件设备；安装相应的设备驱动程序、操作系统以及浏览器等客户端软件。此外，还要对已安装的软件进行必要的设置。

8.2　Internet 的基本应用

Internet 目前的应用非常广泛。从通讯的角度来看，Internet 是一个理想的信息交流平台；从获得信息的角度来看，Internet 是一个庞大的信息资源库；从娱乐休闲的角度来看，Internet 是一个花样众多的娱乐厅；从商业的角度来看，Internet 是一个既能省钱又能赚钱的交易场所。可以说 Internet 是一个巨大的宝藏，如果能准确的把其中需要的信息获取并为我所用，就会更好的发挥网络的作用。本节通过具体实例介绍 Internet 网络的基本应用，包括 IE10.0 的使用、网上信息的浏览保存和打印、电子邮箱的使用、网上信息的搜索及常用的搜索网站介绍等。

8.2.1　Internet 的应用实例

2012 年奥运会时，朋友想知道中国历届奥运会获得金牌的情况，托你通过电子邮箱发给她。你自己也想打印一份金牌榜，那就首先在 Internet 上搜索看看吧。

本实例中，主要解决如下问题：
- 如何在 Internet 上搜索需要的信息
- 如何实现网页的保存、打印
- 如何使用电子邮箱发送邮件

8.2.2　操作步骤

1．搜索信息

打开 Internet Explorer10.0 浏览器，在地址栏中输入某个搜索引擎网站的网址，例如：www.google.cn，就会出现如图 8-1 所示的网页。

在网站中间的文本框中输入要搜索的关键字：中国奥运会金牌榜，单击"搜索一下"按钮，即可出现如图 8-2 所示的网页。

根据搜索结果的提示，经过查看找到满足自己需要的结果。如图 8-3 所示。

图 8-1 google 网站首页

图 8-2 显示搜索结果

图 8-3 在 Internet 中找到满足自己需要的网页

2. 打印、保存网页

可以使用 IE 浏览器工具栏中的按钮进行操作，也可以使用菜单命令进行操作。IE 浏览器的菜单栏默认情况下是隐藏的，在工具栏的空白处右击，在弹出的菜单中选择"菜单栏"命令，就可以把菜单栏显示在窗口中。

要打印网页，首先要进行必要的页面设置。选择"文件"→"页面设置"命令，在弹出的对话框中设置纸张、页眉和页脚、方向、页边距等，如图 8-4 所示。然后再选择"文件"→"打印预览"命令，出现如图 8-5 所示的预览界面。

图 8-4　"页面设置"对话框

图 8-5　网页的打印预览界面

通过预览界面上方的工具栏按钮进行调整，满意之后即可打印输出。

要把该网页发送给别人，则首先要把网页保存。选择"文件"→"另存为"命令，打开如图 8-6 所示的"保存网页"对话框，选择要保存的文件的路径，输入文件名，选择文件类型，单击"保存"按钮即可。

图 8-6　"保存网页"对话框

3. 发送电子邮件

还没有自己的电子邮箱？那就先申请注册一个吧。在浏览器中输入网站的网址，比如 http://www.163.com/，在首页中选择"邮箱"，会出现如图 8-7 所示的页面。

图 8-7　163 邮箱页面

如果已经有邮箱的话，直接输入邮箱地址和密码登录即可。此处注册一个新的邮箱，单击"注册网易免费邮"按钮就会出现如图 8-8 所示的邮箱注册页面。

图 8-8　163 邮箱注册页面

填入必要的信息之后，提交注册即可使用新的邮箱了，如图 8-9 所示。

图 8-9　邮箱申请成功

给朋友发送电子邮件，单击页面左侧的"写信"按钮，如图 8-10 所示。

图 8-10　写信页面

在收件人列表框中输入朋友电子邮箱的地址，如果要发送多个人的话，可以在抄送地址栏中输入其他人的邮箱地址，多个人的邮箱地址之间要用"，"分开。为了把刚才保存的页面发送出去，需要把保存文件作为附件发送，单击主题下方的"添加附件"，会出现如图 8-11 所示的页面。

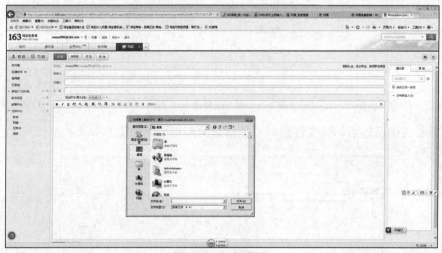

图 8-11　添加附件

在添加文件对话框中选择之前保存文件的路径，文件的名称，单击"打开"即可。重复操作可以添加多个附件，添加成功之后会回到如图 8-10 所示的界面，添加邮件的主题和内容之后，单击"发送"按钮，就可以把邮件发送出去了。

8.2.3　主要知识点

1．IE 浏览器的使用

Internet Explorer 是 Microsoft（微软）公司开发的浏览因特网的浏览工具，也是目前应用最为广泛的 Web 浏览器之一。

安装 IE 10.0 之后，在 Windows 桌面上和任务栏的快速启动工具栏中都有一个 IE 浏览器的图标，双击该图标即可启动浏览器。启动之后，屏幕上出现如图 8-12 所示的窗口。

Internet Explorer 10.0 界面与其他版本浏览器有所不同，它的展现面更大、字体更粗，并进行了触控优化。主要是隐藏了工具菜单，按钮图标变得更加圆滑，只放一些常用的工具按钮；新的收藏中心和历史记录，更加整洁、方便管理和使用；标签功能可以方便的切换窗口；新建标签放在了网页标签旁边，在很大程度上节省了空间；快速标签可以在打开多个窗口时查看每个窗口的缩略图；搜索工具栏中，默认的搜索引擎是 MSN Search，可以手动设置为其他搜索引擎；新闻聚合器可以在第一时间看到所需的信息；而且具有很高的安全性和隐私保护功能。

为了使用方便，可以对 IE 做一些简单的设置。

图 8-12　IE10.0 界面

（1）设置 IE 10.0 的主页

　　可以把需要经常访问的页面设置为主页，方法是：在浏览器窗口中选择"工具"→"Internet 选项"命令，打开如图 8-13 所示的对话框。在"常规"选项卡中的"主页"中输入要设置的网页地址，单击"确定"即可。这样，当再次打开网页时，默认页面就是该主页了。

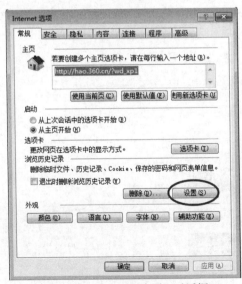

图 8-13　"Internet 选项"对话框

（2）设置单页面浏览模式（标签功能）

在图 8-13 所示的"常规"选项卡中单击"设置"按钮。在打开的"选项卡浏览设置"对话框中选择"打开新选项卡后，打开空白页"和"始终在新选项卡中打开弹出窗口"，如图 8-14 所示，然后单击"确定"按钮，关闭 IE 浏览器。再次打开后设置即可生效。如图 8-15 所示。

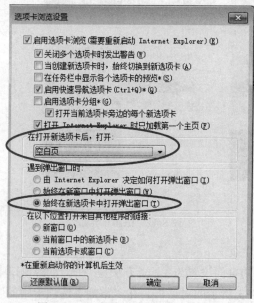

图 8-14　"选项卡浏览设置"对话框

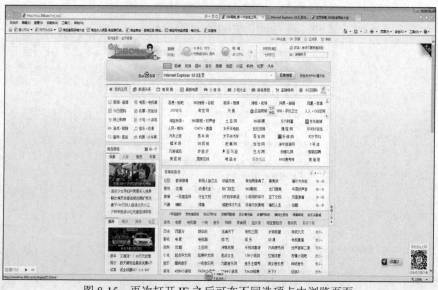

图 8-15　再次打开 IE 之后可在不同选项卡中浏览页面

2. 网上信息的浏览、保存和打印

（1）网上信息的浏览

1）通过地址栏浏览网页。在 IE 主窗口的地址栏中输入某一网页的网址，然后按 Enter 键即可进入该网页。

2）通过超级链接浏览网页。网页中通常包含转到其他 Web 页面以及其他 Web 站点主机的指针链路，称为超级链接，它可以是图片或彩色文字（通常带下划线）。当用户把鼠标指针移到某个超级链接上时，鼠标箭头变成一个小手形状，同时该超级链接所指向的 URL 地址出现在屏幕底部的状态栏中，此时只要单击一下鼠标，便可进入该链接所指向的另一个页面或进入一个新的 Web 站点。

3）通过历史记录浏览网页。IE 能够跟踪并记录用户最近访问过的网页，并将这些网页的链接保存起来。要查阅曾经访问过的全部 Web 页的详细列表，可选择"查看"→"浏览器栏"→"历史记录"命令，如图 8-16 所示，它按照日期顺序列出用户几天或者几周前曾经访问过的 Web 站点记录。点击某个站点或者某个网页标题即可进入该网页。

图 8-16　历史记录

当然，用户可以对历史记录保存的时间长短进行设置。在"Internet 选项"对话框的"常规"标签中有一个"历史记录"选项组，用户可以设置网页保存在历史记录中的天数，如果想清除所保存的这些历史记录，单击"删除历史记录"按钮即可。

4）使用收藏夹。用户可将经常访问的站点或网页的网址添加到 IE 的收藏夹列表中，以后再访问其中某个网页时，只需打开收藏夹，单击其中的链接即可。将某个网页添加到收藏夹中的方法是选择"收藏夹"→"添加到收藏夹"命令，如图 8-17 所示，在弹出的对话框中单击"添加"即可，如图 8-18 所示。

办公信息化实例教程

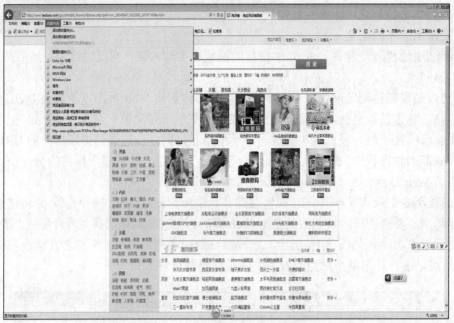

图 8-17 "添加到收藏夹"菜单

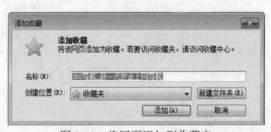

图 8-18 将网页添加到收藏夹

如果保存在收藏夹中的 Web 页的快捷方式太多，需要整理一下收藏夹，选择"收藏夹"→"整理收藏夹"命令，可以在弹出的对话框中对收藏夹进行整理，创建子文件夹，分类保存网页等。

（2）网上信息的保存

1）保存当前整个网页。选择"文件"→"另存为"命令，在弹出的"保存网页"对话框中选定保存文件的路径、保存文件的文件名、文件类型。大部分网页都是 HTML 文件，因此文件类型应选择 HTML。当然也可以选择文件类型为 TXT 文本文件，这种情况下，HTML 文件中包含的超级链接信息将会丢失。设置好之后，单击"保存"按钮即可。

2）保存网页中的文本信息。对于网页中感兴趣的文章或段落，可随时用鼠标将其选定，然后利用剪贴板功能将其复制和粘贴到某个文档或需要的地方。

3）保存网页中的图片。用户在浏览网页时，若要将一些感兴趣的图片保存起来，在要保

272

存的图片上单击鼠标右键，在弹出的快捷菜单中选择"图片另存为"命令，在弹出的"保存图片"对话框中指定该图片要存放的路径名与文件名，单击"保存"按钮即可。

　　如果在网页中发现图片比较小，有可能是缩略图，如图 8-19 所示。这时如果直接在缩略图上右击选择"图片另存为"命令进行保存，保存的只是缩略图，如图 8-20 所示。此时，应单击缩略图打开图片后再执行保存操作，如图 8-21 所示，这样保存的才是完整的图片。

图 8-19　搜索出的缩略图

图 8-20　下载的缩略图打开之后是小图片

图 8-21　把图片打开之后再进行保存操作

4）直接保存网页。IE 允许在不打开网页或图片时直接保存感兴趣的网页。用鼠标右键单击所需要保存项目的链接，从弹出的快捷菜单中执行"目标另存为"命令，即开始下载该网页。在打开的"另存为"对话框中输入所要保存网页的文件名，选择该文件的类型并指定保存位置，单击"保存"按钮即可。

（3）网上信息的打印

对网页进行打印之前，首先要进行页面设置。操作步骤如下：

1）打开需要进行打印的网页。

2）单击浏览器工具栏里的"打印"按钮，选择其中的"页面设置"命令，打开如图 8-4 所示的"页面设置"对话框。

3）在"页边距"区域中，输入页边距大小（以毫米为单位）。

4）在"方向"区域中，选择"纵向"或"横向"，指定页面打印时的方向。

5）进行必要的设置之后，可以选择"打印预览"命令，如果对效果满意，就可以选择"打印"命令打印输出了。

3．电子邮件

电子邮件（e-mail）是 Internet 上最广泛、最受欢迎的网络功能之一。电子邮件的使用方式一般分为 Web 方式和客户端软件两种方式。

所谓 Web 方式，是指在 Windows 环境中使用浏览器访问电子邮件服务商的电子邮件系统网址，在该电子邮件系统网址上，输入用户的用户名和密码，进入用户的电子邮件信箱，然后处理用户的电子邮件。用户无须特别准备设备或软件，只要有机会浏览互联网，即可使用电子邮件服务商提供的电子邮件功能。

所谓客户端软件方式，是指用户使用一些安装在个人计算机上的支持电子邮件基本协议的软件产品，使用和管理电子邮件。这些软件产品（例如 Microsoft Outlook 和 Foxmail）往往融合了最先进、全面的电子邮件功能，利用这些客户端软件可以进行远程电子邮件操作，还可以同时处理多账号电子邮件。远程电子信箱操作有时是很重要的，在下载电子邮件之前，对信箱中的电子邮件根据发信人、收信人、标题等内容进行检查，以决定是下载还是删除，这样可以防止把联网时间浪费在下载大量垃圾邮件上，还可以防止病毒的侵扰。

电子邮箱的格式由用户名和邮件服务器组成。例如 Username@Mailserver.Domain，其中，"Username" 是用户名，"@" 是电子邮件称号，"Mailserver.Domain" 为邮件服务器，形式为 "主机.域"。

电子邮件系统的常用功能如下：

（1）写信和发信（回复/转发/抄送/密送/重发）

（2）收信和读信

（3）通信录（地址簿）功能

（4）邮件管理功能（分文件夹/分账户）

（5）远程信息管理功能

提示：抄送和密送的地址都将收到邮件，不同之处在于被抄送的地址将会显示在收件中，而被密送者的地址不会显示在收件人地址列表中。这样，其他收件人会知道该邮件被寄送给谁和抄送给谁，但不会知道该邮件被密送给谁了。

要使用免费电子邮箱需要先进行申请，很多网站都提供免费邮箱的服务，如：搜狐、新浪、网易等。

4. 网上信息的搜索及常用的搜索网站介绍

搜索引擎是一个对互联网上的信息资源进行搜集整理，然后供用户查询的系统，它包括信息采集、信息整理和用户查询三部分。用户在搜索时可以使用逻辑关系组合关键词，可以限制查找对象的地区、网络范围、数据类型、时间等，可对满足选定条件的资源准确定位，还可以使用一些基本的搜索规则使搜索结果更迅速准确，例如使查询条件具体化，查询条件越具体，就越容易找到所需要的资料；或者使用加号把多个条件连接起来，有些搜索引擎可用空格代替加号；也可以使用减号把某些条件排除；还可以使用引号限定精确内容的出现。例如，当使用 google 学术搜索时，大部分人可能只想搜索期刊论文或学位论文，但是搜索时会出现很多专利文献，这时可以在搜索框里加上 "–patent"，可以过滤掉绝大部分的专利。

下面介绍一些优秀的搜索引擎：

（1）中文搜索引擎

Google 搜索引擎（http://www.google.com.cn）：目前最优秀的支持多语种的搜索引擎之一，提供网站、图像、新闻组等多种资源的查询，包括中文简体、繁体、英语等多个国家和地区的语言资源。

百度搜索引擎（http://www.baidu.com）：全球最大的中文搜索引擎之一，可以查询新闻、网页、mp3、图片、视频等，可以使用百度贴吧、百度知道等。

新浪搜索引擎（http://search.sina.com.cn）：规模最大的中文搜索引擎之一，提供网站、中文网页、英文网页、新闻、汉英辞典、软件、沪深行情、游戏等多种资源的查询。

Chapter 8

雅虎中国搜索引擎（http://cn.yahoo.com）：雅虎是世界上著名的目录搜索引擎。雅虎中国于 1999 年 9 月正式开通，是雅虎在全球的第 20 个网站。

搜狐搜索引擎 (http://www.sohu.com)：搜狐于 1998 年推出中国首家大型分类查询搜索引擎，到现在已经发展成为中国影响力最大的分类搜索引擎之一，可以查找网站、网页、新闻、网址、软件、黄页等信息。

（2）英文搜索引擎

Yahoo（http://www.yahoo.com）：有英、中 、日、韩、法、德、意、西班牙、丹麦等 10 余种语言版本，各版本的内容互不相同，目录分类比较合理，层次深，类目设置好，网站提要严格清楚。网站收录丰富，检索结果精确度较高，有相关网页和新闻的查询链接。有高级检索方式，支持逻辑查询，可限时间查询。

AltaVista（http://www.altavista.com）：有英文版和其他几种西文版，搜索首页不支持中文关键词搜索，能识别大小写和专用名词，支持逻辑条件限制查询，高级检索功能较强。提供检索新闻、讨论组、图形、MP3/音频、视频等检索服务以及进入频道区（zones），对诸如健康、新闻、旅游等类进行专题检索。有英语与其他几国语言的双向在线翻译等服务，有可过滤搜索结果中有关毒品、色情等不健康内容的"家庭过滤器"功能。

Excite（http://www.excite.com）：是一个基于概念性的搜索引擎，它在搜索时不只搜索用户输入的关键字，还可"智能性"地推断用户要查找的相关内容进行搜索。除美国站点外，还有中文及法国、德国、意大利、英国等多个站点。查询时支持英、中、日、法、德、意等 11 种文字的关键字。提供类目、网站、全文及新闻检索功能。目录分类接近日常生活，细致明晰，网站收录丰富。网站提要清楚完整。搜索结果数量多，精确度较高。有高级检索功能，支持逻辑条件限制查询（AND 及 OR 搜索）。

Go（http://go.com）：提供全文检索功能，并有较细致的分类目录，还可搜索图像。网页收录极其丰富，以西文为主。查询时能够识别大小写和成语，且支持逻辑条件限制查询（AND、OR、NOT 等），高级检索功能较强，另有字典、事件查询、黄页、股票报价等多种服务。

Lycos（http://www.lycos.com）：多功能搜索引擎，提供类目、网站、图像及声音文件等多种检索功能。搜索结果精确度较高，尤其是搜索图像和声音文件上的功能很强。有高级检索功能，支持逻辑条件限制查询。

（3）FTP 搜索引擎

FTP 搜索引擎的功能是搜集匿名 FTP 服务器提供的目录列表以及向用户提供文件信息的查询服务。由于 FTP 搜索引擎专门针对各种文件，因而相对于 WWW 搜索引擎，在搜索软件、图像、电影和音乐等文件时，使用 FTP 搜索引擎更加便捷。以下是一些 FTP 搜索引擎：

http://www.alltheweb.com

http://www.filesearching.com

http://www.ftpfind.com

（4）特色搜索引擎：

SOGUA（http://www.sogua.com）：搜索中文的 MP3 歌曲。

Google 图像搜索：最好的图片搜索工具之一。

Lycos（http://www.lycos.com）：多媒体搜寻。

Who where（http://www.whowhere.com）：一个老牌的寻人网站。

FAST（http://www.fastsearch.com）：可以同时搜索各种格式的多媒体文件。

MIDI Explorer（http://www.musicrobot.com）：搜索 MIDI 音乐文件。

5．BBS 的使用

BBS（Bulletin Board Service，公告牌服务）是 Internet 上的一种电子信息服务系统。它提供一块公共电子白板，每个用户都可以在上面书写，可发布信息或提出看法。大部分 BBS 由教育机构、研究机构或商业机构管理。像日常生活中的黑板报一样，电子公告牌按不同的主题分成很多个布告栏，布告栏的设立依据是大多数 BBS 使用者的要求和喜好，使用者可以阅读他人关于某个主题的最新看法，也可以将自己的想法毫无保留地贴到公告栏中。同样地，别人对你的观点的回应也很快（有时候几秒钟后就可以看到别人对你的观点的看法）。如果需要私下的交流，也可以将想说的话通过发送小纸条的方式发给某人。如果想与正在使用 BBS 的某个人聊天，可以启动聊天程序，虽然谈话的双方素不相识，却可以亲近地交谈。

有很多种方式登录 BBS，不过许多用户更习惯的还是利用浏览器以及 WWW 方式访问 BBS 站点。只要在 IE 浏览器界面的地址栏里输入 BBS 站点的地址，例如输入 http://tieba.baidu.com，即可进入"百度贴吧"。实际上，基于浏览器的 BBS 站点是由一个个主页组成的。使用浏览器浏览 BBS，只需要用鼠标点击感兴趣的内容，就可以看到相应的信息。

这里就以登录百度贴吧 BBS 站为例介绍利用浏览器登录 BBS 的方法。

（1）在浏览器的地址栏中输入 http://tieba.baidu.com，按 Enter 键，出现如图 8-22 所示的百度贴吧 BBS 站首页。

图 8-22　百度贴吧 BBS 站首页

（2）如果要发布信息，则需要输入自己的账号和密码，登录之后才能发表看法。如果只是查看 BBS 内的内容，则可用鼠标单击页面左方的贴吧分类，如"游戏"，则进入该贴吧区已有文章的分类列表页面，如图 8-23 所示。

图 8-23　贴吧区的分类列表

（3）点击某一贴吧标题即可打开该内容进行阅读，登录之后，单击"回复"按钮即可对已有的帖子内容进行讨论。如图 8-24 所示。

图 8-24　查看贴吧内容

另外，现在 Internet 上还有很多虚拟社区（使用操作方式和 BBS 类似），也可以从中查找感兴趣或者需要的资讯。

以下是一些不错的 BBS 网络社区：

- 天涯虚拟社区（http://www.tianya.cn）
- 猫扑（http://www.mop.com）
- 西祠胡同（http://www.xici.net）
- 凤凰论坛（http://bbs.phoenixtv.com）
- 人民网强国论坛（http://bbs1.people.com.cn）
- 新浪论坛（http://bbs.sina.com.cn）
- 搜狐社区（http://club.sohu.com）
- 西陆社区（http://www.xilu.com）
- 河南大河社区（http://bbs.dahe.cn/bbs）

网络传播的速度快、范围广、成本低是 BBS 的特点；资讯是交互的而不像传统媒体是单向的，这也是 BBS 风行的一个原因。但是它的优点也正是它的致命伤，正由于 BBS 的开放性，一个劣质的资讯在网络上造成的伤害也就更大，在目前的社会上还没有一个专业机构来帮助用户筛选资讯，所以应该学会自我判断，才能够从 Internet 上得到益处，而不是接收了一堆网络垃圾。

8.3　网络资源下载

本节主要介绍两种最经典的直接文件下载方式，使用 HTTP（Hyper Text Transportation Protocol，超文本传输协议）协议方式和使用 FTP（File Transportation Protocol，文件传输协议）协议方式。它们是计算机之间交换数据的方式。所谓直接下载就是指不借助下载工具，而直接利用 WWW 下载所需的资源。直接下载是从互联网上获取所需资源的最基本方法，是办公人员必须掌握的方法。

8.3.1　利用 HTTP 协议直接下载

HTTP 是超文本传输协议，浏览器（比如 IE）的"本职工作"就是解读按照这种协议制作的网页。Web 网页上的各种资源都有一个 URL 网页地址，比如说某个图片的 URL 是 http://www.aaa.com/a.jpg，某个页面的 URL 是 http://www.aaa.com/default.html 等。当 IE 看到这些 URL 时，它会将其显示出来。但是如果碰到 http://www.aaa.com/a.exe 这种扩展名为 exe 的文件怎么办？这种文件不能"显示"出来，否则就是一堆乱码，这时 IE 会弹出一个对话框提供给用户操作，用户就是通过这种方式下载所需的资源的。

下面以在互联网上下载"中国移动飞信"的 PC 客户端为例对其作详细的使用说明。操作步骤如下：

（1）打开 google 站点。

（2）在查找框中输入"中国移动飞信"，用鼠标单击"google 搜索"按钮后会出现如图 8-25 所示搜索结果画面。

图 8-25　搜索结果

（3）选择"中国移动飞信"搜索结果，单击链接进入下一页面，如图 8-26 所示画面。

图 8-26　具体搜索结果

（4）单击"立即下载飞信"按钮，弹出如图 8-27 所示的对话框。

（5）单击"浏览"按钮后，指定文件的保存路径，单击"确定"按钮，弹出下载进程显示对话框。下载的文件名可以更改。

（6）下载完毕后，在"下载完毕"对话框中，单击"关闭"按钮，关闭该对话框。

图 8-27　任务下载

8.3.2　利用 FTP 协议直接下载

FTP 是 TCP/IP 协议组中的协议之一，该协议是 Internet 文件传送的基础，它由一系列规格说明文档组成，目的是提高文件的共享性，提供非直接使用远程计算机，使存储介质对用户透明和可靠高效地传送数据。简单地说，FTP 就是完成两台计算机之间的拷贝，从远程计算机拷贝文件至自己的计算机上，称之为"下载"。若将文件从自己计算机中拷贝至远程计算机上，则称之为"上传"。

需要注意的是，所有的 FTP 服务器都是需要账号和密码才能登录的。不过有相当一部分FTP 服务器提供了匿名登录，对于这些服务器我们可以使用通用的账号和密码登录（通常账号为 Anonymous，密码为 anonymous），有时候登录这些 FTP 服务器并没有提示让输入账号和密码，实际上 Windows 或者 FTP 软件自动帮用户完成了匿名登陆操作。

下面的实例通过使用浏览器访问 FTP 服务器方式，登录到ftp://211.84.208.33（河南司法警官职业学院教学资源）服务器，并从"计算机系教学课件"目录下载办公自动化课件到自己的计算机中。

操作步骤如下：

（1）在浏览器的地址栏中输入：ftp://211.84.208.33/，然后按下 Enter 键，浏览器加载页面，如图 8-28 所示。直接输入这样的地址的前提是，FTP 站点必须是匿名的。

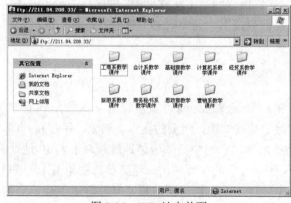

图 8-28　FTP 站点首页

（2）进入"计算机系教学软件"文件夹中，如图 8-29 所示。

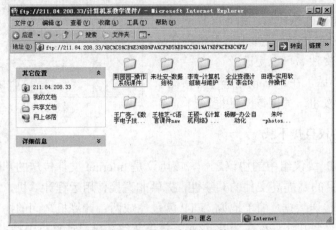

图 8-29　计算机系教学课件目录

（3）右击"杨娜-办公自动化"文件夹图标，在弹出的菜单中选择"复制到文件夹"会弹出"浏览文件夹"对话框，选择保存路径，然后单击"确定"。文件下载进程显示如图 8-30 所示。

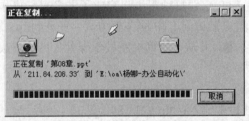

图 8-30　文件下载进程显示

（4）下载完毕后，软件保存到指定文件夹中。并不是 Internet 上所有的资源都能通过这两种协议下载，有时候我们也使用一些专门的下载软件，详细情况请参考第 9 章的相关内容。

本章小结

办公中使用网络上的信息资源已经变得非常普遍。本章介绍了在办公中如何充分利用网络信息资源，包括因特网的基础知识，网页的搜索、浏览、保存和打印，网络资源的直接下载以及 BBS、电子邮箱的使用等。学习中必须清楚地理解域名与 IP 地址的概念以及二者之间的关系，了解 Internet 在现代办公中的主要应用，能够熟练使用 IE10.0 进行网上信息的浏览、保存和打印，掌握搜索引擎使用方法，同时要掌握从互联网上下载信息的方法。

通过本章的学习，读者应该熟练掌握网络资源的应用方法，充分发挥网络的作用。

实　　训

实训一　搜索网页并发送电子邮件

1．实训目的

（1）熟练掌握网上信息的搜索方法。

（2）掌握网页的浏览、保存，电子邮件的发送。

2．实训内容

在 Internet 上搜索"3G"技术相关知识，了解其发展、工作原理及应用，把相关的网页内容保存并通过电子邮件发送给你的朋友，必要时可以在论坛上发起询问贴获取更多信息。

3．实训要求

（1）启动 IE 浏览器，打开某个搜索引擎网站，如 www.google.cn。

（2）在 Internet 上通过关键字"3G"搜索，或者到移动或联通公司官方网站上查询相关知识。

（3）把有用的网页保存起来。

（4）把保存的网页通过电子邮件发送给你的朋友。

实训二　网络资源的上传和下载

1．实训目的

（1）掌握利用 HTTP 协议下载软件的方法。

（2）理解并掌握利用 FTP 协议方式上传和下载软件。

2．实训内容

从网上下载一个应用小软件"光影魔术手"，并上传到学校的 FTP 上方便同学们下载使用。

3．实训要求

（1）启动 IE 浏览器，打开某个搜索引擎网站。

（2）在 Internet 上搜索"光影魔术手"的最新版本。

（3）下载该软件。

（4）登录学校的 FTP 站点，上传该软件。

9

常用办公软件的使用

本章教学目标：

- 了解本章介绍的常用软件的安装、功能和界面组成
- 熟悉图像捕获工具 SnagIt 的操作方法
- 熟悉使用暴风影音连续播放视频的方法
- 熟悉使用阅览工具 Adobe Reader 阅读电子图书的方法
- 掌握使用 WinRAR 压缩/解压缩文件的方法
- 掌握使用迅雷下载各种网络资源的方法

本章教学内容：

- 压缩/解压缩软件——WinRAR
- 图像捕获工具——SnagIt
- 视频播放工具——暴风影音
- 高速下载工具——迅雷
- 电子图书阅览工具——Adobe Reader
- 实训

9.1 压缩/解压缩软件——WinRAR

由于计算机存储设备和传输介质的限制，人们在传输较大文件或多个文件时会很不方便，压缩软件正是为了解决这个问题而产生的。合理使用压缩工具，不仅可以缩小文件所占用的磁盘空间，便于备份存储和传输，而且还可以提高文件的安全性，方便用户对文件进行管理。

目前，网络上比较常用的压缩工具有 WinRAR 和 WinZip 两种，相对来说，WinRAR 更为流行，因为它可以更加完美的处理非 RAR 压缩文件。本节以 WinRAR 软件为例，介绍压缩软件的使用。

9.1.1　WinRAR 简介

WinRAR 是一款功能强大的压缩文件管理器，允许创建、管理和控制压缩文件，可用于 Windows、Linux 等多种操作系统。WinRAR 界面友好，使用方便，能够支持鼠标拖放及外壳扩展，内置程序可以解开 CAB、ARJ、LZH、TAR、GZ、ACE、UUE、BZ2、JAR、ISO 等多种类型的压缩文件，而且还具有估计压缩比率、历史记录和收藏夹等功能。WinRAR 压缩率相当高，其资源占用相对较少、固定压缩、多媒体压缩和分卷、自释放压缩的功能是大多数压缩工具所不具备的，使用简单方便，配置选项不多，仅在资源管理器中就可以完成用户想做的工作，对于 ZIP 和 RAR 的自释放压缩文件，单击属性就可以知道此文件的压缩信息。本节介绍的是 WinRAR 5.0。

9.1.2　使用 WinRAR 进行加密压缩

压缩是 WinRAR 软件的主要功能，如果在压缩文件时为文件添加密码，就可以进一步保障文件的安全性。本实例要求使用 WinRAR 对"D:\音乐"文件夹进行加密压缩，生成的压缩文件命名为"我的音乐.RAR"，保存路径为"D:\"，密码设置为"123"，效果图如图 9-1 所示。

图 9-1　压缩文件效果图

9.1.3　操作步骤

本实例中，将主要解决如下问题：
● 如何修改压缩文件的名称和设置压缩文件的保存路径。
● 如何为压缩文件设置密码保护。

1. 启动 WinRAR

选择"开始"→"程序"→"WinRAR"→"WinRAR"命令，打开如图 9-2 所示的 WinRAR 窗口。

窗口中文件列表区域的使用和资源管理器非常相似，在窗口中用鼠标双击文件/文件夹的名称就可以打开文件/文件夹。文件列表中的 ZIP 和 RAR 格式的压缩文件也被作为一个单独的文件夹来对待，双击它们可以显示其中包含的文件/文件夹。

图 9-2　WinRAR 窗口

2．新建压缩文件

（1）选择待压缩文件/文件夹

在 WinRAR 窗口中的地址栏中可以选择或者输入要压缩文件的存放路径。本实例可以选取路径，方法是：单击地址栏右侧的下拉按钮，在打开的下拉列表中选择待压缩文件夹的保存路径"D:\"，文件列表区域就会显示该路径下所有的文件和文件夹，在其中选择"音乐"文件夹即可。注意如果在压缩时需要同时压缩多个文件/文件夹，而且这些文件/文件夹又在同一路径下，可以配合 shift 键或 ctrl 键同时选中这些文件/文件夹。

（2）修改压缩文件名和设置压缩格式

选中需要压缩的文件/文件夹以后，单击工具栏上的"添加"按钮，打开"压缩文件名和参数"设置对话框，在对话框中选择"常规"选项卡，如图 9-3 所示。

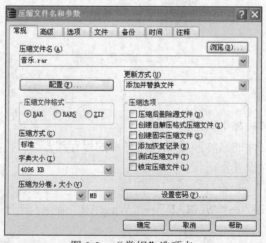

图 9-3　"常规"选项卡

对话框中主要参数的含义如下所示：

● "压缩文件名(A)"：在该列表框中可以修改生成的压缩文件的名称。

- "压缩文件格式"：在该区域中可以选择生成压缩文件的格式。默认选项为"RAR"。
- "压缩方式(C)"：在该列表框中有"存储"、"最快"、"标准"和"最好"等几种方式，通过选择可以设置压缩的级别。其中"存储"方式表示文件/文件夹的压缩率为"0"，即相当于将文件/文件夹按原大小又存储了一遍；"最快"方式表示程序根据原文件/文件夹的大小和类型自动选择最小压缩率进行压缩，保证压缩速度最快；"最好"方式表示程序以最大压缩率来进行压缩，而不考虑压缩速度；"标准"方式表示在压缩文件/文件夹时，程序自动会从压缩速度和压缩率之间取得平衡。默认选择"标准"方式。

本实例需要在"压缩文件名(A)"文本框中输入文本"我的音乐"，在"压缩文件格式"区域中选中"RAR"选项，用户根据自己的需要还可以在该对话框中进行其他参数的设置。

提示：如果压缩时选择的是单个文件/文件夹，WinRAR 会自动将该文件/文件夹的名称指定为压缩文件的名称。如果压缩时选择的是多个文件/文件夹，而且这多个文件/文件夹同在分区的根目录下，则 WinRAR 自动将最后选择的一个文件/文件夹的名称指定为压缩文件的名称；如果多个文件/文件夹同在分区的某一个文件夹中，则 WinRAR 自动将所属文件夹的名称指定为压缩文件的名称。

（3）为压缩文件设置密码

为了保障压缩文件的安全性，可以为压缩文件设置密码，方法是：在"压缩文件名和参数"设置对话框中选择"常规"选项卡，如上图 9-3 所示。

在对话框中单击"设置密码"按钮，打开如图 9-4 所示的"输入密码"对话框。

图 9-4　"输入密码"对话框

在对话框中用户可以设置压缩文件的密码，如果选中"加密文件名"选项，那么在查看压缩文件时，只有先输入密码，才能看到文件夹中所包含文件的具体名称。

本实例需要在"输入密码"文本框和"再次输入密码以确认"文本框中输入密码"123"，单击"确定"按钮即可生成需要的压缩文件，效果如图 9-1 所示。

（4）解压缩加密文件

双击"我的音乐"图标，在打开的窗口列表中选择"我的音乐"，单击工具栏上的"解压到"按钮，弹出"输入密码"对话框，输入密码后单击"确定"按钮，打开输入目标路径对话框，在"目标路径"下拉列表中选择解压缩的路径，单击"确定"即可将文件夹解压到指定的路径。

9.1.4　主要知识点

1．分卷压缩

如果在进行文件压缩时生成的压缩文件比较大，仍然会对文件的传输和移动带来不便，这时可以采用分卷压缩的方式。分卷压缩即表示将文件/文件夹压缩之后再分割成许多小部分，用户可以分批对其进行操作。分卷压缩的方法是：在如图 9-3 所示的常规设置对话框中选择"压缩为分卷，大小"下拉列表框，在列表框中选择或输入数字来设置分卷压缩时每个压缩文件的最大字节数。如：输入的数字为"160000"字节，那么压缩之后生成的每个压缩文件的大小都不超过"160000"字节。

在分卷压缩之后，一般会生成多个压缩文件，这些压缩文件的名称由用户在如图 9-3 所示的"压缩文件名(A)"列表框中进行设置，在分卷压缩以后，程序会自动在每个分卷文件名称的后面添加".part**"（**表示一系列数字）以示区别。

说明：分卷压缩时，如果输入的字节数后面添加小写字母"k"，则表示输入数值的单位为千字节（乘以 1024）；如果添加大写字母"K"，则表示数值单位为 1000 个字节（乘以 1000）；如果添加小写字母"m"，表示单位为兆字节（乘以 1,048,576）；如果添加大写字母"M"，表示单位百万字节(乘以 1,000,000)；如果要将文件压缩到可移动磁盘，则可以从列表中选择"自动检测"选项，程序自动根据可移动磁盘的剩余空间确定分卷压缩文件的大小。

2．自解压压缩

自解压压缩就是生成的压缩文件不需要通过 WinRAR 程序进行解压缩，双击压缩文件，系统会自动进行解压缩。如果要创建自解压格式的压缩文件，只需要在如图 9-3 所示的"压缩选项"区域中选中"创建自解压格式压缩文件"选项即可，生成的自解压文件的扩展名为".exe"。

3．多个文件/文件夹的压缩

如果要将多个文件/文件夹压缩生成一个文件，而且这多个文件/文件夹又不在同一路径下，常用的操作方法有以下两种：

（1）先选择其中的一个文件/文件夹进行压缩，生成压缩文件以后，再在 Windows 窗口中依次打开其他需要添加到压缩文件中的文件/文件夹（可在多个窗口中打开），然后通过鼠标拖放功能，将各个文件/文件夹直接拖放到该压缩文件上，即可快速将这多个文件/文件夹添加到压缩文件中。

（2）先选择一个文件/文件夹进行压缩，在压缩过程中会打开"压缩文件名和参数"设置对话框，选择"文件"选项卡，如图 9-5 所示，在对话框中单击"要添加的文件(A)"文本框，在其中输入要添加的文件/文件夹的路径（多个文件/文件夹之间可以用","间隔），也可以通过单击"追加"按钮选择多个要添加的文件/文件夹，最后单击"确定"按钮即可。

压缩文件时，如果要排除待压缩文件夹中的某些文件，可以在如图 9-5 所示的对话框中单击"要排除的文件(X)"文本框，选择或输入要排除文件的完整路径即可。

4. 删除压缩文件中的文件/文件夹

在已生成的压缩文件中删除文件/文件夹的方法比较简单，可以直接双击压缩文件打开如图 9-2 所示的 WinRAR 窗口，然后在文件列表区域中选择需要删除的文件/文件夹，按 Delete 键删除即可。

5. 估计压缩文件/文件夹的大小

进行文件/文件夹压缩前，用户可以预先估计生成的压缩文件的大小，方法是：在 WinRAR 窗口中选择待压缩的文件/文件夹，单击工具栏上的"信息"按钮，打开如图 9-6 所示的"文件信息"对话框，单击"估计"按钮，程序会自动估计文件/文件夹的压缩率、压缩包大小和压缩这个文件/文件夹需要的时间等信息。

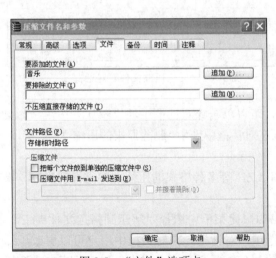

图 9-5 "文件"选项卡

图 9-6 "文件信息"对话框

6. 测试并修复损坏的压缩文件

WinRAR 可以对压缩文件进行测试查看是否有损坏，如果损坏还可以对其进行修复。方法是：在 WinRAR 窗口中选择待测试的压缩文件，单击工具栏上的"测试"按钮，程序会自动对文件进行测试，并且给出测试结果。

如果要修复损坏的压缩文件，单击工具栏上的"修复"按钮，打开如图 9-7 所示的对话框，单击"确定"按钮，程序开始分析修复该压缩文件，并且在相同路径下会产生一个名为"_reconst"的压缩文件。

7. 转换压缩文件格式

如果需要将其他格式的压缩文件转换为 RAR 类型，可以在 WinRAR 窗口中选中其他类型的压缩文件，在菜单栏中选择"工具"→"转换压缩文件格式"命令，打开如图 9-8 所示的"转换压缩文件"对话框，单击"确定"按钮即可完成类型转换。

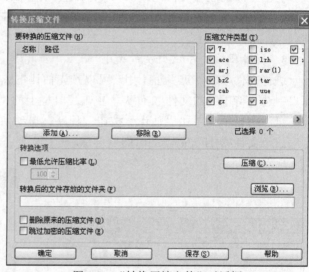

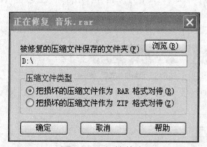

图 9-7　文件修复　　　　　　　　　　图 9-8　　"转换压缩文件"对话框

如果要继续添加需要转换格式的压缩文件，可以单击该对话框中的"添加"按钮。如果要将原压缩文件替换为转换类型后的文件，可以在对话框中选中"删除原来的压缩文件"选项。

8. 解压缩

WinRAR 可以对 RAR、ZIP、CAB、ARJ 和 LZH 等多种格式的压缩文件进行解压缩。操作方法有以下两种：

（1）在压缩文件上单击鼠标右键，在弹出的快捷菜单中选择"解压到指定文件夹(E)"命令，即可打开如图 9-9 所示的"解压路径和选项"对话框。在对话框中用户可以更改压缩文件的释放路径、设置解压的更新方式和覆盖方式等，最后单击"确定"按钮即可完成解压缩操作。

（2）在 WinRAR 窗口中选中需要解压缩的文件，单击工具栏中的"解压到"按钮，同样会打开如图 9-9 所示的对话框，用户在对话框中设置相应的参数即可。

如果要对分卷压缩生成的文件进行解压缩，只需要对第一个分卷压缩文件解压缩即可。

图 9-9　"解压路径和选项"对话框

9.2　图像捕获工具——SnagIt

一般情况下，可以使用键盘上的 PrintScreen 键来截取图片，但是这种方式只能截取一些简单的图片，如果需要截取一些复杂的多媒体文件，例如：级联菜单、滚动窗口、程序图标、文本或视频等，就需要使用专业的截图工具了。本节以 SnagIt 11 为例，介绍捕获多媒体文件的方法。

9.2.1　SnagIt 简介

SnagIt 是一款由美国 TechSmith 公司出品的屏幕、文本和视频捕获与转换软件。可以捕获屏幕、菜单、窗口、鼠标定义的区域、游戏画面或电影等，捕获生成的静态图像可以被保存为 BMP、PCX、TIF、GIF 或 JPEG 等格式，动态文件可以被保存为 AVI 视频或系列动画等。另外，在保存生成的捕获对象前，可以使用 SnagIt 编辑器中的命令对图片进行处理，例如：添加水印、自动缩放、颜色减少、单色转换、抖动等。输出捕获的文件时可以选择将文件自动送至 SnagIt 打印机或 Windows 剪贴板中，或直接用 E-mail 发送。在 SnagIt 最新版本中，利用 SnagIt 的捕获界面，能够捕获 Windows PC 上的图片、文本并打印输出，然后通过内嵌编辑器，可以对捕获结果进行改进，SnagIt Screen Capture 增强了 PrintScreen 键的功能。同时还能将程序的捕获功能嵌入到 Word、PowerPoint 和 IE 浏览器中。下面通过实例来了解它的使用。

9.2.2 使用 SnagIt 捕获级联菜单

菜单是 Windows 中最普通的交互方式，有时为了说明问题必须捕获一些程序的级联菜单，要完成这样的工作，可以借助 SnagIt 这样的专业捕获工具。本实例要求使用 SnagIt 工具，将 Word 中的"视图"→"工具栏"→"常用"级联菜单捕获下来，并且以"常用工具栏.png"为名进行保存。最终效果如图 9-10 所示。

本实例中，将主要解决如下问题：

● 如何设置捕获层叠菜单效果。
● 如何在捕获对象前进行延时设置。
● 如何捕获对象。

图 9-10 级联菜单效果图

9.2.3 操作步骤

1. 启动 SnagIt

选择"开始"→"程序"→"SnagIt 11"→"SnagIt 11"命令，打开 SnagIt 窗口，如图 9-11 所示。

2. 捕获设置

（1）设置捕获状态

在捕获对象前用户需要首先设置捕获状态，即需要选择捕获对象的类型。方法是：在 SnagIt 窗口中单击"捕获"按钮左侧的按钮，打开如图 9-12 所示的列表，用户可以在其中选择相应的捕获状态。本实例选择"图像捕获"。

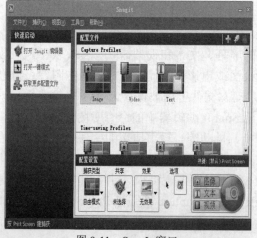

图 9-11 SnagIt 窗口

图 9-12 捕获状态设置

（2）设置"捕获类型"

在本实例中需要捕获级联菜单，所以在捕获对象之前，首先需要设置"捕获类型"，方法是：在窗口中单击"捕获类型"选项右侧的下拉按钮，打开如图 9-13 所示的捕获类型菜单；在菜单中选择"属性"命令，打开"捕获类型属性"对话框，单击"菜单"选项卡，如图 9-14 所示，选中"包括菜单栏"和"捕获级联菜单"选项，这样就可以抓取级联菜单了。

图 9-13 捕获类型下拉菜单

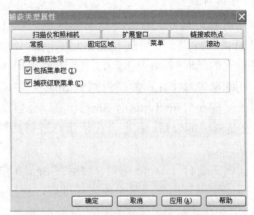

图 9-14 "捕获类型属性"对话框

（3）选择"捕获"对象

完成上述设置以后，用户可以设置捕获对象的来源，即选择"捕获类型"对象，方法是在如图 9-13 所示的捕获类型菜单中进行相应的选择即可。本实例选择"菜单"命令。

（4）设置"共享"状态

使用 SnagIt 捕获对象前，还需要预先设置捕获结果传送到的地方，如打印机、剪贴板和文件夹等，方法是：在窗口中单击"共享"选项右侧的下拉按钮，打开如图 9-15 所示的共享菜单，在菜单中进行相应选择即可。本实例需要将捕获结果以文件的形式进行保存，可以选中"文件"命令。

图 9-15 共享菜单

（5）"选项"设置

在窗口的"选项"区域中有三个图标，通过这些图标可以设置捕获多媒体文件的方式，其含义如表 9-1 所示：

表 9-1 选项图标

	设置在捕获的结果中是否包含光标
	设置捕获对象前的延时效果，或按设定的时间间隔捕获对象
	在 SnagIt 编辑器中打开捕获的图像

本实例中，可以单击"⏱"图标，打开如图 9-16 所示的"定时器设置"对话框，在对话框中选中"启用延迟或计划捕获"选项，设置"延时捕获"的时间为 5 秒；也可以选中"🖼"图标，在 SnagIt 编辑器中查看捕获的图像。

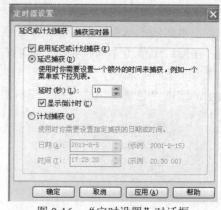

图 9-16　"定时设置"对话框

3．捕获对象

捕获对象前最好先打开捕获对象（也可以在单击"捕获"按钮之后再打开捕获对象，但必须保证在设置的延时时间内完成），注意不要将捕获对象所在的窗口最小化；然后返回到 SnagIt 主窗口中单击"捕获"按钮，这时 SnagIt 窗口会自动隐藏；在延时时间以后，程序会提示用户进行捕获对象的选取，选取捕获对象后程序即可自动进行捕获。

本实例需要打开 Word 窗口，然后在 SnagIt 窗口中单击"捕获"按钮，选择"视图"→"工具栏"→"常用"命令，在 5 秒延时以后，程序自动进行捕获。

4．保存捕获对象

捕获操作完成以后，捕获结果会出现在 SnagIt 编辑器中，如图 9-17 所示。

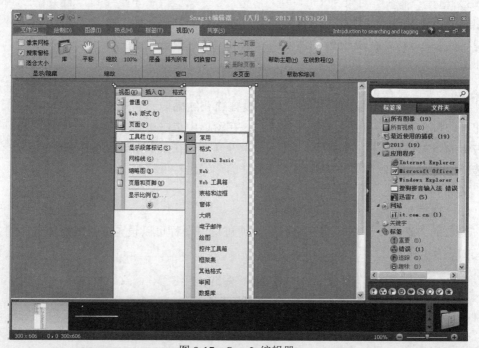

图 9-17　SnagIt 编辑器

如果满意捕获效果就可以对文件进行保存了，方法是：在窗口中单击 "完成方案" 按钮，在打开的 "另存为" 对话框中输入文件的名称，并且设置保存路径即可。本实例需要设置文件的名称为 "常用工具栏"，默认图片文件的保存类型为 PNG。

9.2.4　主要知识点

1．SnagIt 的安装

SnagIt 软件一般为英文版本，可以对其进行汉化。从网上下载 SnagIt 11.0 的英文安装程序和汉化包，首先安装英文主程序，双击安装文件开始安装，安装过程和其他软件类似，采用默认值，依次单击"下一步"按钮即可，在安装过程中有一个选项"Start SnagIt 11 when installation is finished"（安装完成后启动 SnagIt），为了下一步安装汉化包，需要取消此选项。

英文程序安装完成后，开始安装 SnagIt 的汉化包对其进行汉化。需要注意的是，如果用户在安装英文主程序的时候改变了默认安装目录，在安装汉化包时需要单击"浏览"按钮，选择修改后的安装目录。

2．捕获对象的编辑

要使捕获的图片更具特色，可以对其进行修剪、旋转、添加边框或标题等效果的设置，即对捕获对象进行编辑，方法主要有以下两种：

（1）在捕获对象前，先设置"效果"选项，使捕获结果自动应用设置的效果。

操作方法是：在 SnagIt 主窗口中单击"效果"选项右侧的下拉按钮，打开如图 9-18 所示的菜单。在菜单中选择相应的命令，如"修剪"命令，在打开的对话框中设置修剪后对象的大小和修剪的方向。设置完成后，再使用 SnagIt 进行对象捕获时，程序会自动将预先设置的效果应用到图像上。

（2）捕获任务完成后，在 SnagIt 编辑器中设置图片效果。

图 9-18　"效果"菜单

操作方法是：在捕获对象前先选中"选项"区域的 "▶" 图标，那么在捕获任务完成后会自动打开如图 9-17 所示的 SnagIt 编辑器；在编辑器中单击各个选项卡，工具栏位置会出现不同的工具按钮，单击各个按钮可以对图片进行不同的效果设置。如同样需要对图片进行修剪操作，可以单击"图像"选项卡，在工具栏位置会出现"裁剪"按钮，使用它可以完成对图片的修剪操作。

3．多窗口的捕获

在办公事务处理中，有时需要捕获多个窗口，操作步骤如下：

（1）打开需要捕获的多个窗口，并将窗口调至最佳大小和位置。

（2）返回到 SnagIt 窗口中，在 "捕获类型" 选项中选择"窗口"命令；在 "共享" 选项中选择合适的命令，这里选择"文件"命令，以下实例的"共享"均以"文件"为例。

（3）在 SnagIt 窗口的"捕获类型"选项中选中"多区域"，确保捕获对象为多重区域。

（4）单击"捕获"按钮，在设置的延时时间以后，会弹出一个提示框，提示用户进行捕获窗口的选择，依次单击各个窗口进行选择；如果要结束捕获任务或取消捕获任务，可以在所选择的任何一个窗口中单击鼠标右键，在弹出的快捷菜单中选择 "结束" 或"取消"命令即可。捕获效果如图 9-19 所示。

图 9-19　多窗口捕获效果图

4. 区域捕获

如果要捕获屏幕或窗口中的某个区域，操作步骤如下：

（1）打开需要捕获的对象。

（2）返回到 SnagIt 窗口中，在 "捕获类型"选项中选择"区域"命令；"共享"选择为"文件"。

（3）单击"捕获"按钮，在设置的延时时间以后，鼠标变成选取区域的光标，拖动光标会出现一个红色方框，调整方框大小使之刚好能够覆盖捕获对象，程序即可自动捕获选取的区域。

如果在捕获区域前，在 SnagIt 窗口的"捕获类型"选项中选中"多区域"，可以实现多重区域的捕获。

5. 滚动区域捕获

如果要捕获的对象不是固定区域，而是一个滚动区域，可以使用 SnagIt 的滚动捕获功能，如：要捕获 Word 程序中"工具"→ "自定义"→ "命令"选项卡中的"类别"滚动列表框，操作步骤如下：

（1）在 Word 窗口中先打开"自定义"对话框，单击"命令"选项卡。

（2）返回到 SnagIt 窗口中，在 "捕获类型"选项中选择"高级"→ "自定义滚动"命令；"共享"选择为"文件"。

（3）单击"捕获"按钮，在设置的延时时间以后，鼠标同样会变成选取区域的光标，拖动光标使红色方框刚好覆盖捕获对象，因为捕获对象为滚动列表，可以单击该列表右侧的垂直滚动按钮，该列表将自动进行滚动，直到列表区域的最底部，这时 SnagIt 程序将自动完成滚动区域的捕获。效果如图 9-20 所示。

6. 对象捕获

要捕获某些程序的工具栏按钮，可以使用 SnagIt 的对象捕获功能，如：要捕获 Word 程序中的"分栏"按钮，操作步骤如下：

（1）打开 Word 窗口。

（2）返回到 SnagIt 窗口中，在"捕获类型"选项中选择"高级"，高级选项中选中"对象"命令；"共享"选择为"文件"。

（3）单击"捕获"按钮，在设置的延时时间以后，单击"分栏"按钮进行捕获对象的选取，程序即可自动完成捕获任务。捕获效果如图 9-21 所示。

图 9-20　"类别"滚动列表框捕获效果图　　图 9-21　"分栏"按钮捕获效果图

7. 文本捕获

由于 SnagIt 本身就是一个动态数据交换服务器，使用它捕获的文字可以应用在任何 Windows 文字编辑器中，如记事本、写字板或 Word 中。使用 SnagIt 捕获文本的方法如下：在 SnagIt 窗口中设置捕获状态为"文字捕获"；然后根据捕获对象的来源和保存状态选择相应的"捕获类型"选项和"共享"选项；最后单击"捕获"按钮即可开始进行文本捕获。

8. 视频捕获

利用 SnagIt 的视频捕获功能，可以将屏幕或窗口中动态播放的视频信息保存下来，也可以使用它录制指定区域内的录像信息。操作步骤如下：

（1）在 SnagIt 窗口中设置捕获状态为"视频捕获"。

（2）在窗口中分别选择"捕获类型"选项和"共享"选项，一般在"捕获类型"选项中可以选择"窗口"命令；"共享"选择为"文件"。

（3）单击"捕获"按钮，选中要捕获的内容，点击鼠标左键打开如图 9-22 所示的图标，单击"rec"按钮，程序开始进行视频捕获。

Chapter 9

（4）捕获过程中，在桌面右下角的任务栏中会出现摄像机形状的图标，如果要结束捕获任务，双击该图标同样会打开如图 9-22 所示的对话框，单击"停止"按钮即可结束捕获任务。

图 9-22　"SnagIt 视频捕获"对话框

在使用 SnagIt 捕获电影或游戏中的视频文件时，如果捕获后的效果为黑屏或静止的画面，需要在桌面上单击鼠标右键打开"显示 属性"对话框；在对话框中选择"设置"选项卡，单击"高级"按钮，打开监视器属性对话框；在对话框中单击"疑难解答"选项卡，如图 9-23 所示，将"硬件加速"滑块向左调节即可。

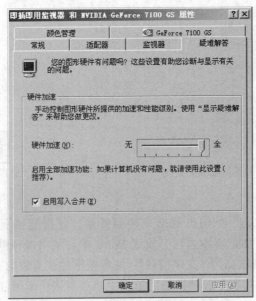

图 9-23　硬件加速设置对话框

9.3　视频播放工具——暴风影音

休闲娱乐是计算机提供的功能之一，随着计算机性能的不断提高，互联网技术的迅速发展，RM 和 MPEG 等压缩格式文件的流行，用户可以通过网络下载各种影音文件，使用多媒体播放工具轻松地获得高质量的影音视听享受。本节将介绍常用的视频播放工具—暴风影音，帮助用户尽快掌握它的使用。

9.3.1　暴风影音简介

暴风影音小巧易用，向来以支持众多媒体文件格式著称，而且配有各种解码器和插件，例如：Real 解码器、QuickTime 解码器、MPEG2 解码器、DivX 解码器和 VobSub 字幕插件等，能够完美的解决声音和图像不能同步的问题。本节介绍暴风影音 5。

9.3.2　使用暴风影音播放视频

本实例要求使用暴风影音建立视频的连续播放列表，并且按最佳比例设置播放画面的大小。

本实例中，将主要解决如下问题：

- 如何建立视频播放列表。
- 如何设置视频画面大小。

9.3.3　操作步骤

1. 启动暴风影音

选择"开始"→"程序"→"暴风影音"命令，打开如图 9-24 所示的暴风影音播放窗口。

2. 建立视频播放列表

打开暴风影音播放窗口后，在窗口右侧的"正在播放"面板中单击"+添加"按钮，可以在"打开"对话框中查找并选择需要播放的文件（可以配合 Shift 键或 Ctrl 键选择多个文件），单击"打开"按钮即可建立视频的播放列表，如图 9-25 所示。如果要删除播放列表中的文件，可以选择文件，然后单击"×删除"按钮。

图 9-24　暴风影音播放窗口

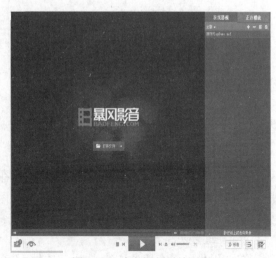

图 9-25　建立视频播放列表

提示：本步骤也可通过选择"文件"→"打开文件"命令建立视频播放列表。

3. 设置视频列表的播放方式

在播放多个视频文件时，可以设置视频列表的播放顺序和播放次数，方法是：在窗口中单击"暴风影音→播放→循环模式"，弹出如图 9-26 所示的快捷菜单，在菜单中选择相应的命令即可。本实例选择"顺序播放"命令。

4. 设置视频画面大小

在"播放列表"面板中双击某个视频文件的名称，即可从该视频开始播放文件，也可以选择某个视频文件以后，单击窗口底部的"播放"按钮进行视频播放。

在播放过程中，可以设置视频画面的大小，方法是：在视频画面上单击鼠标右键，在弹出的快捷菜单中选择"显示比例"命令，如图 9-27 所示，可以以最佳比例设置视频画面。如果要全屏播放视频，可在该快捷菜单中选择"全屏"命令，视频画面将占满整个显示器窗口。本实例选择"全屏"命令。

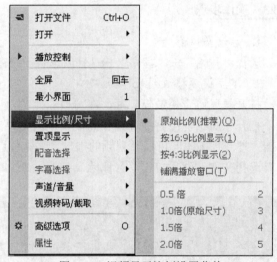

图 9-26 设置播放顺序菜单　　　　　　图 9-27 视频显示比例设置菜单

9.3.4 主要知识点

1. 截取视频画面

如果需要将视频中的某幅画面保存下来，在播放视频文件时，可以先单击窗口底部的"暂停"按钮，将需要保存的画面以静止的状态显示，然后单击窗口底部"工具箱"里的截图，将会自动保存到暴风影音默认的路径下，即可完成视频画面的截取操作。

2. 跳过片头、片尾

在使用暴风影音播放连续剧时，因为每集视频的片头和片尾都相同，重复播放比较繁琐，如果想要跳过片头和片尾直接播放下一集剧情，可以在暴风影音下拉菜单栏中选择"高级选项"命令，打开"播放设置"对话框，选择"基本播放设置"选项卡，如图 9-28 所示。

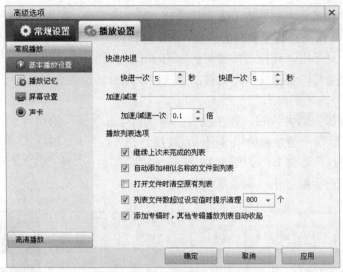

图 9-28　"播放设置"选项卡

在对话框中调整"快进一次"和"快推一次"的微调按钮，使时间刚好与片头和片尾的时间相同，以后在播放每集视频时，程序都会自动跳过片头和片尾，直接播放剧情。

3. 设置声道效果

使用暴风影音播放的影片如果为双语效果，听起来会比较嘈杂，这时需要将媒体的声道单独设置为"左声道"或"右声道"，常用的方法有以下三种：

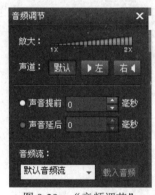

图 9-29　"音频调节"

- 在菜单栏中选音频调节按钮"音"，在对话框中即可进行左声道、右声道的调节如图 9-29 所示。
- 在主菜单栏中选择"播放"→"声道音量"命令可以快速调整声道。
- 在视频播放画面上单击鼠标右键，在弹出的快捷菜单中选择"声道音量"命令，也可以方便的进行声道调节。

4. 设置声音和画面的同步效果

如果在播放媒体文件的过程中，出现画面和声音不同步的情况，可以打开如图 9-29 所示的音频设置对话框，通过调整"声音提前/延后"微调按钮实现声音和画面的同步效果。如将微调按钮设置为"1"，则表示播放文件时声音将延迟 1 毫秒再播放，以达到声音和画面同步播放的效果；相反，如果将微调按钮设置为"-1"，则可以将媒体文件中的声音提前 1 毫秒再进行播放。

5. 记忆播放

播放视频时，常常会遇到本次结束观看时视频还没有播放完的情况，这时会希望下次启动暴风影音时能够直接从本次结束位置进行播放，实现方法是：在本次播放结束时，不要直接关闭暴风影音窗口，而是先暂停视频的播放；在暴风影音下拉菜单栏中选择"高级选项"命令，打开"播放设置"对话框，选择"播放记忆"选项卡，如图 9-30 所示。

以后再播放视频时，程序就可以直接从上次结束播放的位置进行播放了。

6. 加挂字幕

在播放某些外国高清大片时，往往没有字幕或只有其他语种的字幕，为观看视频带来不便，这时候我们可以到一些专业的字幕网站，查找到关于该影片的中文字幕，下载完字幕文件以后。在菜单栏中选字幕调节，如图 9-31 所示，在菜单栏中选择"载入"命令，在"打开"对话框中查找并打开字幕文件，即可导入中文字幕。

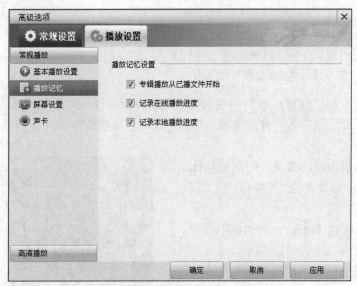

图 9-30　"播放记忆"选项卡

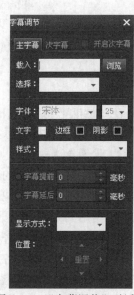

图 9-31　"字幕调节"对话框

9.4　高速下载工具——迅雷

目前，网络已经渗透到人们生活、学习和工作的各个领域，人们完全可以通过网络去获得自己需要的大部分资源。但是，在网上除了网页和加入了超级链接的下载内容以外，还有许多其他规模庞大的资源，例如视频流格式的 RA 或 RM 文件等，必须使用专用的下载工具才能够顺利下载。下载软件是指利用网络，通过 HTTP、FTP、ed2k 等协议，下载数据（电影、软件、图片等）计算机上的软件。常用的下载软件有迅雷（Thunder）、网际快车（Flashget）、比特彗星（BitComet）、哇嘎（Vagaa）等。本节以用户使用较多的迅雷软件为例，介绍下载工具的使用。

9.4.1　迅雷简介

迅雷是一款国产的高速下载工具，它不仅具有断点续传的功能，而且还具有下载速度快和易于管理等特点。在迅雷下载工具中，通过将一个文件分成几个部分多线程下载，可以成倍提高下载速度，并且迅雷具有强大的管理功能，支持按类别分目录保存下载文件，可以对下载资源进行拖动、重命名、添加描述、查找以及防毒操作等，除此以外，使用迅雷中的插件还可以支持 BT 资源和 eMule 资源的下载，让大家真正享受到下载的乐趣。本节以迅雷 7 为例，对于其他下载软件，使用方法和迅雷 7 非常相似，有兴趣的读者可以自己学习使用。

9.4.2　使用迅雷下载金山词霸

本实例要求使用迅雷 7 下载"金山词霸 2013"，并将它保存到"D:\软件"路径下。

本实例中，将主要解决如下问题：

● 如何使用迅雷 7 搜索下载资源。

● 如何进行下载任务的设置。

9.4.3　操作步骤

1．启动迅雷 7

选择"开始"→"程序"→"迅雷"→"启动迅雷 7"命令，打开如图 9-32 所示的迅雷 7 窗口。

启动迅雷后，在桌面的右上方会显示一个悬浮图标 ，同时在桌面右下角的任务栏中会出现图标 ，如果将迅雷窗口最小化，双击其中任何一个图标都将重新打开如图 9-32 所示的迅雷 7 窗口。

图 9-32　迅雷 7 窗口

2. 查找下载资源

（1）搜索下载资源

要使用迅雷搜索下载资源，可以在如图 9-32 所示的窗口中输入资源的名称进行搜索，方法是：在窗口中单击资源列表框 _____ ，在列表框中输入资源名称，单击列表框右侧的"资源搜索"按钮即可查找资源。本实例需要在列表框中输入"金山词霸2013"，然后单击"资源搜索"按钮进行资源搜索。

（2）打开下载资源

"使用迅雷大全搜索"会在最短的时间内，将网络上和此关键字有关的下载资源整理出来，以列表的形式呈现在用户的面前，用户可以在列表中单击自己需要的资源名称进入最终下载页面。对于本实例，在完成上一步操作步骤之后，会打开如图 9-33 所示的资源搜索列表。

图 9-33　资源搜索列表

在资源搜索列表中双击需要的资源名称，即可打开最终下载页面，如图 9-34 所示，下载页面中显示出下载地址的超链接。

3. 下载任务设置

在图 9-34 所示的最终下载页面中单击下载地址超链接，打开如图 9-35 所示的"新建任务"对话框。

选择下载的文件后，在"存储目录"列表框中会自动出现该类别文件的默认保存路径；单击"保存到"下面的选项，可以重新选择或重新输入下载文件的保存路径，在"另存名称(E)"文本框中可以更改下载文件的名称，设置完成后，单击"确定"按钮即可进行资源下载。

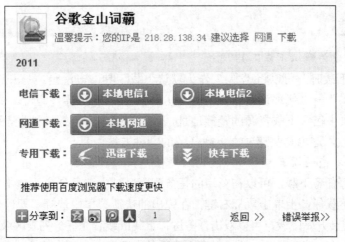

图 9-34　最终下载页面

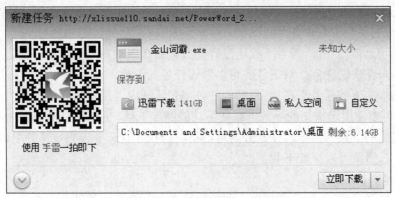

图 9-35　"新建任务"对话框

提示：在图 9-34 所示的最终下载页面中，如果单击下载地址将直接打开"建立新的下载任务"对话框；如果在下载地址上单击鼠标右键，则会弹出快捷菜单，可以在快捷菜单中选择"使用迅雷 7 下载"命令，同样会打开"建立新的下载任务"对话框。

4. 完成下载任务

下载任务设置完成后，在迅雷 7 窗口的任务列表区域会出现刚刚建立的下载任务，显示出任务的下载进度、速度等，如图 9-36 所示。

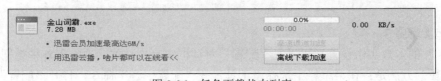

图 9-36　任务下载状态列表

9.4.4　主要知识点

1．设置迅雷 7 为默认下载工具

在进行资源下载时，可以将迅雷 7 作为默认下载工具，方法是：打开迅雷 7 窗口，在菜单栏中选择"工具"→"代理设置"→"迅雷使用 IE 代理服务器"即可。以后再使用 IE 浏览网页时，如果网页中包含下载资源的链接地址，可以直接单击该链接地址，系统将自动启动迅雷 7 进行资源下载，这也是快速建立下载任务的一种方法。

2．下载任务状态的设置

如果需要暂停任务下载，可以在窗口的任务列表区域中选择任务，单击工具栏的"暂停"按钮；也可以在下载任务上单击鼠标右键，在弹出的快捷菜单中选择"暂停任务"命令。如果要对停止的任务重新开始下载，可以双击任务进行下载；或者在任务列表区域中选择任务，然后单击工具栏的"开始"按钮即可；还可以在下载任务上右击，在弹出的快捷菜单中选择"开始任务"命令。如果要删除下载任务，可以在任务列表区域中选择任务，单击工具栏的"删除"按钮即可，注意删除的任务自动被存放到垃圾箱中，如果要彻底删除下载任务，需要清理垃圾箱。

3．继续未完成的下载任务

如果在关闭迅雷 7 时，任务下载还没有完成，那么下次启动迅雷时，在窗口的任务列表区域中会显示未完成的任务，双击任务可以继续任务的下载。

如果未完成的下载任务不在迅雷 7 的任务列表区域中，只要未完成任务生成的临时文件没有删除，就可以使用迅雷 7 的导入下载任务功能继续下载，方法是：在菜单栏中选择"文件"→"导入未完成的下载"命令，在打开的对话框中查找并且选择未完成任务生成的临时文件，单击"打开"按钮就可以继续下载了。

4．新建批量下载任务

使用迅雷 7 的批量下载功能可以方便地创建多个包含共同特征的下载任务，特别是对下载系列教程非常有用。例如，要下载某个网站中 10 个这样的文件地址 http://www.a.com/01.zip…http://www.a.com/10.zip 中的资源，在迅雷窗口中单击工具栏中的"新建任务"→"按规则添加批量任务"，打开如图 9-37 所示"新建任务"对话框。

在"URL"文本框中填写相关信息，对于上面的 10 个地址中，只有数字部分不同，可以用"*"表示不同的部分，即可写成"http://www.a.com/*.zip"的形式；在"通配符长度"文本框中输入数字"2"，表示地址中不同部分数字的长度为 2；在对话框中还可以设置数值的范围，填写完相应信息以后，单击"确定"按钮，就可以将这些下载任务一次添加到迅雷 7 的任务下载列表中了。

5．配置迅雷 7

迅雷 7 的多数实用设置都可以在"配置"对话框中完成，如：要设置各种类别文件的默认保存路径，方法是：在菜单栏中选择"工具"→"配置中心"命令，打开"配置"对话框，选择"任务默认属性"选项，如图 9-38 所示。

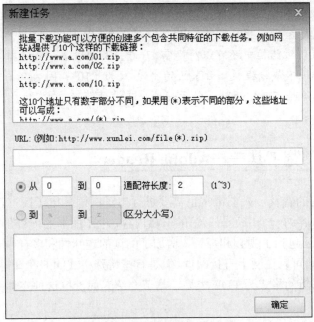

图 9-37　"新建任务"对话框

图 9-38　"配置"对话框

单击对话框中的"选择目录"列表框，可以选择下载文件的保存路径；在"默认目录"

文本框中可以选择或输入该类别文件的默认保存路径；单击"确定"按钮以后，再使用迅雷 7 进行资源下载时，程序会自动将相应类别的文件保存到指定的目录中。

提示：在"配置"对话框中还可以对迅雷 7 进行其他设置，如选择"任务默认属性"选项，可以将"原始地址下载线程数"由默认的"5"改为"10"，因为有的下载文件在迅雷里没有资源，只能从原始地址下载，而默认的原始地址下载线程 5 太少了，很影响下载速度，所以可以改为最大 10。

9.5　电子图书阅览工具——Adobe Reader

随着计算机应用的普及，人们常常也需要进行电子阅读。电子图书占用体积小，一个小小的移动硬盘就可以容纳一个中等图书馆的书籍内容，电子图书的内容形式也丰富多彩，不但有文字、图片、甚至还包括了视频和声音，增加了阅读的趣味性和多样性。对于这些内容丰富的电子图书，部分书籍可以在网上直接阅读，但是有些特殊格式的书籍却需要专门的阅读工具，鉴于网络上大部分书籍的格式为 PDF 类型，本节介绍专门支持这种文件格式的阅读工具——Adobe Reader。

9.5.1　Adobe Reader 简介

Adobe Reader 是由 Adobe 公司推出的用来查看、阅读和打印 PDF 文件的最佳工具，具有安全控制共享文档、审阅和注释文档的功能。这里需要说明的是：PDF 格式标准是由 Adobe 公司提出制订的，其优点是电子读物美观、便于浏览、安全性高、能够描述版面，还具有交互功能（如超级链接、交互表单等），页面随机存取及字体仿真描述等特性，并且具有跨平台及适合印刷出版和电子出版的优点，在网络上十分流行。但是 PDF 格式不支持 CSS、Flash、Java、JavaScript 等基于 HTML 的各种技术，它只适合浏览静态的电子图书。本节以 Adobe Reader11.0 为例进行介绍。

9.5.2　使用 Adobe Reader 阅览电子图书

本实例要求使用 Adobe Reader 阅览电子图书"傲慢与偏见.pdf"，并将小说正文的第一页复制到 Word 文档"傲慢与偏见.doc"中。

9.5.3　操作步骤

本实例中，将主要解决如下问题：
- 如何设置 PDF 文档的最佳显示比例。
- 如何有选择地阅读 PDF 文档。

1. 启动 Adobe Reader

选择"开始"→"程序"→"Adobe Reader XI"，打开 Adobe Reader 窗口，如图 9-39 所示。

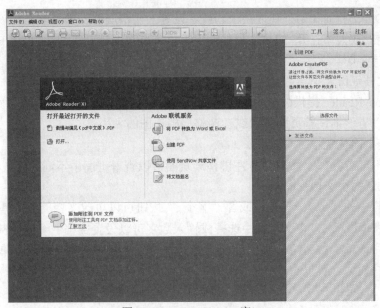

图 9-39　Adobe Reader 窗口

2.　打开 PDF 文档

在 Adobe Reader 窗口中，单击工具栏中的"打开"按钮打开 PDF 文档。本实例需要打开
"傲慢与偏见.pdf"文件，打开之后的效果如图 9-40 所示。

图 9-40　打开 PDF 文档窗口

打开的 PDF 文档的初始外观取决于创建者设置的文档属性，如：文档可以打开到特定的页面，或以特定的放大率打开。如果文档被设置为以全屏视图打开，用户可以按 Esc 键或 Ctrl+L 组合键退出全屏视图。

3. 调整文档视图大小

使用 Adobe Reader 提供的"手形"工具、"放大" / "缩小"按钮或者"缩放比例"下拉列表框等，可以方便地调整页面位置或者调整文档视图的大小。

（1）调整页面位置

选择"手形"工具🖐，按住鼠标左键拖动页面可以查看页面中不同的区域。

（2）放大或缩小文档视图

单击工具栏中的"放大+"按钮或者"缩小-"按钮可以更改文档的放大率；单击"缩放比例"下拉列表框 90.1% ，在文本框中选择或输入数字可以设置文档的缩放比例；单击"适合窗口宽度并启用滚动"按钮🖺，可以自动调整页面的宽度以铺满整个窗口；单击"适合一个整页至窗口"按钮🖼，可以自动调整页面大小，使整个页面刚好占满整个窗口；如果想以全屏方式阅读文档，可以在菜单栏中选择"页面显示"→"全屏模式"命令。本实例以"90%"的比例阅读文档。

4. 跳转页面

本实例需要复制小说正文的第一页，可以通过翻阅或者使用导览工具的方法实现页面的跳转，主要操作方法有以下几种：

● 通过拖动窗口中的垂直滚动条实现页面的跳转。

● 在工具栏的"页面跳转"文本框 1 /213 中输入页码，可以快速跳转到指定页面。对于本实例来说，需要跳转到正文的第一页，可以在文本框中输入数字"3"。

● 使用书签的导览功能，导览面板中的"书签"标签可以提供文档中各章节的目录，使用"书签"同样可以实现页面的跳转，操作方法是：单击导览面板中的"书签"标签，或者在菜单栏中选择"视图"→"导览面板"→"书签"命令显示书签；然后单击书签跳至对应章节。本实例可以单击导览窗格中的"第一章"跳至正文第一页。显示书签；然后单击书签跳至对应章节。本实例可以单击导览窗格中的"第一章"跳至正文第一页。

实现页面的跳转还有其他一些方法，如：通过单击工具栏中的"上一页"或"下一页"按钮，或者使用页面缩略图导览文档的方法等，这里不再赘述，可参考主要知识点部分的介绍。

5. 复制文本

在 Adobe Reader 中可以使用"选择"工具🔖选择文本，然后对文本进行复制操作，步骤如下：

（1）在菜单栏中选择 "工具"→"选择和缩放"→"选择工具"命令，从待选文本的开始处拖动鼠标直到结束处选定文本。本实例要求选中小说正文第一页的文本。

（2）在菜单栏选择 "编辑"→"复制"命令，将选定的文本复制到剪贴板中，然后打开其他程序进行粘贴。本实例要求打开 Word 文档 "傲慢与偏见.doc" 进行粘贴。

如果需要将 PDF 文档中的全部内容转换为文本文档的形式，可以直接在菜单栏中选择 "文件"→"另存为文本"命令进行转换。

9.5.4　主要知识点

1．导览窗格的显示

有时 Adobe Reader 窗口的导览窗格会被隐藏起来，如果想要显示导览窗格，可以在菜单栏中选择 "视图"→"显示隐藏（<u>S</u>）"→"显示导览窗格"命令即可。

2．设置页面布局和方向

查看 PDF 文档时，可以设置文档的页面布局和方向，方法是通过选择 "视图"→"页面显示"命令来设置，具体选项有：

- "单页视图"：在文档窗格中一次显示一个页面。
- "启用滚动"：以连续的垂直列来显示页面，默认情况下为此状态。
- "双页视图"：并排显示页面，并且一次只显示两页。
- "双页滚动"：以并排连续的垂直列来显示页面。

3．自动阅览

在 Adobe Reader 窗口中单击工具栏上的 "上一页" 按钮或 "下一页" 按钮，可以实现相邻页面的切换；在菜单栏中选择 "视图"→"页面显示"→"自动滚动"命令可以自动滚动文档进行阅览，滚动时如果按住鼠标左键可以暂停滚动，按下 Esc 键可以终止文档滚动。

4．使用页面缩略图导览文档

页面缩略图提供了文档页面的微型预览，使用页面缩略图也可以有选择地阅读页面，操作步骤如下：

（1）单击导览面板中的 "页面" 标签，或者在菜单栏中选择 "视图"→"页面导览"→"页面"命令来显示页面缩略图。

（2）在导览窗格中单击某页的缩略图即可跳转到该页面，页面缩略图中的红色查看框表示正在显示的页面区域。

5．复制图像

复制图像常用的方法有以下两种：

- 在菜单栏中选择 "工具"→"选择和缩放"→"选择工具"命令，将光标定位在待复制图像上，当光标变成十字形状时，在图像周围拖画出选取框，然后单击鼠标右键，在弹出的快捷菜单中选择 "复制图像" 命令即可。
- 在菜单栏中选择 "工具"→"选择和缩放"→"手形工具"命令，在要复制的图像周围拖画出选取框，选定的部分将被自动复制到剪贴板中。

本章小结

本章主要介绍了几款在办公中经常使用的软件，具体包括：压缩/解压缩工具 WinRAR、图像捕获工具 SnagIt、视频播放工具暴风影音、高速下载软件迅雷 7、以及电子图书阅览软件 Adobe Reader XI，通过实例详细介绍了这些软件的窗口、主要功能和操作技巧，通过学习使读者能够熟练使用这些工具完成办公事务的基本处理。

在日常办公事物处理中，用户经常会遇到需要将大文件/文件夹压缩变小的情况，可以使用本章讲述的压缩软件完成这个任务，最简单方法是在需要压缩的文件/文件夹上单击鼠标右键，在弹出的快捷菜单中选择"添加到压缩文件…"选项；在办公中，如果需要捕获一些图片或视频，可以借助专门的图像捕获工具 SnagIt 来完成，使用 SnagIt 的方法比较简单，首先需要选择捕获状态，然后根据捕获对象的来源和捕获对象存放的位置分别设置输入和输出选项，最后单击"捕获"按钮即可；如果要下载各种网络资源，可以使用专业下载工具迅雷，如果迅雷为默认下载工具，在浏览网页时如果需要下载资源，可以直接单击 IE 窗口中的超链接地址，系统会自动启动迅雷进行资源下载。

总之，通过本章的学习，要求读者除了熟练掌握介绍的各种软件以外，还要能够融汇贯通，对相同类型的其他软件也能够熟练操作。

实　训

实训一　使用 WinRAR 软件进行自释放加密压缩

1．实训目的

（1）了解 WinRAR 的功能和窗口组成。

（2）掌握使用 WinRAR 进行自释放压缩的方法。

（3）熟练掌握向压缩文件中添加文件/文件夹的方法。

（4）熟练掌握为压缩文件设置密码的方法。

2．实训内容

使用 WinRAR 将"D:\音乐"和"E:\图片"两个文件夹压缩生成一个自释放文件，命名为"媒体文件.exe"，保存路径为"D:\"，并对压缩文件进行加密，密码用户可自行设置。

3．实训要求

（1）要求将"D:\音乐"和"E:\图片"两个文件夹一起进行压缩。

（2）要求将压缩文件命名为"媒体文件"，保存路径为"D:\"。

（3）要求压缩方式为自释放压缩。

（4）要求为压缩文件设置密码，密码用户可自行设置。

实训二　使用 SnagIt 进行视频捕获

　1．实训目的

（1）了解 SnagIt 的功能和窗口组成。

（2）掌握使用 SnagIt 捕获视频的方法。

（3）熟练掌握 SnagIt 的"选项"设置。

　2．实训内容

使用 SnagIt 捕获电影文件的某个片段。

　3．实训要求

（1）要求设置捕获状态为"视频捕获"。

（2）要求设置输入选项为"活动窗口"。

（3）要求将捕获结果保存为 AVI 类型的文件。

（4）要求捕获视频前时间延时为"5 秒"。

（5）要求带音频捕获。

实训三　使用暴风影音播放下载的视频教程

　1．实训目的

（1）了解迅雷 7 和暴风影音的功能和界面组成。

（2）掌握迅雷的配置。

（3）熟练掌握使用迅雷下载文件的方法。

（4）熟练掌握使用暴风影音建立视频播放列表的方法。

（5）熟练掌握视频画面设置的方法。

　2．实训内容

使用迅雷 7 从互联网上下载"Flash 动画制作"的系列视频教程，并且使用暴风影音进行播放。

　3．实训要求

（1）配置迅雷 7，要求"教程"类别的文件保存的默认路径为"D:\教程"。

（2）要求使用迅雷 7 建立批量下载任务，下载"Flash 动画制作"的系列视频教程。

（3）要求在暴风影音中建立该教程的播放列表。

（4）要求连续播放教程时跳过教程的片头和片尾。

（5）要求视频文件全屏播放。

实训四　使用 Adobe Reader 阅览下载的电子图书

　1．实训目的

（1）了解 Adobe Reader 的功能和窗口组成。

Chapter

9

（2）掌握 Adobe Reader 视图大小的设置。

（3）熟练掌握使用 Adobe Reader 有选择地阅览电子图书的方法。

2. 实训内容

从互联网上下载一个 PDF 格式的文档，使用 Adobe Reader 阅览器进行阅读。

3. 实训要求

（1）要求使用迅雷 7 下载 PDF 格式的电子图书，图书的具体内容和保存路径可自行选择。

（2）要求该电子图书在 Adobe Reader 中以最佳比例显示。

（3）要求使用 Adobe Reader 有选择地阅读电子图书的部分章节。

10

常用办公设备的使用

本章教学目标:

- 了解打印机、扫描仪等常见办公设备的工作原理
- 熟悉常用办公设备的安装与设置
- 掌握常用办公设备的使用方法和常见故障排除方法

本章教学内容:

- 打印机的使用
- 扫描仪的使用
- 其他办公设备的使用
- 实训

10.1 打印机的使用

打印机是办公自动化中重要的输出设备之一。用户可以利用打印机把制作好的各种类型的文档适时地输出到纸张或有关介质上,从而便于在不同场合传送、阅读和保存。本节主要介绍打印机的使用方法。

10.1.1 打印机概述

办公中常用的打印机按照工作方式分为:针式打印机、喷墨打印机和激光打印机。

针式打印机是一种典型的击打式点阵打印机,曾在很长一段时间内作为打印机主流产品占据着市场,由于其纸张适应性好、运行成本低廉、易于维护,适合于环境和打印质量要求不

太高的场合。但是针式打印机打印分辨率低、噪声大、速度较慢、价格较高。

喷墨打印机是一种利用静电技术,把墨水喷到纸张上形成点阵字符或图像的打印机,喷墨打印机具有结构简单、工作噪声低、体积小、价格低、能进行彩色打印、印字质量接近于激光打印机等诸多优点,逐步受到用户青睐,迅速得到了普及。但是喷墨打印机耗材(墨盒)昂贵,打印速度慢,对打印环境要求较高。

激光打印机起源于 20 世纪 80 年代末的激光照排技术,其工作原理与针式打印机和喷墨打印机相差甚远,具有二者完全不能相比的高速度、高品质、多功能以及全自动化输出性能。激光打印机一面市就以其优异的分辨率、良好的打印品质和极高的输出速度,很快赢得了用户的普遍赞誉。

目前,在多层压感纸打印、连续打印纸打印和存单证书打印等特殊打印领域,针式打印机由于其特殊的击打工作方式,仍处于不可替代的位置;在普通办公场所需要进行彩色打印时,由于彩色激光打印机价格较贵,一般使用喷墨打印机;具有更快打印速度、较低打印噪声和很高打印质量的单色激光打印机已日趋普及,逐渐成为主流的办公自动化必备设备之一。

10.1.2　激光打印机

激光打印机分为单色激光打印机、彩色激光打印机和网络激光打印机三种。

1. 单色激光打印机

单色激光打印机是一类标准分辨率在 600dpi,打印速率为 15pmm 以下,纸张处理能力一般为 A4 幅面,价格在 1～3 千元,打印自动化程度高,应用十分广泛,其打印品质和速度完全可以满足一般办公中的文字处理需求。

2. 彩色激光打印机

彩色激光打印机配置更高,标准分辨率在 600dpi 以上,打印速度在 8pmm 左右,纸张输出基本在 A3 以下,价格在 4～8 千元左右,适应于彩色输出专业人员或办公室的需要。彩色激光打印机与单色激光打印机相比,除了打印输出拥有极其艳丽的色彩之外,性能也更强大,而与彩色喷墨打印机相比,在打印的色彩品质、打印速度、功能等方面有明显提高,耗材及管理等方面也要优越得多。

3. 网络激光打印机

网络激光打印机都配有标准的自适应网卡接口,从而实现了可直接获取网络数据,同时配以相应的功能强大的软件控制,具有高速度、高分辨率、高品质和高度网络化管理等特点,使其不仅轻松实现网络化打印,而且打印性能更加卓越。

10.1.3　单色激光打印机的安装和使用

下面以 HP 6L Pro 为例,介绍单色激光打印机的安装和使用方法。

1. 单色激光打印机的安装

HP 6L Pro 打印机的外形和各部件名称如图 10-1 所示。

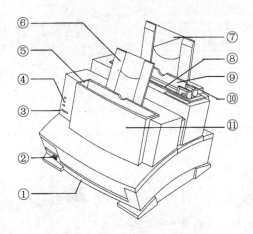

图 10-1　HP 6L Pro 打印机的外观

在图 10-1 中，①为重磅介质输出槽，②为送纸道手柄，③为控制面板按钮，④为指示灯，⑤为纸张输出盒，⑥为纸张输出支架，⑦为纸张输入支架，⑧为单页输入槽，⑨为纸张输入盒，⑩为导纸板，⑪为打印机端盖。

（1）硒鼓的安装。如图 10-2 中各步骤所示。

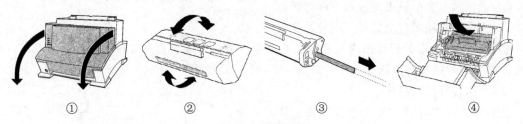

图 10-2　安装硒鼓

① 将打印机端盖朝前拉向自己，打开打印机端盖。

② 轻快地来回晃动硒鼓，使碳粉在盒内尽量分布均匀。

③ 抓住硒鼓侧面的清洁密封带末端，用力将整条密封带拉出。

④ 拿住硒鼓手柄（箭头朝向打印机），使其向下滑到打印机中。硒鼓的两端会滑到打印机中的黑色塑料凹槽内。用力将其推入到位，然后合上打印机端盖。

（2）连接打印机的并行电缆和电源线。如图 10-3 所示。

① 将并行电缆连接至打印机。

② 将打印机的两个线夹扣到电缆上，以固定电缆。牢固的电缆有助于防止计算机和打印机之间出现通信问题。

③ 将电缆连接至计算机上的并口。拧紧连接并口的固定螺丝，以固定电缆。

④ 使用随打印机提供的电源线将打印机连接至电源插座上。

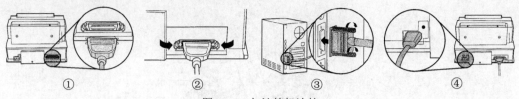

图 10-3　与计算机连接

（3）将纸张装入打印机。如图 10-4 所示。

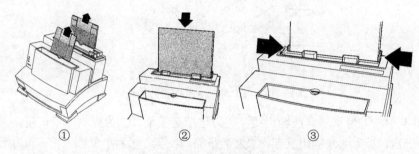

图 10-4　安装纸张

① 升高纸张输入盒和纸张输出盒上的支架，直至其卡入到位。

② 纸张输入盒中最多可放入 100 张纸。

③ 使用纸张输入盒上的导纸板使纸张居中。

提示：将纸张添加到纸张输入盒的现有纸叠中时，始终取出所有纸张并重新对齐，以免出现多张纸同时送入打印机或卡纸的现象。

（4）执行打印机自检

先认识如图 10-5 所示的控制面板指示灯。

如果要测试打印机，可以打印自检页。要打印自检页，请确保"就绪"指示灯发亮，且所有其他指示灯均熄灭。轻按并松开控制面板按钮（如果打印机处于"休眠模式"，即所有指示灯均熄灭，则需要按两次控制面板按钮）。"数据"指示灯将发亮，且"就绪"指示灯将闪烁。随后，打印机便会打印自检页。

错误（琥珀色）

数据（绿色）

就绪（绿色）

图 10-5　指示灯

（5）驱动程序的安装

下面以 Windows XP 操作系统为例，介绍驱动程序的标准安装方法：

1）将 HP LaserJet 6L Pro CD 放入光驱。一般情况下，系统会自动进入如图 10-6 所示的安装对话框，如果安装对话框未出现，请运行光盘下的 setup.exe 文件。

2）选择"中文"后，按"确定"按纽，出现如图 10-7 所示的选择任务窗口，单击"安装打印机"按纽，系统将开始复制相关文件和进行打印机设置，按提示逐步单击"下一步"按钮即可。

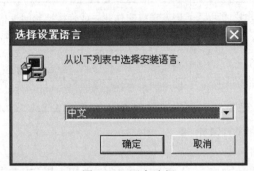

图 10-6　语言选择

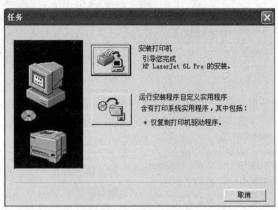

图 10-7　选择任务

3）当出现如图 10-8 所示的对话框时，请选择"LPT"选项，单击"下一步"按钮。系统会自动完成安装。选择"开始"→"打印机和传真"命令，出现如图 10-9 所示的打印机管理窗口，其中显示新的打印机已经安装。

图 10-8　选择打印端口

图 10-9　打印机管理

4）重新启动计算机时，屏幕显示"检测到新硬件"并列出 HP LaserJet 6L Pro 打印机时，请选择"不安装驱动程序（Windows 将不再提示）"，并单击"确定"按钮。

2. 单色激光打印机的使用

（1）打印机控制面板的使用

指示灯的含义可以引导操作者进行正确的操作，HP LaserJet 6L Pro 打印机指示灯在不同状态下的相应操作如表 10-1 所示。其中，"□□□"代表灯是熄灭状态，"■■■"代表灯是发亮状态，"▨▨▨"代表灯是闪烁状态。

表 10-1　HP LaserJet 6L Pro 打印机指示灯代表的不同状态及所需的相应操作

指示灯状态		打印机可能出现的状态	针对性操作
	指示灯全熄灭	打印机正处于休眠模式，或打印机电源已断开	请发送打印作业，或轻按控制面板按钮后松开，若无反应，请检查电源线
	仅"就绪"灯发亮	打印机准备就绪，可以进行打印	无需操作 此时如果轻按控制面板按钮，则会打印自检页
	"错误"灯熄灭 "数据"灯发亮 "就绪"灯闪烁	打印机正在接收或处理数据，打印自测页或正在进纸	无需操作
	"错误"灯熄灭 "数据"灯发亮 "就绪"灯发亮	打印机中有未打印的数据	轻按控制面板按钮后松开，以打印剩下的数据
	"错误"灯熄灭 "数据"灯闪烁 "就绪"灯熄灭	打印机处于"手动进纸"模式	检查装入纸张是否正确，确认后轻按控制面板按钮后松开，以进行打印
	仅"错误"灯发亮	打印机中纸张用完 尚未安装硒鼓 打印机卡纸 打印机端盖打开	装入纸张 安装硒鼓 清理送纸道 合上打印机端盖
	仅"错误"灯闪烁	页面可能数据太多或太复杂，打印机的内存无法处理	请参阅"故障排除"
	指示灯全发亮	打印机指示有内部错误或严重错误	请参阅"故障排除"
	指示灯全闪烁	打印机正在初始化或打印机正在复位	无需进行操作

（2）选择纸张或其他介质输出通道，如图 10-10 所示。

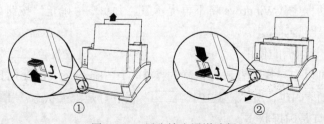

① ②

图 10-10　纸张输出通道选择

① 将送纸道手柄置于上方位置，以使用纸张输出盒。这样，各张介质将按正确顺序堆放。

② 将送纸道手柄置于下方位置，以使用重磅介质输出槽。此直通送纸道是打印明信片、透明胶片、标签、信封和重磅纸（100～157g/m^2 固定重量）的最佳输出选择。

（3）使用单页输入槽，如图 10-11 所示。

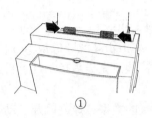 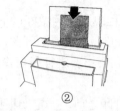 

① ② ③

图 10-11　使用单页输入槽

① 将导纸板居中，空出的尺寸略大于要使用的单张纸的尺寸。

② 将一页纸放入单页输入槽。

③ 重新调整导纸板，使该页纸居中。

（4）在信头和信封上打印

打印信头和信封时，应尽量使用单页输入槽。放入信头和信封时，应使其打印面朝前，顶部（或左部）朝下。打印信封时，将出纸道手柄置于下方位置，以减少出现起皱和卷曲现象。如果要打印多个信封，可用多页纸输入槽，但应视信封结构和纸张厚度适量放入，一般最多不要超过 10 张。

（5）双面打印

按正常方式打印第一面。一些办公软件程序中，包括了双面打印时的一些有用选项，如只打印"奇数页"或"偶数页"等。打印第二面时，请先冷却并整平纸张后进行，以获得更好的打印质量。放入纸张时，应确保已打印面朝向打印机背面，且纸张顶端向下。

（6）在特殊介质上打印

激光打印机的设计使其可以在多种介质上打印，但在使用除标准纸张以外的其他介质时，必须使这些介质符合打印机指定介质的要求，并在使用时注意以下几点：

● 尽量使用直通送纸道。即单页输入方式，并使出纸道手柄置于下方位置。

● 认真调整导纸板，使输入介质居中。

● 自定义尺寸打印时，不要在宽度小于 76.2mm 或长度小于 127mm 的介质上打印，并在软件中将边距至少设为 6.4mm。另外要始终以纵向将介质放入打印机，若要横向打印，请从软件中设定。

● 透明胶片打印后，要立即放在平面上冷却。

● 不干胶标签打印时，不要使用与衬纸分开的标签或已起皱、损坏的标签，不要将同一张标签多次送入打印机。

10
Chapter

（7）在打印机属性窗口进行恰当设置

激光打印机可以通过打印机属性的相关设置，满足各种打印需要。

10.1.4　单色激光打印机的维护和典型故障排除

1. 单色激光打印机的维护

单色激光打印机在日常使用过程中要注意做好以下几项工作：

（1）不要盲目操作。在开启激光打印机电源开关后，电源指示灯或联机指示灯将会闪烁，这表明激光打印机正在预热，在此期间不要进行任何操作，待预热完毕后指示灯不再闪烁时方可进行操作。

（2）正确使用纸张。在正式打印之前，一定要根据纸张的类型、厚度以及手动、自动送纸方式等情况，调整好打印介质各个控制杆的位置。激光打印机不宜使用过薄的纸张。整叠的单页打印纸放入送纸器前，一定要充分翻拨，整齐后放入，切忌过潮。

（3）通过经济方式延长碳粉使用寿命。对 HP LaserJet 6L Pro 打印机而言，在打印机属性窗口中选中"EconoMode(节省碳粉)"选项。即可进入"经济方式"打印。"经济方式"打印比普通打印使用的碳粉大约少 50%。虽然打印的图像较淡，但适于打印草图或校样。

（4）通过重新分布碳粉延长碳粉使用寿命。打印件出现浅淡区域通常是由于硒鼓中碳粉即将耗尽，通过重新分布硒鼓中的剩余碳粉，可以暂时复原打印质量，但这种方法不能多次使用。操作时，先取出硒鼓，然后轻快地来回晃动，使碳粉在盒内分布均匀，重新装入硒鼓即可。

2. 单色激光打印机的典型故障排除

单色激光打印机的典型故障现象、产生原因及排除方法如下：

（1）故障现象：卡纸

可能的原因：纸张未正确装入；纸张输入盒过满；导纸板未调整至正确位置；在未先清空并重新对齐纸盒中所有介质的情况下，添加了更多的纸张；纸张输出盒太满；在打印时调整了送纸道手柄；打印时端盖被打开；使用的纸张不符合规格；在打印时电源中断。

解决方法：对于进纸区域的卡纸，如果从纸张输入盒或单页输入槽可以看到大部分卡塞的纸张，可以小心地将卡塞的纸张竖直向上拉出。重新对齐纸张并装入，打印机将自动恢复打印。

对于内部区域的卡纸，可按以下步骤清除：① 打开打印机端盖，取出硒鼓。② 将绿色松纸手柄向后推。③ 用手慢慢拉动卡塞纸张，使其脱离机器。④ 清除可能掉下的纸张碎片。⑤ 重新装入硒鼓，合上打印机端盖，打印机将自动恢复打印。

（2）故障现象：不进纸

可能的原因：纸张未正确装入；有卡纸。

解决方法：轻按并松开控制面板按钮，打印机再次尝试送入介质。若不成功，尝试下一步：从输入盒中取出纸张，重新对齐，再装入打印机。确保导纸板松紧适度地夹住纸张，使纸张居中；取出硒鼓，检查是否卡纸，如果有卡纸应及时清除。重新装入硒鼓并合上端盖。

（3）故障现象：打印的内容颜色浅淡或有垂直排列的白色条纹

可能的原因：碳粉不足或启用了"经济方式"；打印机的内置光学器件被污染。

解决方法：补充碳粉、更换硒鼓或取消"经济方式"；请求服务商更换内置镜片。

（4）故障现象：打印内容有纵向或横向的黑色条纹或不规则污迹或全黑

可能的原因：硒鼓受损或未正确安装；打印机需要清洁；纸张太粗糙或太潮或不符合打印用纸规格。

解决方法：更换或重新安装硒鼓；清洁打印机；更换纸张。

10.2　扫描仪的使用

扫描仪作为光学、机械、电子、软件应用等技术紧密结合的高科技产品，是继键盘和鼠标之后的又一代主要的计算机输入设备。从最直接的图片、照片、胶片到各类图纸图形以及文稿资料都可以通过扫描仪输入到计算机中，进而实现对这些图像信息的处理、管理、使用、存储或输出。

10.2.1　扫描仪的基本知识

1．扫描仪的种类

扫描仪的种类有很多，常见的有以下几类：

（1）手持式扫描仪

手持式扫描仪是 1987 年推出的产品，外形很像超市收款员拿在手上使用的条码扫描仪。手持式扫描仪光学分辨率一般为 200dpi，有黑白、灰度、彩色多种类型。

（2）小滚筒式扫描仪

小滚筒式扫描仪的光学分辨率一般为 300dpi，有彩色和灰度两种，彩色型号一般为 24 位彩色。它设计时将扫描仪的镜头固定，而移动要扫描的物件通过镜头来扫描，要扫描的物件必须穿过机器再送出，因此，被扫描的原稿或物体不可太厚。

（3）平台式扫描仪

平台式扫描仪又称为平板式扫描仪或台式扫描仪，是现在的主流。这类扫描仪光学分辨率在 300dpi～8000dpi 之间，色彩位数从 24 位到 48 位，扫描幅面一般为 A4 或者 A3。平板式的好处在于使用方便，只要把扫描仪的上盖打开，不管是书本、报纸、杂志、照片、底片都可以放上去扫描，而且扫描出的效果也是所有常见类型扫描仪中最好的。

其他的还有大幅面扫描用的大幅面扫描仪、笔式扫描仪、条码扫描仪、底片扫描仪和实物扫描仪，另外还有主要用于印刷排版领域的滚筒式扫描仪等。

2．扫描仪的工作原理

扫描仪是图像信号输入设备。它对原稿进行光学扫描，然后将光学图像传送到光电转换器中变为模拟信号，又将模拟信号变换成为数字信号，最后通过计算机接口送至计算机中。

办公信息化实例教程

扫描仪的分辨率要从三个方面来确定：光学部分、硬件部分和软件部分。也就是说，扫描仪的分辨率等于其光学部件的分辨率加上其自身通过硬件及软件进行处理分析所得到的分辨率。光学分辨率是扫描仪的光学部件在每平方英寸面积内所能捕捉到的实际的光点数，是指扫描仪 CCD（或者其他光电器件）的物理分辨率，也是扫描仪的真实分辨率，扩充部分的分辨率由硬件和软件联合生成，这个过程是通过计算机对图像进行分析，对空白部分进行数学填充所产生的，该过程也称为插值处理。

10.2.2　扫描仪的安装和使用

下面以平台式扫描仪 HP scanjet 2200c 为例，介绍扫描仪的安装和使用。

1. 扫描仪的安装

扫描仪的安装分为软件（驱动和应用程序）安装和硬件安装两部分。一般要先安装软件，后安装硬件。

（1）软件安装

将随机光盘插入光驱后，一般会自动打开安装程序向导，如图 10-12 所示。

如果没有自动打开，可手动运行光盘根目录下的 setup.exe 文件，一样可以进入安装向导窗口。单击"安装软件"按钮，出现如图 10-13 所示的安装类型选择窗口，本例选择典型安装。

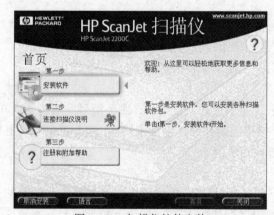
图 10-12　扫描仪软件安装

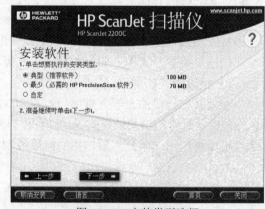
图 10-13　安装类型选择

单击"下一步"按钮后，如图 10-14 所示，本例选择随机提供的两个应用软件。依次单击"下一步"按钮后，开始自动安装所选软件。

安装过程中全部认可默认提示，直至完成所选软件的安装。软件安装完成后，桌面上会显示所选安装软件的快捷图标。

（2）硬件安装

扫描仪硬件的安装比较简单，HP scanjet 2200c 采用 USB 接口方式。

10 Chapter

324

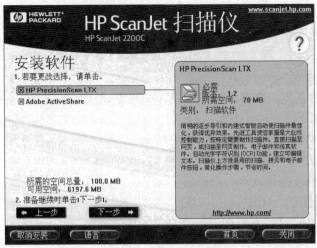

图 10-14　选择安装软件

安装步骤如下：

1）从扫描仪底部拔出塑料钥匙，打开扫描头的固定锁。如图 10-15 所示。

2）连接 USB 电缆。如图 10-16 和 10-17 所示。

3）连接电源线。如图 10-18 所示。

图 10-15　打开固定锁

图 10-16　插入 USB 接口

图 10-17　连接到计算机端

图 10-18　插上电源线

硬件安装过程中，系统可能会要求重新启动计算机，遵照执行即可。软硬件安装完毕后，扫描仪就可以正常使用了。

2．扫描仪的使用

（1）原稿的放置

扫描时原稿的放置正面朝下，居中放正，贴紧玻璃板。如图10-19 所示。

图 10-19　原稿放置

（2）扫描软件 HP Precision Scan LTX 的启动

有三种方法可以启动该扫描软件，下面分别介绍：

1）直接通过扫描仪操作软件启动扫描。

方法：双击桌面上的"HP Precision Scan LTX"图标，或选择"开始"→"程序"→"HP PrecisionScan LTX"→"HP PrecisionScan LTX"命令。

2）通过已挂接了扫描仪软件的应用软件来启动扫描仪。

例如：在 Word 中，选择"插入"→"图片"→"来自扫描仪或相机"。

3）按下扫描仪面板上的 键。

通过上述三种方法，都可以启动如图 10-20 所示的扫描软件窗口。

图 10-20　HP PrecisionScan LTX 窗口

（3）扫描软件 HP Precision Scan LTX 的使用

操作步骤如下：

1）单击"开始新的扫描"按钮，扫描仪经预热后开始扫描。

2）在屏幕预览的图像中选择最终的扫描区域，如图 10-21 所示。此时，单击预览框下的"＋"和"－"按钮，可以放大和缩小预览图像，但并不改变实际输出尺寸。

3）选择要将扫描结果存放至何处，如图 10-22 所示。

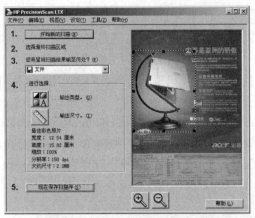

图 10-21　选择最终的扫描区域

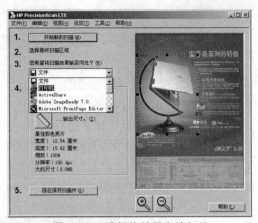

图 10-22　选择将结果存放何处

4）单击"输出类型"按钮，弹出如图 10-23 中所示的改变输出类型窗口。在这个列表框中，有 7 种输出类型可供选择，在选择不同类型时，窗口中会提示输出文件将大约占用多少字节的磁盘空间，即窗口中的"大约尺寸"值。不同的扫描仪，可能会提供不同的输出类型选择，用户在扫描时，首先要考虑对输出类型的选择要满足要求，而进行恰当的选择可以在满足要求的情况下节省磁盘空间。

5）单击"输出尺寸"按钮，弹出图 10-24 中所示的改变输出尺寸窗口。在这个窗口中，提供了 3 个输出尺寸选项，包括"使用原始尺寸"、"按百分比缩放尺寸"和"维持长宽比例的自定义尺寸"。在选择不同输出尺寸时，和更改输出类型时一样，窗口中也会给出输出文件将大约占用多少字节的磁盘空间。因此，进行恰当的尺寸选择同样可以在满足要求的情况下节省磁盘空间。

图 10-23　改变输出类型

图 10-24　改变输出尺寸

6）单击"现在保存扫描件"按钮，即可按要求保存到指定目的位置。

（4）用扫描仪加 OCR 输出文本文件

OCR（Optical Character Recognition）是字符识别软件的简称，原意是光学字符识别。它的功能是通过扫描仪等光学输入设备读取印刷品上的文字图像信息，利用模式识别的算法，分析文字的形态特征从而判别不同的汉字。使用扫描仪加 OCR 可以部分地代替键盘输入汉字的功能，是省力快捷的文字输入方法。

本例中，对一页印刷体文字进行扫描，输出类型选择为"文字"。在 HP Precision Scan LTX 窗口中选择"设定"→"文字/OCR"命令，弹出如图 10-25 所示的"文字/OCR"对话框，在这个对话框中，将文字输出设定为"带框线的文字"，在当前 OCR 语言列表框中选择"中文（中国）"，扫描件保存为文本文件"test.txt"，扫描并经 OCR 识别后，产生的文本文件如图 10-26 所示。

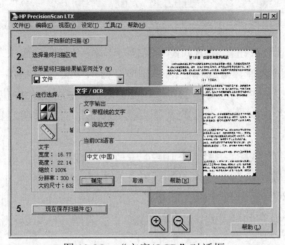

图 10-25　"文字/OCR"对话框

图 10-26　用扫描仪加 OCR 输出的文本文件

10.2.3　扫描仪的日常维护和常见故障排除

1. 扫描仪的日常维护

扫描仪的日常维护主要包括以下几个方面：

（1）定期做保洁工作

扫描仪中的玻璃平板以及反光镜片、镜头，如果落上灰尘或者其他一些杂质，会使扫描仪的反射光线变弱，从而影响图片的扫描质量。为此，一定要在无尘或者灰尘尽量少的环境下使用扫描仪，用完以后，一定要用防尘罩把扫描仪遮盖起来，以防止更多的灰尘侵袭。当长时间不使用时，还要定期地对其进行清洁。在对扫描仪外壳或原稿玻璃板进行清洁时，应该用稍微潮湿的软布轻轻擦拭。

（2）保护好光学部件

扫描仪在扫描图像的过程中，通过一个叫光电转换器的部件把模拟信号转换成数字信号，然后再送到计算机中。这个光电转换器非常精密，光学镜头或者反射镜头的位置对扫描的质量有很大的影响。因此在工作的过程中，不要随便地改动这些光学装置的位置，同时要尽量避免对扫描仪的震动或者倾斜。

（3）不要擅自拆修

遇到扫描仪出现故障时，不要擅自拆修，一定要送到厂家或者指定的维修站去。另外大部分扫描仪都带有安全锁，如本章中介绍的 hp scanjet 2200c，在运送扫描仪时，一定要把扫描仪背面的安全锁锁上，以避免改变光学配件的位置。

2. 扫描仪使用中的常见问题解决

（1）扫描软件找不到扫描仪或扫描仪不工作

可能的原因是：扫描仪电源未接通；扫描仪与计算机未连接或连接不好；扫描软件和驱动安装不正确。

解决方法：检查所有连线连接是否妥当，重新安装扫描软件和驱动程序。

（2）扫描仪面板上的按钮操作失灵，无反应或违愿执行

原因分析：可能是扫描仪属性设置不正确。

解决步骤：①执行"开始"→"设置"→"控制面板"。②双击"扫描仪和照相机"图标。③选中故障扫描仪，并单击"属性"按钮。④单击"事件"标签。⑤核实扫描仪事件框设定为需要配置的按钮。⑥从扫描仪事件框选择使用按钮时打开的应用程序，并不"禁用设备事件"。⑦注意，如果选择了一种以上的应用程序，按下按钮时需要回答使用何种应用程序。⑧单击"确定"，然后关闭其余的对话框。

（3）扫描仪发出噪音

原因分析：可能是扫描仪上锁或内部部件故障。

解决方法：核实扫描仪锁处于开启位置，否则请与服务商联系。

（4）扫描件被扭曲

原因分析：扫描时，如果原件倾斜度大于 10 度，HP 扫描软件假设您故意将原件斜放在扫描仪上。

解决方法：将扫描仪上的原件摆正，然后重新扫描。

（5）扫描件打印不正确

原因分析：可能是打印机属性或输出类型设置不正确。

解决方法：①打印前请检查打印机属性。例如，某些彩色打印机具有灰度打印选项。如果需要彩色输出，请核实该选项未被选择。②如果在 HP 扫描软件中选择输出到打印机，但打印质量不符合要求，尝试更改输出类型，然后重新打印扫描件。

（6）有关图片或照片扫描的故障

获取的图像色彩与原件色彩不同；原件效果很好，但扫描件图像模糊或在应用程序中编辑时图像变形或参差不齐；扫描的图片文件用于网页时，效果不好或调用速度太慢。

原因分析：不同的计算机操作系统使用不同的调色板。如果您是在一个操作系统上扫描原件，然后用于另一操作系统，色彩可能不正确。或有关图片的扫描设定不恰当。

解决方法：如果扫描的目的地是图像编辑程序，可在图像编辑程序中修改色彩。扫描照片或彩色图形时，最好在更改输出尺寸对话框中更改尺寸，而不要在目的应用程序中更改，特别注意不要更改图像比例。在网页上使用文件，请在扫描时使用 GIF、JPG 或 FPX 文件格式保存。并将分辨率设定为 75dpi。因为超出 75dpi 的分辨率并不改进计算机监视器中显示的扫描件外观。另外，最好使用正常彩色照片输出类型，而不要使用最佳彩色照片，以便减少扫描件中的色彩数目。这样生成的文件较小，载入速度较快。同时还可以在图像编辑程序中打开文件做必要改动，例如更改色彩数目等。

（7）有关文字扫描转换和 OCR 的故障

文字处理程序中转换后文字的字体与原件字体不同；无法在文字处理程序中编辑扫描文字；文字处理程序中的转换文字包含错误；HP 扫描软件把文字看作照片。

原因分析：OCR 转换并不总是保留字体的排版信息，一般使用文字处理程序的默认字体；HP 扫描软件可能把扫描件识别为图形或照片；OCR 过程有时会出现错误，某些字体转换可能不如其他字体理想。例如，OCR 过程很难准确地转换文稿字体和特殊字体。另外，与固定间距的字体（如 Courier）相比，比例间距的字体（如 Times）以及某些衬线字体转换比较困难；有背景的文字、与图形重叠的文字或颠倒的文字常常被识别为照片。

解决方法：必要时从文字处理程序中重新将文字格式化；在图像窗口中，以手动方式将输出类型更改为文字，重新将扫描件输送至目的地；欲获得最佳效果，应扫描比较清洁的原件。例如，避免使用反复传真或拷贝的原件。同时，可以使用文字处理程序的拼写检查程序纠正剩余错误；如果以手动方式将输出类型更改为文字后重新扫描至目的地还不行，只有在文字处理程序中将文字用作照片或者在文字处理程序中重新输入文字。

10.3 其他办公设备的使用

在日常办公中，有可能使用数码相机获取图片，使用移动存储设备保存和传递计算机文件，使用光盘刻录机把重要信息刻在光盘上保存，使用复印机复印文档，使用传真机远距离传送文件等，本节主要介绍数码相机、移动存储设备、光盘刻录机、复印机和传真机的使用方法。

10.3.1 数码照相机

1. 数码照相机基本知识

使用数码照相机时，一旦按下快门，镜头和 CCD 完成了相应的感光工作，最后的彩色图像便以压缩图像的格式存放在数码照相机的存储卡里，存储卡是一个专门的压缩芯片（通常采用标准的 JPEG 压缩方法）使原始位图图像压缩到只有原来大小的几十分之一甚至更小，然后数据存入数码照相机的存储卡里。当数字相机的存储卡容量用完时，只要把照片传给计算机并清除存储卡内容或插入另一块存储卡，就像胶卷相机中装一个新的胶卷一样。

大多数数码照相机允许用户设置图像质量，高质量相片通常可达到 1024×768 个像素甚至更高。

2. 数码照相机的使用

（1）数码照相机的拍照方法

数码照相机的拍照操作和胶片照相机的拍照方法基本一样，不同之处是数码照相机在拍照前要对各项参数进行设置。用数码照相机进行一般的拍照时，使用其出厂默认的参数即可。但高质量的、更具艺术魅力的照片，却是操作技术和艺术素养的有机结合，必须根据个人理解和需要慎重设定各项拍摄参数。

拍摄参数的设置内容大概涉及存储模式选择、自动或手动曝光量选择以及白平衡和感光度设定等。设定时，操作都比较简单，不同的数码照相机其设定方法也不尽相同，有些还可参考随机使用手册，此处不再详述。

另外，数码照相机快门释放按钮的操作，与普通胶片照相机有所不同。对大多数数码照相机而言，操作时，需先半按下按钮，等待系统通过反馈电路自动调整焦距和曝光量，锁定后取景器旁边的绿色指示灯会点亮或听到提示音，这时，再完全按下快门释放按钮，才可完成拍照。这一点，与某些全自动胶片照相机有点类似。

（2）数码照相机通过连线向计算机传送数据

数码照相机的照片是以 0、1 来保存的数字图像信息，所以如果数字相片不送入计算机，那就没有多少价值了。

目前大多数数码照相机都使用标准的 USB2.0 接口，通过专用的数据线与计算机的 USB 接口连接后，打开照相机，并将照相机模式拨盘定于“▶”位置。即可在“我的电脑”中发现多了一个移动存储设备，可以像在两个磁盘中间传递文件一样把照片文件传送到计算机中。

有的相机自带专用的照片处理软件也可以使用。

　　数码照相机不但可以通过连线向计算机传送数据，还可以通过 PC 卡转接器或磁盘转接器让计算机直接读取存储卡上的数据，除此之外，数码照相机还可以通过转接电缆为专用印相机提供数据，从而直接印出照片。如图 10-27 所示。

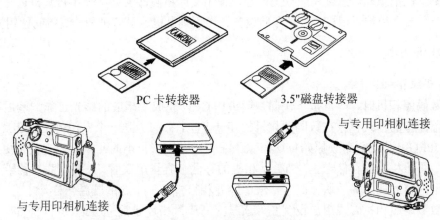

　　PC 卡转接器　　　　　3.5"磁盘转接器

与专用印相机连接

与专用印相机连接

图 10-27　通过其他途径获取数码照相机中的照片

　　3. 数码照相机的日常维护

　　数码照相机的日常维护保养一般包括以下内容：

　　（1）存放时：注意防潮、防尘、防高温。温度范围-20～60℃，湿度范围 10～90％。

　　（2）清洁时：若使用交流电源转接器，应断开。可用浸过中性洗涤剂或清水并拧干的软布擦拭，然后用干燥的软布擦干。

　　（3）使用时：防止异物（灰尘、雨滴、沙砾）进入机内，防止受重力撞击或振动，不要在暴风雨中或有闪电时的室外使用，不要在充满可燃性或爆炸性气体之处使用，不要突然把照相机从热处带入冷处或从冷处带入热处。使用环境温度范围为：0～40℃，湿度范围 30～90％。

　　（4）关于电池：请使用照相机规定使用的电池，包括尺寸、容量和化学性质。请按电池舱盖指示正确放入电池。请勿混用新旧电池或不同类型的电池。请勿使用漏液、膨胀或有其他异常情况的电池。

　　4. 数码照相机使用中常见的故障及解决方法

　　（1）照相机不工作

　　原因可能是：照相机电源未打开；电池极性装错或电池耗尽；寒冷导致电池暂时失效。

　　解决方法：打开照相机电源；重新正确地安装电池或更新电池或使用交流电源转接器；将电池保暖后使用。

　　（2）按快门释放按钮时不能拍照

　　原因可能是：闪光灯未充电完毕或正在记录拍摄的影像；未插卡，或插卡有问题，或卡已满，或卡写保护；拍摄中或插卡记录中电池耗尽或电池电量所剩无几。

解决方法：等待一会儿即可；重新正确地插入存储卡，或更换存储卡，或消除不要的照片，或转录后消除全部照片，并去掉存储卡的写保护；更换电池或使用交流电源转接器。

（3）闪光灯不闪光

原因可能是：闪光模式处于闪光禁止状态；被摄对象很明亮。

解决方法：切换闪光模式；要闪光时，将设定转为强制闪光模式。

（4）液晶显示屏模糊不清

原因可能是：亮度设定不对；在阳光下；液晶显示屏损坏。

解决方法：调整亮度；用手遮挡阳光；送到服务商处修理。

（5）与计算机连接并传送资料时出现错误警告

原因可能是：电缆连接不正确；照相机电源未打开；电池耗尽。

解决方法：正确地连接电缆；将照相机模式拨盘定于"▶"位置；更换电池或使用交流电源转接器。

（6）拍摄出的照片不清晰

原因可能是：照相机在被按下快门释放按钮时抖动；取景器的自动聚焦标志未对准拍照物；镜头脏污；模式选择不当。

解决方法：在按下快门释放按钮时，应拿稳照相机；将取景器的自动聚焦框对准拍照物，或使用聚焦锁定功能；清洁镜头；当拍照物位于 0.2 米～0.8 米范围之内时，用近拍模式拍照。在此范围以外时，用标准模式拍照。

（7）拍摄出的照片太亮

原因可能是：闪光灯设定为强制闪光模式；拍摄物极亮。

解决方法：将闪光灯设定为强制闪光以外的模式；调整曝光补正或改变照相机的角度。

（8）拍摄出的照片太暗

原因可能是：闪光灯被挡住；闪光模式处于禁止闪光状态或拍照物处于闪光灯的有效范围之外；拍照物太小而且逆光。

解决方法：正确拿持照相机，勿让手指挡住闪光灯；确认闪光模式并在闪光灯的有效范围内拍摄；将闪光模式设定为强制闪光或用定点测光模式拍照。

10.3.2 移动存储设备

移动存储设备主要包括移动硬盘和闪盘，它们以容量大、速度快、易使用、性价比高和即插即用为主要特色。尤其是近年出品的计算机大都有前置 USB 接口，为使用这类移动存储设备带来了更大的方便。

1. 移动硬盘的安装和使用

移动硬盘是一种磁介质存储设备，存储容量非常大。通常按产品的接口类型分为 USB1.1、USB2.0 和 IEEE1394 三种，其数据传输速率不同。USB1.1 的最大速度是 12MB/S，USB2.0 却支持高达 480 MB/S 的峰值速率，1394 接口的速度是 400 MB/S。

当前被用户广泛使用的移动硬盘基本上都采用 USB 接口。不须手动安装驱动程序，用 USB 电缆连接后，系统会自动载入驱动，直接使用。但部分移动硬盘在某些旧式计算机（特别是笔记本电脑）上使用时，需提供外接电源，一般通过专用的电源连接线从键盘或鼠标接口获得。

2．闪盘的安装和使用

闪盘也叫闪存或 U 盘，它利用 Flash 闪存芯片作为存储介质，容量从几十兆到数吉不等，采用 USB 接口，可擦写 100 万次，体积小，使用方便，可通过开关进行写保护，能承受 3 米以下自由落体时的撞击，不易损坏，数据安全。有的闪盘还可直接支持 mp3、mp4 播放功能，更使其成为时尚用品。使用时只需将它插入计算机的 USB 接口即可被识别。

3．使用移动硬盘和闪盘时的注意事项

移动硬盘和闪盘在使用中应注意以下事项：

（1）移动硬盘在携带和使用时要注意减震。闪盘虽然抗震性能较好，但也应避免撞击。

（2）这两种移动存储设备在拔掉之前，一定要通过系统"拔出或弹出硬件"先停止设备，然后才可拔出连接电缆和设备，否则有可能会导致数据丢失或损坏设备。

4．拔出闪盘的操作步骤

在 Windows XP 下拔出闪盘的操作步骤是：

（1）在任务栏中双击"<img>"图标（移动存储设备安装后，任务栏自动出现该图标）。

（2）在打开的"拔出或弹出硬件"对话框中，选中需要停用的 USB 设备后单击"停止"按钮，弹出"停用硬件设备"窗口，单击"确定"按钮即可，如图 10-28 所示。

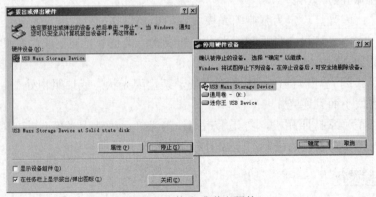

图 10-28　拔出或弹出硬件

（3）关闭"拔出或弹出硬件"窗口，拔掉设备即可。

10.3.3　光盘刻录机

目前光盘刻录机刻录的一般是 CD-R 光盘，它的刻录方法是通过汇聚激光束的热能，使记录介质的形状发生永久性变化实现信息记录。它提供给用户写入一次信息的机会，信息一旦写入，其用法便同只读光盘一样。它的特点是记录密度高，信息保存时间长，稳定可靠，容量可达 750MB。

1. 光盘刻录机的分类

在计算机上使用的 CD 刻录机，按接口不同，有 IDE 接口、SCSI 接口、USB 接口和 LPT 并行接口之分；按放置位置不同，又分为内置式和外置式两种。在办公室和家庭中使用最多的应该是 IDE 接口的内置式刻录机。其次是方便携带、易于安装和使用的 USB 接口外置式刻录机，但其明显的缺点是速度较慢。SCSI 接口的刻录机因为其数据传输速度快、性能稳定，但因其价格稍高，并且一般的计算机都没有 SCSI 插槽，用起来还要再单独购买 SCSI 卡，一般很少使用。LPT 接口的刻录机由于其受速度等因素的限制，目前市场上已不多见。

2. 光盘刻录机的安装和使用

（1）刻录机的安装

几种最常用的刻录机中，本节只讲述 USB 接口刻录机和 IDE 接口刻录机，它们分别是外置式刻录机和内置式刻录机的典型代表。USB 接口刻录机的安装与其他 USB 设备的安装一样。IDE 接口刻录机的安装与普通内置硬盘的安装一样，只是要设定好主从跳线设置。

（2）驱动程序的安装

刻录机驱动程序是否需要手动安装，视所用的刻录机和操作系统而定，一般 IDE 刻录机在 Windows 2000 以上的操作系统上都可以自动找到，而 USB 刻录机，大多需要手动安装。若需安装驱动程序，和一般其他硬件驱动程序的安装方法基本一样，不再详述。

安装后，在"我的电脑"属性里查看"设备管理器"，在"DVD/CD-ROM 驱动器"一栏，应出现相应的刻录机的有关信息。如图 10-29 所示。

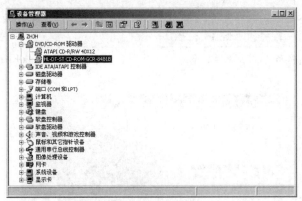

图 10-29　设备管理器窗口

（3）刻录软件的安装和使用

一般刻录机在购买时，都附带有公司自己开发的刻录软件或 OEM 的第三方软件，在此不再详述，仅以著名的刻录软件 NERO 为例，来讲述一般的刻录过程。

1）安装 Nero - Burning Rom 软件。

在执行 Nero - Burning Rom 软件的安装程序 Setup.exe 后，依次单击"下一步"按钮，就可以安装，安装过程中的主要界面如图 10-30 所示。

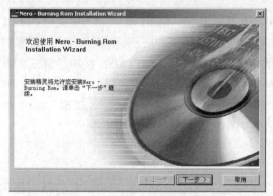

1）Nero - Burning Rom 软件安装步骤 1

2）Nero - Burning Rom 软件安装步骤 2

3）Nero - Burning Rom 软件安装步骤 3

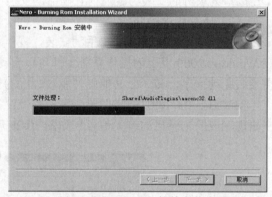

4）Nero - Burning Rom 软件安装步骤 4

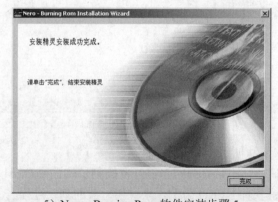

5）Nero - Burning Rom 软件安装步骤 5

图 10-30　Nero - Burning Rom 软件安装步骤

2）使用 Nero - Burning Rom 软件刻录光盘。

首次执行该软件时，会要求进行合法用户确认，只要正确输入有关信息，单击"确定"按钮即可。如图 10-31 所示。

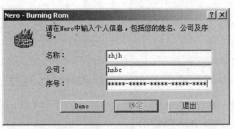

图 10-31　合法用户确认

一般的光盘刻录可以在 Nero-Burning Rom 的刻录精灵引导下进行。刻录过程如图 10-32 所示。

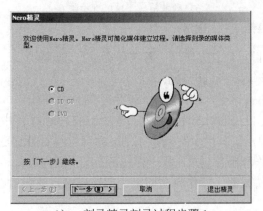

1）　刻录精灵刻录过程步骤 1

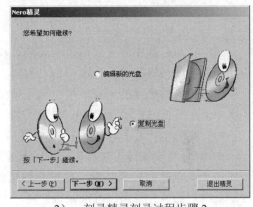

2）　刻录精灵刻录过程步骤 2

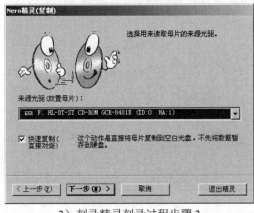

3）刻录精灵刻录过程步骤 3

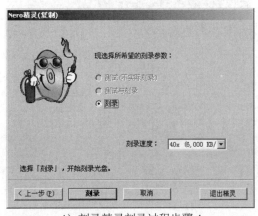

4）刻录精灵刻录过程步骤 4

图 10-32　刻录精灵刻录过程

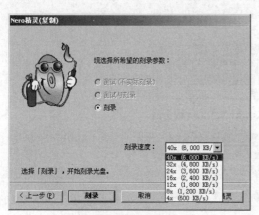

5）刻录精灵刻录过程步骤 5

6）刻录精灵刻录过程步骤 6

图 10-32　刻录精灵刻录过程（续图）

刻录时，可以选中“完成后自动关闭计算机”。刻录完毕后，若要保存或打印刻录记录，单击相应的命令按钮即可，否则单击“放弃”按钮，将退出刻录精灵。

用户自定义数据盘的刻录，可在刻录精灵的引导下，按照图 10-33 所示的过程进行。

其中，在图 10-33 第 5）步中，显示了如何为自己编辑的光盘命名，在图 10-33 第 6）步中，显示了如何编辑要录入光盘的文件。编辑好后，单击工具栏中的“🔲”按钮，即可返回如图 10-32 第 2）步中所示的刻录速度选择窗口，以下的操作和整盘刻录过程一样，可参考上面内容。

对于个人创建的数据光盘，如果要继续添加数据，操作方法同上。但前提是，该光盘在上次刻录时，必须允许可以继续录入。

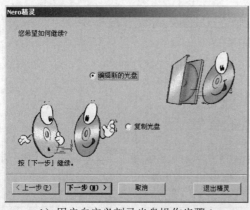

1）用户自定义刻录光盘操作步骤 1

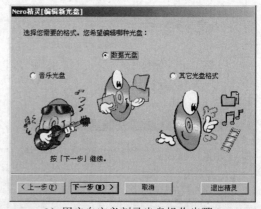

2）用户自定义刻录光盘操作步骤 2

图 10-33　用户自定义刻录光盘操作步骤

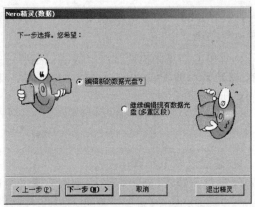

3）用户自定义刻录光盘操作步骤 3

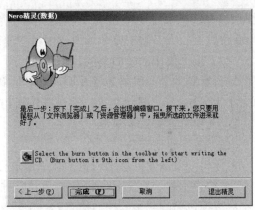

4）用户自定义刻录光盘操作步骤 4

5）用户自定义刻录光盘操作步骤 5

6）用户自定义刻录光盘操作步骤 6

图 10-33　用户自定义刻录光盘操作步骤（续图）

10.3.4　复印机

复印技术是将一种媒介上的文字或图像内容转印到其他媒介上的一种技术。1991 年日本佳能公司推出了第一台数码复印机后，其他厂商也在很短的时间内陆续推出了多种型号的数码复印机。

作为技术比较成熟的办公设备，复印机的独立生产厂商特别多。国内经常使用的品牌有：理光（RICOH）、佳能（CANON）、施乐（XEROX）、夏普（SHARP）、美能达（MINOLTA）、松下（PANASONIC）、东芝（TOSHIBA）、基士得耶（GESTETNER）等，而其中的大部分厂商在我国都建有生产基地，如桂林理光、湛江佳能、上海施乐等。

1．复印机的种类

复印机有很多分类方法，常见的有以下几种：

（1）根据复印机工作原理的不同，复印机可分为模拟复印机和数码复印机两种。

（2）根据复印的速度不同，复印机可分为低速、中速和高速三种。低速复印机每分钟可复印 A4 幅面的文件 10～30 份，中速复印机每分钟可复印 30～60 份，高速复印机每分钟可复印 60 份以上。大多数的办公场所只配备中速或低速复印机。

（3）根据复印的幅面不同，复印机可分为普及型和工程复印机两种。一般我们在普通的办公场所看到的复印机均为普及型，也就是复印的幅面大小为 A3～A5。工程复印机复印的幅面大小为 A2～A0，甚至更大，不过其价格也非常昂贵。

2. 复印机的安装和使用

（1）复印机的安装

复印机的安装建议参考随机操作手册进行，一般需经过以下步骤：

1）检查主机、零部件、消耗材料及备件，确保完整无缺。（新机器要按操作手册说明逐一小心去掉包装物或紧固件后检查。）

2）按照安放要求正确放置主机，并依次安装感光鼓，加入载体及墨粉，安装纸盒和副本盘。

3）主机显示及工作状态检查。包括机器各部位有无损伤和变形；各齿轮、皮带轮和链轮等是否处于正确位置；各按键和机器状态显示是否正常。

4）机器试运行。经过通电、预热，若机器无异常显示或声音，即可复印。试运行测试的内容应包括：原样复印、连续复印、缩放复印、浓淡复印和各送纸盒送纸能力测试等。

5）做好记录。试运行正常后，应装好后挡板和前门，并擦拭机器表面、清理现场，同时填写使用维修卡片，并附上一张复印品，存档备查。

6）安装自选附件。例如自动分页器、自动进稿器等，这些附件请按照相应技术材料说明正确安装。

复印机在出厂时都经过严格的测试和检验，用户安装的都是易装卸的大的零部件，操作都很简单，只要认真按照说明书进行，一般都比较顺利。

（2）复印机的使用

常规复印操作步骤如下：

1）放置原稿，正面朝下，按纸张标尺放正。

2）设定缩放尺寸、浓淡程度和复印数量。

3）放入纸张。

4）启动复印。

提示：要复印多份，请先在设定后复印样张，满意后，再设定复印数量，启动复印。

使用中应注意的问题：

（1）不可将重物放在复印机上或让复印机受到冲击。

（2）当复印机在复印时，不可打开任何门盖或断开电源。

（3）不可让磁性物体靠近复印机，或在复印机旁使用易燃喷雾剂。

（4）不可把盛水或其他液体的器皿放在复印机上。

（5）不可让纸屑、书钉或其他金属碎片掉进复印机内。

（6）不可使用有损坏或裂开的电源线，电源线不可塞入复印机内。

（7）当复印机异常发热或产生异常噪音时，不可继续使用，应立即断开电源检修。

3．复印机的维护和保养

定期对复印机进行维护和保养，是保证复印机正常高效运转的有效措施。因此，作为复印机的日常管理和使用者，掌握一定的维护保养方法和常识非常必要。

一般来讲，复印 3 千张后，要对废粉盒、显影器底部、导纸板和稿台玻璃进行清洁；复印 1 万张后，要对显影辊和定影器进行清洁；复印 5 万张后，除清洁主要部件外，还要检查易损零部件的工作状况，有损坏的需及时更换；复印 10 万张后，还应检查驱动部件的工作状况，是否需清洁、加油或更换。

在保养过程中，为了不使机器产生人为故障或损坏零部件，必须注意以下几点：

1）保养应在断电情况下进行。

2）一定要用中性清洁剂清洁。若清洁某些部件时需使用酒精，应注意防火。

3）使用润滑剂一定要适量。塑料和橡胶零件不可加油，否则会促其老化。

4）拆卸部件时，应注意次序，必要时要做记录，以免安装时漏掉或颠倒次序。

5）拆下的不同螺钉要记好位置，以免上错，损坏机器。

4．复印机常见故障的排除

（1）复印件图像太浅

可能的原因 1：自动曝光模式中曝光量设置较高或手动曝光量设为较浅。

解决方法：采用手动曝光模式，按动曝光加深控制键，可获得较深影像。

可能的原因 2：刚刚复印完一张照片或有大面积深色的原稿或刚更换完墨粉。

解决方法：按所需次数辅助碳粉补充键，获得所需图像浓度。

可能的原因 3：纸潮。

解决方法：更换干燥纸张。

（2）复印件图像太深

可能的原因 1：自动曝光模式中曝光量设置较低或手动曝光量设为较深。

解决方法：采用手动曝光模式，按动曝光变浅控制键，可获得较浅影像。

可能的原因 2：原稿玻璃整个表面脏。

解决方法：用干软布擦干净稿台玻璃。

可能的原因 3：原稿没有紧贴稿台玻璃。

解决方法：正确放置原稿，使其紧贴稿台玻璃。

（3）复印件模糊不清

可能的原因：纸潮。

解决方法：更换干燥纸张。

（4）复印件出现线条

可能的原因：充电组件脏。

解决方法：清洁充电组件。

（5）复印件有深色斑点

可能的原因1：原稿压板或文件传输带脏。

解决方法：用浸过中性清洁剂（或清水）的稍潮软布擦净原稿压板和文件传输带。

可能的原因2：原稿太薄或高度透明。

解决方法：将一张空白纸盖在原稿上。

可能的原因3：原稿是双面原稿。

解决方法：采用手动曝光模式，按动曝光变浅控制键，使曝光量变大。

（6）复印件边缘脏

可能的原因1：原稿压板很脏。

解决方法：用浸过中性清洁剂（或清水）的稍潮软布擦净原稿压板和文件传输带。

可能的原因2：等比复印时，所选纸尺寸规格比原稿大。

解决方法：选择与原稿相同规格的复印纸。

可能的原因3：等比复印时，原稿放置位置或方向不正确。

解决方法：正确放置原稿，使其与宽度标尺对齐。

可能的原因4：缩小复印时，所选倍率与复印纸尺寸不符。（尤其体现在手动缩小复印时。）

解决方法：根据纸张规格选择缩放比率。

（7）复印机不按设定工作

可能的原因1：复印件指示灯为桔黄色，复印机处于预热状态。

解决方法：请等待。

可能的原因2：加碳粉指示灯亮，碳粉已用完。

解决方法：请更换碳粉瓶。

可能的原因3：加纸指示灯亮，纸已经用尽。

解决方法：请加纸。

可能的原因4：卡纸指示灯亮，在复印机或配件中有纸误送情况。

解决方法：检查卡纸位置，并清除卡纸。

可能的原因5：维护保养指示灯亮，需进行维护保养。

解决方法：请进行维护保养。

可能的原因6：呼叫维修指示灯亮，复印机出现技术故障。

解决方法：重新将复印机复位，若该灯仍亮，请检修。

10.3.5 传真机

1. 传真机简介

传真机是一种应用扫描和光电变换技术，把文件、图表、照片等静止图像转换成电信号，传送到接收端，以记录形式进行复制的通信设备。

传真机能直观、准确地再现真迹，并能传送不易用文字表达的图表和照片，操作简便，随着大规模集成电路、微处理机技术、信号压缩技术的应用，传真机正朝着自动化、数字化、高速、保密和体积小、重量轻的方向发展。

目前市场上常见的传真机按照其工作原理可以分为四大类：热敏纸传真机（也称为卷筒纸传真机）；热转印式普通纸传真机；激光式普通纸传真机（也称为激光一体机）；喷墨式普通纸传真机（也称为喷墨一体机）。而市场上最常见的就是热敏纸传真机和喷墨/激光一体机。

2．传真机的安装和使用

（1）使用前的准备

使用前请仔细阅读使用说明书，正确地安装好机器，包括检查电源线是否正常、接地是否良好。机器应避免在有灰尘、高温、日照的环境中使用。

（2）芯线

有些传真机的芯线（如松下 V40、V60、夏普 145、245 等）用的是 4 芯线，而有的用的是 3 芯线，这两种芯线如果连接错误，传真机就无法正常通信。

（3）线路通信质量的简单判断

摘机后检查拨号音是否有异常杂音，如听到"滋滋"或"咔咔"声。说明线路通信质量差，进行传真可能会引起文件内容部分丢失、字体压缩或通信线路中断。

（4）记录纸的安装

记录纸有两种，传真纸（热敏纸）和普通纸（一般为复印纸）。

热敏纸选择：在基纸上涂上一层化学涂料，常温下无色，受热后变为黑色，所以热敏纸有正反面区别，安装时须依据机器的示意图进行。如新机器出现复印全白时，故障原因可能是原稿放反或热敏纸放反。

普通复印纸的选择：普通纸传真机容易出现卡纸故障，多数由于纸质量引起。一般推荐纸张重量为 80g/平方米，并且要干燥。特别是佳能 B110、B150、B200、三星 SF4100 机型。

3．传真机的常见故障及维修

传真机使用过程中，要进行保养维护，由于各个型号的机器在结构上的不同，所以维护的方法都不尽相同。下面就一些通常的故障现象做以下分析。

（1）通信故障

一般通信故障的原因有三种，一是电话线路的连接或线路本身不正常；二是传真机的内部参数设定不对；三是传真机的电路部分损坏。遇到这种故障，首先要先咨询传真机的专业维修部门，如果是前两种原因应该进行调整，如果是最后一种情况则应请专业维修人员进行修理。

（2）接收或复印的副本文件不清晰

如果接收的文件不清晰，首先向发送方确认原文件是否清晰，然后对自己的机器进行热敏头的测试，所有机器的说明书中都应有热敏头的测试方法。检查机器的热敏头是否损坏。如果损坏应更换。在上述检查均没有问题的情况下，就说明发送机器有问题。

如果发送或复印文件不清晰，应检查热敏头是否损坏，此外应检查 CIS 或 CCD 及机器的镜片是否脏污，如果机器的扫描器是 CIS，还应检查记录纸接触的胶滚（白色）是否有灰尘。一般对这些部分的清洗要用工业酒精擦拭干净，不能用水。

如果排除了上面的原因，通常应该是机器的扫描器或主控板损坏，应请专业人员更换。

除了前面三种原因外，还有可能是机器热敏头脏或热敏头的安装位置不正常。

（3）卡纸

原稿卡纸，如显示"DOCUMENT JAM"等。如果强行将原稿抽出，易引起进纸机构损坏。解决方法：掀开面板，将原稿抽出或将面板下自动分页器弹簧掀开（详见各机器使用说明书）将纸取出。

记录纸卡纸，故障原因是记录纸安装不正确、纸质量差、切纸刀故障。解决方法：①正确安装记录纸。②选用高质量记录纸。③对于切纸刀引起的卡纸，打开记录纸舱盖时不能过于用力。如果打不开，则可以将机器断电后再加电，一般问题可以解决，切记不可强行打开，否则极易引起切纸刀损坏。

（4）接收传真正常，复印、发传真时有竖直黑条

一般为扫描头脏污引起（如涂改液、公章印）。解决方法：用软布或棉花蘸酒精液轻轻将扫描头上的脏物擦去。

本章小结

本章主要介绍办公自动化过程中常用的硬件设备的概念、分类、基本工作原理、安装应用方法和常见故障及其维护。并对各种设备在市场上常见的品牌作了简单介绍。

打印机是办公自动化中重要的输出设备之一。用户可以利用打印机把制作的各种类型的文档适时地输出到纸张或有关介质上，从而便于在不同场合传送、阅读和保存。办公常用的打印机按工作方式分类，有针式打印机、喷墨打印机和激光打印机。扫描仪作为光学、机械、电子、软件应用等技术紧密结合的高科技产品，是继键盘和鼠标之后的又一代输入设备，图片、照片、胶片到各类图纸图形都可以通过扫描仪输入到计算机中，文稿资料也可以先扫描再通过 OCR 软件识别后进行编辑。数码照相机在拍摄后可以把自然影像以数字文件的形式存放在存储卡进而导入计算机进行存储、传送和处理。移动硬盘、Flash 闪存、光盘刻录机等移动存储产品具有容量大、速度快、易使用、性价比高和即插即用的特色，为办公自动化过程中的信息资料存储、传送提供了极大的方便。复印机可以将文字或图像内容转印到其他媒介上。传真机是一种应用扫描和光电变换技术，把文件、图表、照片等静止图像转换成电信号，传送到接收端，以记录形式进行复制的通信设备。办公自动化用户在工作过程中经常要用到这些设备，能够熟练使用这些设备并进行简单的维护是办公自动化人员必须具备的基本素质。

通过本章的学习，要求读者能够对办公自动化过程中常用的硬件设备进行选购、安装、设置、使用，并能够进行常见故障的判断和维护。

实　　训

实训一　数码照相机、扫描仪和打印机的综合应用

1．实训目的

（1）了解数码照相机的使用用法。

（2）掌握打印机、扫描仪的安装、设置方法。

（3）熟练掌握打印机和扫描仪的使用方法。

2．实训内容

本实训要求使用数码照相机对自己的学习环境进行拍照，然后用扫描仪扫描自己的一页作业，把它们编辑成一个介绍自己学习生活情况的 Word 文档，任选一种单色激光打印机进行安装和设置，并打印自己所编辑的文档。

3．实训要求

（1）照片须构图完整，比例适当，清晰无抖动模糊。

（2）扫描的作业图片要插入 Word 文档进行编辑。

（3）打印预览：将文档打印预览，设置为双页预览。

（4）页面设置：纸型为 A4 纸，页面上、下、左、右的边距为 2.5 厘米。

实训二　OCR 软件和刻录机的综合应用

1．实训目的

（1）了解光盘刻录机的安装、设置。

（2）掌握扫描仪的安装、设置。

（3）熟练掌握扫描仪以及 OCR 软件的使用方法。

（4）熟练掌握光盘刻录机的使用方法。

2．实训内容

本实训要求在计算机上安装一个常用扫描仪及其相关软件，利用它扫描课本上的任意一页，在自己的计算机上安装 OCR 软件，并用 OCR 软件识别成 Word 文档，然后进行编辑。并安装一个常见品牌的刻录机，把所编辑的文件刻录到光盘上保存。

3．实训要求

（1）能够正确安装、设置扫描仪以及相关软件，扫描识别率不能低于 90%。

（2）扫描的内容要以 Word 文档形式存放，能够进行编辑。

（3）以数据盘形式刻录光盘，要求以后能继续添加新内容。